生态文明视域下
旅游者亲环境行为研究

徐菲菲 何云梦 著

图书在版编目(CIP)数据

生态文明视域下旅游者亲环境行为研究/徐菲菲，何云梦著. —北京：商务印书馆，2023
(生态文明书系)
ISBN 978-7-100-23275-3

Ⅰ. ①生… Ⅱ. ①徐… ②何… Ⅲ. ①游客—环境保护—研究 Ⅳ. ①X24

中国国家版本馆 CIP 数据核字(2023)第 249008 号

生态文明视域下旅游者亲环境行为研究
徐菲菲　何云梦　著

商　务　印　书　馆　出　版
(北京王府井大街36号　邮政编码100710)
商　务　印　书　馆　发　行
北京通州皇家印刷厂印刷
ISBN 978-7-100-23275-3

2023年12月第1版　　开本 710×1000 1/16
2023年12月北京第1次印刷　印张 16

定价：96.00元

序

生态文明是党的十八大提出的重要战略举措，已经被纳入“五位一体”总体布局。党的二十大报告又提出绿色发展观，指出中国式现代化是人和自然和谐发展的现代化，要促进人与自然和谐共生。生态文明建设也是旅游业统筹人与自然和谐发展、实现旅游可持续发展的战略选择。旅游者是旅游业的核心利益相关者，也是旅游生态文明建设的重要对象之一。

专著“生态文明视域下旅游者亲环境行为研究”是东南大学徐菲菲教授主持的国家自然科学基金面上项目和国家自然科学基金国际合作项目的成果结晶。全书从生态文明视角探讨了环境伦理学、可持续旅游、亲环境行为之间的关系。同时，也思考了如何将生态文明从观念贯彻落实到旅游者行为。

全书具有四个特点：第一，跨学科的视角。通过运用旅游地理学、行为地理学、环境心理学、环境伦理学、环境社会学等相关理论，系统梳理了相关理论；第二，跨文化的分析。全书通过对中国、英国、越南等不同文化背景下旅游者行为的分析，探讨环境伦理观如何影响旅游者行为；第三，跨情境的对比。对家—途的二元视角，建立日常家庭情境行为和旅游情境行为的联系，突破对旅游单一情境的研究；第四，多类型的案例。以乡村旅游地、风景名胜区、国家公园等不同类型与不同尺度的案例，剖析生态文明理念对亲环境行为的影响。

该书理论与实践结合，对推动生态文明理念从概念到行为，从宏观到微观，从行业到个体，对促进人与环境和谐发展进行了积极的探索，具有较高的学术价值和实践意义。

中国科学院院士

南京大学教授

2023.5.18

目　录

理　论　篇

第一章　绪论 …… 3
　第一节　研究背景 …… 4
　第二节　研究价值 …… 5
　第三节　研究内容 …… 6
第二章　生态文明与旅游高质量发展 …… 9
　第一节　生态文明的理论内涵 …… 10
　第二节　旅游生态文明建设 …… 12
　第三节　生态文明背景下旅游高质量发展 …… 14
　第四节　小结 …… 26
第三章　可持续旅游知识图谱：基于文献计量分析 …… 27
　第一节　数据来源与研究方法 …… 28
　第二节　可持续旅游研究现状 …… 29
　第三节　可持续旅游研究热点 …… 39
　第四节　可持续旅游研究前沿 …… 44
　第五节　小结 …… 48
第四章　环境伦理观与可持续旅游 …… 50
　第一节　环境伦理观的概念体系 …… 51
　第二节　环境伦理观的影响因素 …… 56
　第三节　环境伦理观与可持续旅游 …… 58
　第四节　小结 …… 60
第五章　旅游者亲环境行为 …… 63
　第一节　亲环境行为的概念内涵 …… 63

第二节 亲环境行为的基本特征与结构度量 …… 64
第三节 亲环境行为的影响因素 …… 66
第四节 旅游者亲环境行为培育 …… 67
第五节 小结 …… 69

实 践 篇

第六章 基于 Fuzzy-ANP 的旅游者环境素养：以南京市为例 …… 73
第一节 文献回顾与评价指标选取 …… 74
第二节 研究方法与模型构建 …… 77
第三节 旅游者环境素养调查 …… 80
第四节 结论与讨论 …… 85
第七章 我国旅游不文明行为的时空分布特征与影响因素 …… 87
第一节 文献回顾 …… 88
第二节 旅游不文明行为调查 …… 89
第三节 结论与讨论 …… 94
第八章 乡村生态旅游地利益相关者环境伦理意识认知 …… 97
第一节 乡村生态旅游地概况 …… 97
第二节 乡村生态旅游地环境问题认知 …… 98
第三节 结论与讨论 …… 103
第九章 基于价值—信念—规范扩展模型的大学生亲环境行为驱动机制 …… 107
第一节 理论基础与研究假设 …… 107
第二节 问卷设计与数据收集 …… 112
第三节 实证分析与假设检验 …… 113
第四节 结论与讨论 …… 117
第十章 基于计划行为理论和环境伦理观的旅游者可持续旅游行为 …… 120
第一节 可持续旅游行为 …… 121
第二节 计划行为理论 …… 126
第三节 概念模型与研究设计 …… 130
第四节 实证分析与假设检验 …… 136
第五节 结论与讨论 …… 145

第十一章　家—途二元情境下旅游者亲环境行为一致性 …… 149
第一节　理论基础与研究假设 …… 150
第二节　研究方法 …… 154
第三节　实证分析与假设检验 …… 157
第四节　结论与讨论 …… 162
第十二章　基于价值—信念—规范和环境认同理论的旅游者亲环境行为驱动机制：中越对比 …… 167
第一节　理论基础与研究假设 …… 168
第二节　研究方法 …… 171
第三节　实证分析与假设检验 …… 173
第四节　结论与讨论 …… 179
第十三章　中、英自然保护地旅游者环境行为跨文化比较 …… 182
第一节　概念演变与研究假设 …… 183
第二节　研究方法 …… 188
第三节　实证分析与假设检验 …… 191
第四节　结论与讨论 …… 195
第十四章　结语 …… 199
参考文献 …… 203
附录 …… 233
附录 A　中国和英国样本协方差 …… 233
附录 B　配置模型、分组数据和自由参数估计 …… 236
附录 C　配置模型、分组数据和自由参数估计 …… 238
附录 D　配置模型、分组数据和自由参数估计 …… 242
附录 E　模型参数极大似然估计、拔靴估计和贝叶斯估计 …… 244
附录 F　描述性统计 …… 247

理　论　篇

第一章　绪论

我们要像保护眼睛一样保护生态环境，绿水青山就是金山银山。党的十八大以来，以习近平同志为核心的党中央高度重视生态文明建设，将生态文明建设纳入“五位一体”总体布局的战略高度。党的二十大再次强调了“推动绿色发展，促进人与自然和谐共生”。建设生态文明是落实科学发展观、全面建成小康社会的内在要求，也是解决当前旅游产业快速发展过程中所凸显的资源环境问题，统筹人与自然和谐发展、实现旅游可持续发展的战略选择。

旅游业是建设生态文明的重要载体，旅游者是旅游业的核心利益相关者，也是旅游生态文明建设的重要对象之一。生态文明是旅游可持续发展的哲学基础，环境伦理是旅游可持续发展的指导思想。旅游者的生态文明理念、环境伦理观对旅游者亲环境行为具有明显的约束和激励作用，是旅游业实现可持续发展的重要推动力。在旅游业全面贯彻落实新发展理念、推进高质量发展的战略目标下，如何将生态文明理念贯彻落实到旅游者中，推动旅游者亲环境行为，促进旅游目的地更加高效、生态、绿色、公平、创新发展，成为迫切需要解决的现实问题和重要议题。

本书通过系统梳理生态文明、可持续发展、高质量发展、环境伦理、亲环境行为等相关概念体系和理论框架，构建了生态文明视域下旅游者亲环境行为的研究体系。全书综合运用旅游地理学、行为地理学、环境心理学、环境伦理学、环境社会学等相关理论，深入验证了计划行为理论、规范激活理论、价值信念规范理论、环境身份认同理论、行为一致理论、行为溢出理论、道德许可理论等相关的理论模型，通过上篇理论研究和下篇实证研究相结合，对相关理论进行检验和验证。此外，本研究通过定性研究和定量研究相结合的研究方法，借助质性分析、多元统计分析、文献计量等分析方法，选取多个案例地，进行跨文化、跨情境、跨学科的系列研究，多方位、多尺度地剖析生态文明视域下旅游者亲环境行为，以期从根本上增强人们的可持续旅游意识和环境素养，推动生态文明理念从概念到行为、从宏观到微观、从行业到个体扩展，推动我国旅游业持续、健康、高质量发展。加强生态文明视域下旅游者亲环境行为的研究，对促进人与环境和谐发展，保护人类共同家园有着积极的意义。

第一节　研究背景

一、实践背景

良好的生态环境是旅游业健康发展的根基。生态文明建设维护了旅游者的长远利益，旅游者的行为应该与环境保护的最终目标相一致。然而，在实际的旅游过程中，部分旅游者脱离了惯常环境的约束，“德”被淡化甚至被遗忘。旅游者一味追求享乐和刺激，伦理道德异位甚至暂时性缺失，容易实施破坏环境的不道德行为。旅游者环境责任与利益分配不公、环境行为失范，引发了一系列环境问题和生态危机（黄震方，2001；徐菲菲、何云梦，2016）。在此背景下，旅游活动中的“非生态化”现象激发了人们对“人与自然关系”的反思，旅游道德的塑造和旅游行为的规范具有极强的现实性和紧迫性。在此背景下，运用道德约束力改变个体对待自然环境的态度，加强旅游者亲环境行为培育与引导，走“可持续绿色发展”之路，是旅游研究的一个重要实践课题（刘湘溶、曾晚生，2018）。

二、理论背景

在生态文明建设的背景下，学者们着力尝试旅游者环境行为研究，在生态文明与可持续发展（Baum，2018；Ante，2019；Shaheen *et al.*，2019；Lin *et al.*，2019；Holden，2019）、亲环境行为影响因素和理论模型构建（Lee and Jan，2018；Han *et al.*，2018；Wu，2018；范香花等，2019；方远平等，2020）等方面取得了相对丰硕的成果，但总体来说在以下方面仍较为薄弱：

（1）对环境伦理观与旅游可持续发展的关注不足。环境伦理观是旅游可持续发展的哲学基础，对个体的环境行为具有积极的指导作用。而环境伦理观的理论内涵及中国本土化测度指标存在诸多争议，当前仍缺乏对环境伦理从观念到行为的实证研究。

（2）国内外学者就亲环境行为理论与实践进行探讨，但有关亲环境行为的结构维度划分尚未达成共识，其重要指标体系——亲环境行为量表未充分考虑中国生态文明建设和文化价值观念的特殊性，缺乏从道德和伦理层面对旅游者环境行为的关注。亲环境行为的测量范式亟须规范，作用机理亟待检验，研究方法有待创新。

（3）计划行为、价值—信念—规范、环境认同等理论对旅游行为研究具有良好的预测作用，在旅游研究中的应用日益广泛。但是现有理论的评述与整合较少，突破单一理论模型、整合多个理论模型的研究尚在起步阶段，尤其是结合中国国情进行跨文化对比的实证研究不多，迫切需要从环境伦理和生态文明理论层面进行整合，解释亲环境行为并指导旅游实践。

第二节　研究价值

一、实践价值

自然环境制约人类的行为实施，而人类的环境行为影响生态环境的风貌。近年来，由于环境问题逐渐恶化，人们开始注重生态文明建设。《环境保护法》第六条明确规定“一切单位和个人都有保护环境的义务”，更是从法律层面体现我国进行生态文明建设的决心和全民环保的理念。从内因论角度来看，旅游者的环境观念支配其旅游行为，从而必然产生相应的环境结果。因此，加强亲环境行为研究，做“负责任”旅游者，是解决环境污染问题、重塑人地关系、实现生态文明建设的必然选择。

本书立足于中国生态文明建设和习近平总书记“两山理论”的大背景，以现实存在的生态危机和旅游环境问题为切入点，系统梳理并实证探讨可持续旅游以及旅游者亲环境行为之间的作用关系，可以促使人们自觉抵制破坏旅游环境的行为，进而引导旅游可持续发展。另一方面，将可持续发展观念引入旅游活动，进行亲环境行为理论与实证研究的本土化思考和跨文化对比，促使人们对自己的旅游方式和行为进行审视与反思，尽量减少或避免个体行为对自然环境的污染和破坏，实现旅游与生态环境和谐共生是本研究的实践价值所在。本书也为可持续旅游提供了实践案例，有助于解决旅游发展中的实际问题。

二、理论价值

（1）立足于中国生态文明建设的时代背景，整体把握可持续旅游的研究热点和前沿方向，系统阐述环境伦理观、亲环境行为的概念内涵、结构维度与影响因素在生态文明视域下，通过整合价值—信念—规范、计划行为、环境认同、行为溢出等理论，设计包含环境价值观、环境信念等环境伦理问题在内的“亲环境行为测度模型与实证检验”，将进一步丰富旅游研究理论体系，为旅游业可持续发展提供理论指导和方法依据。

（2）环境价值观、环境知识、环境情感、环境认同等心理因素对亲环境行为的量化阐释和实证检验，可以推动可持续旅游实证研究发展。虽然已有研究探讨环境价值观、环境知识、环境情感等心理状态对个体环境行为的影响。然而却很少有研究系统地解释诱发亲环境行为的前因环境条件及其对个体环境行为后果的影响，尤其缺乏对旅游者群体的考察。本书以中国、越南、英国等国的旅游者为研究对象，综合运用定性、定量相结合的研究方法解释旅游者亲环境的行为驱动机制，为后续的亲环境行为研究提供理论支撑和现实依据。

第三节　研究内容

一、研究目标

本书主要包括以下研究目标：①系统梳理生态文明、可持续旅游、高质量发展、环境伦理观和亲环境行为等相关概念，归纳其理论内涵；②对旅游可持续发展的重要基石——环境伦理观的概念内涵、影响因素及其相关理论体系等进行系统梳理，探索环境伦理观与可持续发展之间的关系，为环境伦理与可持续旅游研究提供相应的理论基础，同时为旅游目的地生态文明建设提供实践指导；③对旅游活动中亲环境行为的概念内涵、行为特征、结构维度和影响因素等进行分析，规范并引导旅游者实施亲环境行为；④探索如何落实环境伦理观对旅游行为的实证研究，如何促进环境伦理观从概念到实践落地，并探索生态文明理念和环境伦理观对不同类型、不同文化背景旅游者亲环境行为的影响。

二、研究内容

本书共十四个章节。其中第一章为绪论，总述本研究的背景、意义、目标和内容。第二至五章为理论篇，第六至十三章为实践篇。第十四章为结语，总结全书的研究内容，指出未来研究方向。

理论篇：第二章，系统梳理生态文明理念的概念内涵和基本特征，探究生态文明与环境保护、旅游可持续发展的关系，总结生态文明背景下旅游高质量发展的指导思想与实现路径，为后续理论研究奠定基础。第三章，对可持续旅游相关研究进行梳理。使用文献计量法，利用可视化软件 CiteSpace 对可持续旅游的相关文献进行定量分析，绘制国家/机构的合作网络、期刊/文献/作者的共被引网络、关键词共现网络与聚类图谱，探测可持续旅游研究的知识域基础与演进趋势。第四章，对环境伦理观的相关研究进行梳理。对环境伦理观的概念体系以及影响因素、环境伦理观对可持续旅游的作用等进行系统回顾，分析环境伦理观在旅游业中的应用，并提出未来研究方向，以便对环境伦理与可持续发展形成更加全面、系统的认识，为旅游地生态文明建设提供理论基础和实践指导。第五章，梳理亲环境行为的概念内涵、基本特征、结构维度和影响因素等，从生态价值普及、环境知识教育、环境道德管控、社会氛围营造、旅游供给侧结构性改革等方面入手，总结旅游者亲环境行为的培育策略，为后续第九至十三章实证研究奠定理论基础。

实践篇：第六至八章，结合中国旅游产业发展实践中旅游者环境素养调查、旅游不文明行为调查以及生态旅游地环境问题调查结果，剖析旅游生态文明建设面临的问题与挑战，提出对策建议和解决措施。第九章，以价值—信念—规范理论为基础，实证探讨我国大学生旅游者的亲环境行为驱动机制，为生态环境保护和旅游可持续发展提供实践指导。第十章，在环境伦理观和计划行为理论的基础上，构建包括环境价值观、环境知识、环境信念、环境道德、环境情感、主观规范、知觉行为控制、行为意向等为结构变量的旅游者可持续旅游行为概念模型，并在我国五个不同类型的景区进行实证研究。通过结构方程模型，衡量环境伦理观内部各要素之间的相互作用关系及其对可持续旅游行为的作用路径。第十一章，基于心理学中的行为一致性理论和行为溢出效应理论，探讨旅游活动中的亲环境行为和家庭亲环境行为之间的关联，并进行实证研究。通过构建偏最小二乘结构方程模型（PLS-SEM）探讨家—途二元情境下旅游者亲环境行为的一致性和溢出效应。第十二章，基于价值—信念—规范理论和环境认同理论的整合模型，以中国江苏盐城国家级珍禽自然保护区和越南下龙湾湿地景区为案例地，实证分析环境价值观、环境信念、环境规范、环境认同等因素对旅游者亲环境行为的影响效应，以及不同文化背景下旅游者亲环境行为的异同。第十三章，以中国九寨沟国家风景名胜区和英国新森林国家公园为案例地，进行跨文化背景下旅游者亲环境行为研究。通过比较生态中心主义者和人类中心主义者对自然保护地旅游可持续发展态度和支持度的异同，提出自然保护地管理对策建议，推进自然保护地旅游可持续发展理论和实践。

第二章　生态文明与旅游高质量发展

良好的生态环境是旅游产业健康发展的前提，同时也是人类赖以生存、社会得以安定的基本条件（朱学同等，2020）。伴随着大规模的工业化建设和旅游发展，我国的生态环境问题日趋严峻，水土流失加剧、森林资源减少、生物物种灭绝、水体污染、大气污染加重，生态赤字逐渐扩大（赵其国等，2016）。面对资源约束趋紧、环境污染严重、生态系统退化的严峻形势，我们必须树立尊重自然、顺应自然、保护自然的生态文明理念，把生态文明建设放在突出地位，融入经济建设、政治建设、文化建设、社会建设的各方面和全过程。

党的十八大以来，我国先后出台了一系列重要政策和文件，大力推动生态文明建设。例如，党的十八大报告提出建设“美丽中国”，将生态文明纳入“五位一体”总体布局。党的十九大报告指出，“人与自然是生命共同体……要形成节约资源和保护环境的空间格局、产业结构、生产方式及生活方式”。党的二十大报告指出，“中国式现代化是人与自然和谐共生的现代化”。此外，习近平总书记也提出“绿水青山就是金山银山”（简称“两山”理论）等论述，从人与自然的关系问题出发，系统阐述了绿水青山和金山银山这“两座山”之间的辩证关系，彰显了保护生态环境就是保护生产力、改善生态环境就是发展生产力的重要理念（王金南等，2017；董战峰等，2020）。

生态文明是一种重视环境保护的价值观念和意识形态，为旅游的可持续发展指明了新的方向（周生贤，2009）。建设生态文明是深入贯彻落实科学发展观、全面建成小康社会的内在要求和重大任务，更是解决当前旅游产业快速发展过程中所突现的资源环境问题、统筹人与自然和谐发展、实现旅游产业绿色、生态、高效发展的必然选择。生态文明的本质在于经济发展与生态保护的内在统一、相互促进、协调共生。我国已经全面进入生态文明建设新时代，正处于社会主义生态文明建设的关键时期（谷树忠、吴太平，2020），增强生态文明意识，促进传统旅游产业转型升级，对于改善旅游环境、实现旅游经济与资源利用协调发展、保护人类的“山水林田湖草沙生命共同体”，提升人民生活质量和幸福感具有十分重要的现实意义。

基于此，本章将系统梳理生态文明的概念内涵和基本特征，总结生态文明新时代背景下旅游高质量发展的指导思想和实现路径，探究生态文明建设与自然资源环境保护、生态文明与环境伦理、生态文明与旅游产业高质量发展的关系，为后续理论研究奠定基础。

第一节 生态文明的理论内涵

一、生态文明的概念解读

“生态”是指一切生物的生存状态，以及它们之间、它与环境之间环环相扣的关系。“文明”是人类所创造的精神财富的总和，是人类在认识世界和改造世界的过程中逐步形成的思想观念以及不断进化的人类本性的具体体现。了解“生态文明”的理论内涵可以从人与自然的关系、生态文明与现代文明的关系、生态文明与时代发展的关系等方面进行解读（谷树忠等，2013）。

1. 人类社会发展维度下“生态文明”的内涵解读

从人类社会发展的历史进程看，生态文明是在反思和扬弃原始文明、农业文明、工业文明的基础上发展起来的一种高级的新型文明形态（黄勤等，2015）。作为对工业文明的超越，生态文明不仅是人类社会的文明，也是自然生态的文明（周生贤，2009）。生态文明与工业文明的核心区别是人与自然关系价值取向不同，以及由此决定和衍生的生产生活方式以及制度体系不同。生态文明比工业文明更高级、更伟大，我们要摒弃“人类中心主义”价值观，代之以“人与自然和谐共生”价值观，对工业文明下的生产方式及制度安排进行生态化改造和升级。

2. 现实社会系统维度下“生态文明”的概念演进

结合我国社会主义建设的实践探索，学者们也将生态文明的概念放在现实社会构成的维度上来理解。作为人类社会形态中某个领域的文明，生态文明是人类为实现人与自然和谐发展所做出的全部努力和所取得的全部成果。刘思华（1988）最早在社会主义建设语境下提出“生态文明”这一概念，并系统阐述了“三个文明”思想，他认为社会主义现代文明必须坚持物质文明、精神文明和生态文明三大文明一起抓。黄爱宝（2006）、陈家刚（2007）、潘岳（2007）等进一步提出了“四个文明”统一论，认为人类社会是由物质文明和政治文明、精神文明和生态文明构成的体系。一种观点认为，生态文明与其他三种文明是并列的关系；另一种观点则强调，生态文明是人类文明的最高形态，是对物质文明、精神文明和政治文明的升华。社会系统维度下的生态文明理论注重生态文明与其他文明的互动耦合，为我国“五位一体”总体布局中的“生态文明建设”提供了理论支撑。

二、生态文明的基本特征

1. 生态文明体现了人与自然的和谐关系

生态文明是认识自然、尊重自然、顺应自然、保护自然、合理利用自然，反对漠视自然、糟践自然、滥用自然和盲目干预自然，是人类与自然和谐相处的文明（谷树忠等，2013）。生态文明是人类对工业文明、农业文明进行深刻反思，追求人与自然、经济、社会协调发展而取得的积极成果。生态文明以遵循自然规律、尊重和维护自然为前提，以资源环境承载力为基础，以人与自然、人与人、人与社会和谐共生为宗旨，以建立可持续的产业结构、生产方式、消费模式、增强可持续发展能力为着眼点（周生贤，2009）。

2. 生态文明是现代人类文明的重要组成部分

生态文明是社会主义文明体系的基础，是物质文明、政治文明、精神文明和社会文明的前提（王毅，2013）。生态文明是物质文明与精神文明在自然与社会生态关系上的具体体现，是生态建设的原动力，是人与环境和谐共生、稳定发展的文明，是对人与自然关系的总结和升华。没有良好的自然生态环境，其他文明就会失去载体。

3. 生态文明与时代发展紧密相连

我国的生态文明建设起步于生态环境治理实践，围绕环境污染防治、环境综合治理、环境质量评价以及环境问题调查、环境承载力等方面展开，是对生态环境建设成效的总结与反思。2005 年，中国率先提出“生态文明”理念，并不断赋予其新的时代内涵。中国生态文明建设从党的十七大首次被提出，并作为全面建成小康社会的目标任务之一，到党的十八大被纳入社会主义“五位一体”的总体布局，其地位更加突出、时代内涵更加丰富。发展生态文明不仅仅是对生态环境的保护，更是在发展中保护、在保护中发展（赵建军、杨博，2015）。从目标和要求上看，生态文明建设是高质量发展和国家治理新时代应对资源环境生态约束的必然选择（谷树忠、吴太平，2020）。

第二节 旅游生态文明建设

一、生态文明与旅游产业发展

1. 生态文明是旅游可持续发展的基础

生态文明是人类在对自然生态恶化、能源危机、环境污染等全球性问题进行深刻反思的背景下，在可持续发展理论的基础上，形成的一种关于人类发展理念、发展道路及发展模式的新论断（蔡萌，2012）。生态文明以尊重和维护生态平衡为宗旨，以未来人类社会发展为着眼点（潘东燕、吴国清，2015），努力追求人—地关系和谐，对旅游产业发展具有重要的指导意义。

生态文明强调以人为本、重视生态伦理，是实现旅游环境保护和生态可持续性的重要保障。生态文明观认为，“人与环境和谐”是人类文明进步和社会经济发展的基础，旅游活动作为人与环境的重要交往方式，需要体现其和谐统一性。生态文明可以唤醒人类对生态系统和自然环境的敬畏意识，引导旅游者树立绿色发展和可持续发展的价值理念、文明旅游并践行“生态消费”“低碳消费”，逐步建构科学发展、公平发展、和谐发展的旅游新思维、新方式（许黎等，2017）。

2. 旅游可持续发展是生态文明建设的重要途径

与传统产业相比，旅游产业具有资源消耗低、环境污染小等特点（舒小林、黄明刚，2015）。旅游产业的发展进度与生态文明关系紧密（李玲，2020），其本质属性要求进行生态文明建设，从而实现旅游产业发展与环境保护之间的良性循环。

旅游产业是践行“绿水青山就是金山银山”理念的重要载体，是体现“美丽中国”建设成果的重要平台，更是实现生态文明建设的重要依托（孙伟、曹诗图，2020）。具体来讲，旅游产业发展符合生态文明建设的基本要求，有助于提高公众对生态文明建设重要性的认知，在推进社会参与、促进产业融合转化等方面具有重要作用，有助于生态文明理念在社会、政治、经济、文化等领域的落实（向宝惠，2016）。

从旅游产业发展与生态文明的关系看，二者相辅相成、互为条件，具有天然的耦合性。一方面，生态文明为旅游产业发展提供科学指导，创造核心旅游吸引物并优化社会环境；另一方面，科学的旅游发展促进生态环境保护和资源节约，可以提高公众的环保意识和生态文明建设积极性、主动性。

二、旅游生态文明

2013 年，“美丽中国之旅”被确立为我国的整体旅游形象，进一步强化了生态文明理念对于旅游产业发展的重要作用。从生态文明的角度看，“美丽中国”落实到旅游领域则需要用生态文明理念指导旅游产业发展，推动旅游生态文明建设（毕剑，2013）。

1. 旅游生态文明的理论内涵

旅游生态文明，就是以把握自然规律、尊重自然为前提，以旅游资源环境承载力为基础，改变传统产业的制约，建立可持续的生态产业结构，依托科技生态化，推进自然生态系统和生态环境保护、生态产业发展和生态文化建设，促进旅游产业发展完善（叶红，2019）。

旅游生态文明是基于生态文明在旅游领域表现的文明形态（毕剑，2013），其目的是通过生态理念培育和生态文化塑造，提高旅游环境质量和自然资源存量，进而实现“美丽中国”的发展愿景和目标。旅游生态文明实质上是旅游科学发展方式的实践建构和理论指导，是实现“美丽中国之旅”的理论支撑和重要保证。

2. 旅游生态文明建设的必要性

生态文明理念对我国旅游产业持续、健康发展意义重大。旅游生态文明是应对旅游资源环境生态约束的必然选择，是提升各旅游主体生态文明意识的有效手段，是促进旅游产业绿色、高质量发展的良好契机（潘东燕、吴国清，2015）。旅游生态文明是旅游可持续发展的核心内容与高级形态，它强调各旅游利益相关者内部和谐、与自然和谐、与社会和谐，并最终形成全面可持续旅游的文明形态（孙伟、曹诗图，2020）。

然而，部分旅游者、旅游从业人员以及政府管理部门的相关人员对生态文明和生态环境保护的认知不足，生态文明观念薄弱、生态文明意识缺乏，旅游活动中的“非生态”理念和行为长期存在。旅游生态文明建设相关的政策落实不畅，旅游过度开发和无序开发现象时有发生，导致部分旅游地和旅游景区面临着自然资源恶化和生态环境质量下降的双重压力，对我国旅游产业发展产生了较大的负面影响。

在此背景下，倡导生态文明消费观、树立生态文明认知观、形成生态文明公平观，提升旅游利益相关者的生态文明意识，深入推进旅游生态文明建设实践，是推进旅游产业高效优质发展的必然要求，也是当前及今后一段时期内我国旅游产业发展的焦点和难点，对旅游政府管理部门及旅游企业尤为重要和迫切。

第三节　生态文明背景下旅游高质量发展

我国生态文明建设与环境资源保护的矛盾积累较多，一些地区生态环境承载力已达到或接近上限，面临“旧账”未还又欠“新债”的局面。2020 年 6 月，中国国家发展和改革委员会、自然资源部联合印发的《全国重要生态系统保护和修复重大工程总体规划（2021—2035 年）》指出，要妥善处理生态系统保护与开发利用的关系，重点解决自然资源开发利用与生态系统修复等问题，全面推动生态文明建设。

旅游发展与生态文明互相影响，生态文明建设对旅游产业发展提出了新的要求（龙志、曾绍伦，2020）。旅游产业作为国民经济的战略性支柱产业和重要的民生幸福产业，是建设生态文明和实现美丽中国目标的重要载体（朱学同等，2020）。在新时代生态文明建设背景下，旅游产业被赋予了更高的要求（黄震方等，2020）。旅游产业发展需要与生态环境协调（宋瑞，2018），实现旅游生态化、生态旅游化（苏永波，2019）。如何协调生态环境保护与旅游产业发展的关系，实现生态文明建设和旅游产业高质量发展，成为学术界普遍关注的重要课题。

构建以国内大循环为主体、国内国际双循环相互促进的发展新格局，是党中央顺应国内国际形势所作出的重大战略决策，也是推动经济高质量发展的重要手段。高质量发展是新时代、新阶段建设旅游强国的必由之路，旅游高质量发展是能够更好地满足人民日益增长的旅游美好生活需要的科学性发展，是旅游发展方式转变、旅游产品结构优化、增长动力转换背景下的高效率发展，是有效保护资源环境、实现节能环保和绿色增长的可持续发展（唐任伍、徐道明，2018）。

一、旅游高质量发展指导思想：环境伦理观

马勇等（2019）指出，实现生态文明建设，最重要的是要解决发展理念的问题。旅游消费不仅是经济现象，更是一种伦理现象，旅游者的消费理念和行为方式等渗透着伦理道德问题。在生态文明和旅游伦理视域中，对旅游者行为合理性问题的关注主要基于“人与自然和谐”这一核心问题（夏赞才，2006）。旅游中的环境伦理问题可以简化为对旅游者“合乎伦理的”行为的研究，即对人应当如何落实行为的反思。

环境伦理是关于人与环境之间关系的道德原则、道德标准和行为规范的总和，是人与自然协同发展的道德诉求（赵建昌，2016）。环境伦理致力于人与环境伦理关系的建构，是调解人与自然关系、保护生态环境的新型道德规范和价值体系（卢文忠，2013）。环境伦理研究的主要问题是“环境在满足了人类生存发展的需要之后，人类如何去满足环境以及环境中各种存在物的价值实现问题”。环境伦理观可以唤起个体的生态良知和道德责任感，是实现旅

游高质量发展的重要指导思想。

1. 西方传统环境伦理观

从环境伦理的演进历程来看，人类在处理人与自然关系的进程中围绕“是否承认自然界具有自身内在价值”这一焦点形成了“人类中心主义”和“生态中心主义”两种价值取向（Thompson and Barton，1994；罗顺元，2011）：

（1）“人类中心主义”

20 世纪 70 年代以前，人类中心主义在环境哲学和环境伦理学有关“人与自然关系”的探讨中拥有主流话语权。人类中心主义把人所具有的某些特殊属性视为人类高于其他动物并占据世界中心地位的根据，认为“自利是行为的唯一动机”（韩东屏，2001）。人类中心主义可进一步划分为“强人类中心主义”和“弱人类中心主义”（徐嵩龄，2001）。

“强人类中心主义”又称“绝对人类中心主义”，只关心人有哪些意愿以及意愿如何满足，完全忽视自然客体的价值，以掠夺式征服自然为特征的“人类沙文主义”是其极端表现。相对而言，“弱人类中心主义”，即“现代人类中心主义”或“相对人类中心主义”既肯定人类主体价值的中心地位，同时还将非人类的生命、自然界的价值以及事物间的普遍联系纳入到考察视野之内。“弱人类中心主义”吸收了人类对生态系统规律和人与自然关系的正确认知，在一定程度上克服了“人类沙文主义”的危险倾向（刘仁忠、罗军，2007）。

总体来看，“人类中心主义”不承认自然存在物具有内在价值，仅仅把自然存在物当作对人有利的资源加以保护，强调人的道德主体地位，信守人类利己主义原则。“人类中心主义”主张“只有人才能具有内在价值和尊严”，把人与自然的关系归结为人与人的利益关系，把人与自然关系的伦理简单地看作人类伦理的延伸，缺乏人与自然和谐相处的意识，在理论和实践层面并不能真正解决生态危机。

（2）“生态中心主义”（非人类中心主义）

随着资源枯竭和环境污染的加剧，“人类中心主义”被认为是当代环境问题的罪魁祸首，权衡人类价值偏好与人—地利益冲突成为克服生态危机、解决环境问题的根本途径。因此，自 20 世纪 70 年代以来，以“动物解放/权利论”“生物中心主义”“大地伦理学”“深层生态学”和“自然价值论”为代表的“非人类中心主义”环境伦理思想渐成主流（余谋昌，1994；杨皓，2019）。

以彼得·辛格（Peter Singer）和汤姆·里根（Tom Regan）为代表的“动物解放/权利论”从功利主义和道义论出发，认为动物和人一样拥有不可侵犯的权利，反对对动物的不科学、不合理和不道德利用。“动物解放/权利论”是关于人与动物关系的伦理信念、道德态度和行为规范的理论体系，强调人类要善待动物、尊重动物以及合理地利用动物（顾宪红，2015）。以鲍尔·泰勒（Paul Taylor）和施韦策（Schwaetzer）为代表的“生物中心主义”则主张将道德关怀从动物扩大到所有有生命的存在物，号召人类像敬畏自己的生命意志那样敬畏所有的生命意志，把所有动植物都视为人的同胞。“动物解放/权利论”和“生物中心主义”都强调个体价值和权利，主张“敬畏生命”和“物种平等”，在本质上是一致的，因此被统称为“生物中心主义”。

利奥波德（Aldo Leopold）的“大地伦理学”从生态整体性的角度判断人类对待自然行为的是非，奠定了现代“生态中心主义”的理论基石。利奥波德认为，人与人构成社会共同体，人与自然界中的其他存在物则构成大地共同体，因此人既对社会共同体本身以及共同体中的其他成员负有道德义务，同时也对大地共同体本身及其成员负有道德义务。其理论要求确立其他生物和自然界的价值和权利，将道德关怀的对象延伸至所有自然物。同时，他提倡建立一种基于生态整体主义的伦理思想，对生态系统的整体利益给予伦理关怀和道德关爱（傅晓华，2015）。以奈斯为代表的“深层生态学”进一步强调了自然的价值，要求人类通过自我约束来维护生物圈的繁荣。霍姆斯·罗尔斯顿（Holmes Rolston）以“价值分析”为突破点，创立了“自然价值论”，重新审视自然生态整体性和内部客观价值的关系。“大地伦理学”、“深层生态学”和“自然价值论”提倡整体主义的环境伦理思想，强调生态系统的“价值”和“权利”，被统称为“生态中心主义”。

（3）“人类中心主义”和“生态中心主义”对比

“人类中心主义”与“生态中心主义”主要表现为对“人与自然关系”认知的对立（杨通进，2008）。“人类中心主义”认为人类的生存与发展是最终的价值标准，“生态中心主义”则认为人与自然物的存在都有其特定的内在价值，人类应该在尊重其内在价值的基础上处理人与自然的关系。“生态中心主义”从包括人类在内的所有生命体的利益出发，通过生物进化论和生态科学来认识人类生命和非人类生命在进化过程、与生物圈的有机联系和各自的地位，肯定自然物本身存在内在价值，并由自然物的内在价值推论出人类对自然物的“道德价值”。“生态中心主义”强调人与自然价值的平等和生态系统的整体性，主张将伦理关怀的对象由人扩展到自然万物，认为“人不仅对其他人负有直接的道德义务，也对自然负有直接的道德义务”（杨通进，1999）。相对于“人类中心主义”而言，“生态中心主义”承认自然的内在价值，致力于寻求一种能够真正有效处理人与自然关系的价值观念与行为方式，在对“人与自然”关系的认知上无疑是先进的（罗尔斯顿，2000；杨通进，2002；胡延福、姜家君，2015）。

2. 可持续环境伦理观

（1）中国古代传统环境伦理观

中国古代以孔子、孟子和董仲舒等为代表的儒家仁爱型人类中心主义生态伦理观，主张以人类社会的整体利益为出发点，倡导“节用而爱人”“制天命而用之”“天人合德”。通过遵循自然规律、施展人类才能合理利用万物，为人类的整体利益服务，反对人为地破坏自然（任俊华，2006；陈发俊，2019）。道家创始人老子将天、地与人同等对待，提出“道法自然”的无为型超人类中心主义生态伦理观、“道大、天大、地大、人亦大”的生态平等观、“天网恢恢”的生态整体观和“知常曰明”的生态爱护观；把人看作是大自然的一部分，既非“人类中心主义”又非“反人类中心主义”。佛教从缘起论和尊重生命价值出发，强调众生平等，反对为了人类的利益任意伤害生命，主张破除人类中心主义的“迷妄”，从理论到实践形成了一种破妄型“反人类中心主义”的生态伦理观（任俊华，2008）。

（2）可持续环境伦理观

可持续环境伦理是学术界研究环境伦理与可持续发展关系的过程中形成的一种新型的环境伦理观念（朱晓华，2001）。可持续环境伦理将道德目的放在人与自然的关系上，主张“内在价值既不单独归于人类，也不单独归于自然，而是归于人与自然和谐统一的整体”。人与自然是平等的关系，人类有维护人与自然和谐相处的责任，要对自己的行为方式负责（陈寿朋、杨立新，2005）。如果人类做出了违背环境伦理的行为，就应当自觉承担相应的责任和后果。只有这样，人类才有确定的基础和动力保护自然以及维持整个生态系统平衡。

环境伦理学家希望通过对人类与自然伦理关系的重新认识，对自然价值的正确理解，改变人类旧有的以增强对自然界的征服掠夺为手段、以扩大自然资源消耗为代价的发展方式，建立起人与自然之间的和谐新伦理关系，解决人类面临的环境危机，促进人类社会与自然的和谐发展。可持续环境伦理是对人和自然之间道德关系的认知，通过提高人类的道德境界，调整人们的生活态度和确定一些环境伦理的道德行为规范，指导人类建立与自然和谐相处的生活方式（徐菲菲、何云梦，2016）。可持续环境伦理在强调人与自然和谐统一的基础上，更承认人类对自然的保护作用和道德代理人的责任。可持续环境伦理以人与自然和谐统一的整体价值观为基础，以国际环境、国内环境和代际环境公正为社会道德原则，主张尊重自然、保护自然，是可持续发展得以全面实现的道德保障和理论基石，为现代生态文明建设提供了丰富的文化渊源和精神养料（刘仁忠、罗军，2007）。

二、旅游高质量发展的实现路径：可持续发展与绿色发展

生态文明建设的目标是促进人与自然关系从冲突走向和谐。日益严重的生态危机促使人类反思原有的行为方式和生活习惯，世界范围内发生着一场由传统工业文明向生态文明的“转型运动”。在生态文明建设的背景下，坚持可持续发展和绿色发展，落实创新、协调、绿色、开放、共享的发展理念，是实现旅游高质量发展的有效路径。

1. 可持续发展

可持续发展理念历史悠久，最早可以追溯至1980年由世界自然保护联盟（International Union for Conservation of Nature，IUCN）、联合国环境规划署（United Nations Environment Programme，UNEP）、世界自然基金会（World Wide Fund for Nature，WWF）共同发表的《世界自然保护大纲》：必须研究自然的、社会的、生态的、经济的以及利用自然资源过程中的基本关系，以确保全球的可持续发展（IUCN，1980）。有关可持续发展的定义有100多种，但被广泛接受、影响最大的当属以布伦特兰（Brundtland）夫人为

首的联合国世界环境与发展委员会在《我们共同的未来》中提出的定义：可持续发展是既满足当代人的需要，又不对后代人满足其需要的能力构成危害的发展（WCED，1987）。可持续发展包括两个概念：需要的概念，尤其是世界各国人们的基本需要，应将此放在特别优先的地位来考虑；限制的概念，技术状况和社会组织对环境满足眼前和将来需要的能力施加的限制。

1981年，美国莱斯特·布朗教授（Lester Brown）在《建设一个可持续发展的社会》中指出，要以控制人口增长、保护资源基础和开发再生能源来实现可持续发展。布朗教授认为，可持续发展是一种具有经济含义的生态概念，一个持续社会的经济和社会体制的结构，应是自然资源和生命系统同时可持续的结构。可持续发展主要包括社会可持续发展、生态可持续发展和经济可持续发展，遵循公平性（代际公平和代内公平）、持续性和共同性原则（牛文元，2012）。

2015年9月，联合国可持续发展峰会正式通过了17个可持续发展目标（Sustainable Development Goals，SDGs），即：消除贫穷；消除饥饿；良好健康与福祉；优质教育；性别平等；清洁饮水与卫生设施；廉价和清洁能源；体面工作和经济增长；工业、创新和基础设施；缩小差距；可持续城市和社区；负责任的消费和生产；气候行动；水下生物；陆地生物；和平、正义与强大机构；促进目标实现的伙伴关系。联合国可持续发展目标旨在2015—2030年彻底解决社会、经济和环境三个维度的发展问题，走向可持续发展道路。

20世纪80年代以来，可持续性成为旅游业的重要研究方向，吸引了那些具有强烈生态倾向的人的注意力（Lu and Nepal，2009）。霍尔（Hall，2011）指出，真正的可持续性是指经济可持续性、社会可持续性和环境可持续性之间的平衡，遵循未来、公平和整体主义等基本原则。由可持续发展理念催生的可持续旅游以及生态旅游等“另类旅游模式”，既可以将旅游产业对生态环境的负面影响最小化，又有助于旅游产业的高质量发展。

（1）可持续旅游

20世纪90年代初，可持续发展理念在旅游业中的应用引发了可持续旅游的研究热潮。巴特勒（Butler，1991）将可持续旅游定义为“一种可以在一个地区无限期维持其生存能力的旅游形式”。然而，学者们批评这一定义在范围和行业背景方面过于以旅游为中心（Hunter，1997）。一般认为，旅游

图 2-1　联合国可持续发展目标

资料来源：译自《联合国可持续发展峰会 17 个可持续发展目标》，https：//www. un. org/sustainabledevelopment/news/communications-material/。

产业的发展应该是可持续的。可持续旅游产生于对美好未来的渴望以及对传统旅游发展的关切，似乎是最好的替代发展框架之一，能有效减轻传统大众旅游的负面影响。康奈尔等（Connell *et al.*，2009）也提出，可持续旅游是旅游业必须努力实现的目标。然而，如何实现这一目标仍然是一个值得探讨的话题。可持续旅游顺应可持续发展原则，最初旨在缓解旅游者、环境和社区互动造成的紧张关系，被广泛认为是可同时加强地方经济发展和保护传统文化遗产的手段。可持续旅游可以最大限度地减少旅游对环境和文化的不利影响，为旅游产业发展开辟了一条新的道路（Canavan，2014）。

有学者指出，虽然可持续旅游有一个共同的焦点即“可持续发展”，但由于它有自己特定的“以旅游为中心”的议程，甚至可能会违反可持续发展（Hunter，1997）；可持续旅游在实践中可能是“不可持续”的，对原始社区或自然栖息地可能是不平等的，可持续旅游原则和政策不一定有助于可持续发展（Weaver，2011）。批评者们认为，可持续旅游不过是华丽的修辞和安慰剂，既毫无意义、又无所不包。在旅游过程中，人类总是一味地追求利益最大化，而丧失环境伦理和道德责任感，在某种程度上加速了自然资源的退化，使旅游业变得更不可持续（Krüger，2005）。幸运的是，相关部门已开始采取措施减少能源消耗，并逐步走向可持续发展（Coles，2015）。为了真正实现旅游可持续发展，我们应该通过开发环境主导型旅游产品来合理利用环境，并评估其与自然、社会、经济因素的相互关系（Hunter and Shaw，2007）。

（2）生态旅游

生态旅游这一概念最早由国际自然保护联盟的顾问贝洛斯-拉斯喀瑞（Ceballos-Lascurain）博士提出（IUCN，1983），因此他也被称为“生态旅游之父”。自从1992年联合国环境与发展大会提出对可持续发展理论和概念的倡导以后，生态旅游发展迅速。作为对传统大众旅游导致生态环境损害现象的一种“另类旅游”概念回应，生态旅游迅速得到各国政府、学界和社会人士的响应。出自“可持续旅游”的生态旅游起初被视作是小规模的、对环境敏感的旅游活动。学者们对生态旅游兴趣的增加在很大程度上归因于“可持续性”这一术语的兴起。早期生态旅游的定义主要强调生态旅游目的地的自然属性、生态保护和教育属性，后来逐渐加入了对当地经济社会的贡献以及满足旅游者体验等功能。国际生态旅游协会将生态旅游定义为“有目的地前往自然地区，了解自然环境的文化和自然历史，不改变生态系统的完整性，同时创造经济机会，使自然资源的保护对当地人民有利的旅游方式”（Wood，1991）。澳大利亚国家生态旅游战略（1994）将生态旅游定义为“以自然为基础的旅游，包括对自然环境的教育和解释，并在生态环境上实现可持续发展”。由以上定义可知，生态旅游通常被认为是一种有助于可持续发展的旅游形式。

纽瑟姆等（Newsome *et al.*，2012）曾经对比了生态旅游、野生动物旅游、自然旅游、探险旅游等相对于大众旅游来说不同形式的另类旅游之间的区别和联系（图2-2）：探险旅游强调自我挑战，通常发生在自然环境中（tourism in nature），自然旅游和野生动物旅游强调了解和欣赏自然环境及自然生态系统（tourism about nature），而生态旅游更多强调环境责任（tourism for nature）。三个不同的介词（in，about，for）反映了不同旅游形式与自然环境之间的关系，显然，在这些旅游类型中，生态旅游对环境保护的责任最大，其可持续性程度也最高。

关于“生态旅游在环境保护中的作用是灵丹妙药还是潘多拉的盒子”或

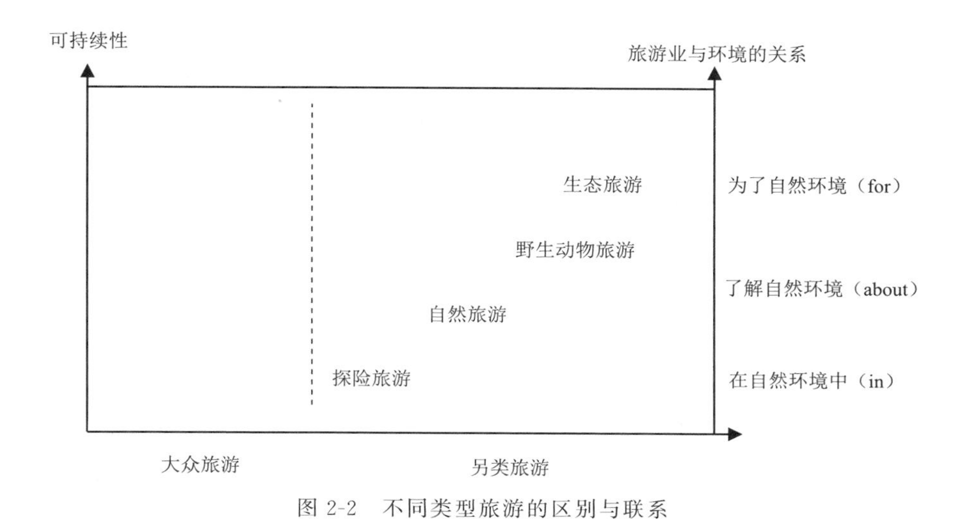

图 2-2　不同类型旅游的区别与联系

资料来源：Newsome *et al.*，2012.

者“生态旅游有助于物种和栖息地保护吗”以及“这只是一种营销策略和噱头吗”的争论从未停止过（Serenari *et al.*，2016；Ghosh and Ghosh，2018）。

支持者认为，生态旅游作为一种以自然为基础的旅游形式对环境无害且有利可图，可以有效缓解自然保护与经济发展之间的两难困境。学者们的研究发现，大多数生态旅游者都受过良好的教育，并且对环境保护的话题感兴趣，这使得他们更愿意尊重生物多样性和环境完整性（Thompson *et al.*，2017）。生态旅游被认为是改善当地社区之间联系、保护区域经济机制，以促进真正的主客互动（Serenari *et al.*，2016；Wang *et al.*，2016），尽量减少对当地环境和居民的负面影响（Thompson *et al.*，2017）。这意味着生态旅游可能是完美的选择，也是资源保护的灵丹妙药（Ghosh and Ghosh，2018）。

然而，反对者认为“可持续旅游和生态旅游并不是同义词”（Wall，1997）。许多形式的生态旅游可能是不可持续的，并对旅游地构成威胁。他们认为“生态旅游就像是装在新瓶子里的旧酒，只会与保护作对”（Amelie，2012）。即使现场对环境的影响很小，但场外和旅行途中的影响可能很大。如很多生态旅游者来自西方发达国家，而生态旅游目的地往往位于发展中国家，去往这些目的地的生态旅游者的生态足迹、二氧化碳等温室气体排放（Gossling，2009；Juvan and Dolnicar，2014）以及旅游流动（主要是飞机旅行）造成的资源消耗（Dredge and Jamal，2013；Ram *et al.*，2013）反而加剧了全球气候变化，不利于生态旅游的实现。再如，生态旅游目的地多依赖相对原始的自然环境，如湿地、森林等生态环境敏感度高的资源环境，这些地区的旅游活动如果管理不当对生态系统造成的破坏往往不可弥补。

总体而言，生态旅游并不是天生就是可持续的，但在一定条件下，它可以对生态环境与自然资源保护作出贡献（Serenari *et al.*，2016）。如果生态旅游要繁荣并促进可持续发展，就需要翔实的旅游规划和管理（Dredge and Jamal，2013）、不同利益相关者之间妥协和权衡（Waligo *et al.*，2013；Poudel *et al.*，2016），以及对生态系统和旅游系统的深入理解（Weaver，2011）。如何将社区旅游和生态旅游转变为可持续旅游值得更为广泛和深入探讨。

2. 绿色发展

党的十九大报告提出，要努力实现我国经济更高质量、更有效率、更加公平、更可持续的发展。所谓高质量，是指投入产出率高、科技贡献率高、高新产业占比高、合作开放度高、绿色发展水平高（任保平，2018）。绿色发展的内涵就是将科学发展、可持续发展以及生态文明建设相结合的发展，其本质是以人为本的可持续发展，追求资源节约型和环境友好型的发展方式，将经济发展和生态建设有机结合（赵建军、杨博，2015）。资源节约、环境友好、生态保育作为绿色发展的核心内涵，对于旅游业高质量发展至关重要（谷树忠、吴太平，2020）。

绿色发展不仅是生态文明建设的要求，更是旅游高质量发展的诉求，是增强人民幸福感、严格生态环境准入、推动产业转型、优化生态产品供给、构建旅游“双循环”新格局的基石。绿色发展建立在处理好人与自然关系的基础之上，将环境保护和可持续发展作为目标。绿色发展统筹人类自身与生态环境的协同发展，并将人类与自然环境协调起来达到一种“绿色”的“人化自然”，以实现经济与生态和谐进步（越建军、杨博，2015）。绿色发展是可持续发展的实现路径，将环境和资源因素纳入人类社会经济发展，推动人类活动与自然环境冲突最小化，在保护环境的同时发展自身，以达到人与自然持续、统一、和谐发展。

20 世纪 90 年代，全球最大的旅游行业组织世界旅行旅游理事会开始倡导在旅游行业推行 ISO14000 系列标准和绿色环球 21 认证。21 世纪初，ISO14000、绿色环球 21 已成为国际公认的旅游行业环境质量可持续管理的认证标牌，是旅游可持续、绿色发展的法宝。

2011 年，世界旅游组织在《旅游：投资能量与资源效率，走向绿色经济》中指出，旅游业是世界经济的重要组成部分，旅游产业发展会面对一系列的挑战。该书对旅游行业的能源使用、碳排放、水资源消耗、废物处理、生物多样性流失等做了详细回顾，呼吁在绿色经济时代，旅游产业应更多关注、投资能量与资源的利用效率，朝向绿色发展。

在推动旅游产业绿色发展的实践中，国外旅游组织、旅游机构提出了一系列措施。例如，瑞士流森湖度假村强调“享受自然比享受舒适更重要”，奥地利维也纳黑天鹅集团倡导“提供循环与再生物品，减少浪费”。英国旅游与环境论坛则向旅游企业推广绿色经营理念，鼓励企业参加绿色旅游企业计划（如英国的“BS7750 计划”和欧盟的“生态管理与审计计划”），以对环境负责的方式经营旅游业务，确立企业的环境改善目标并自觉接受公众监督。

实现旅游产业绿色发展需要我们转变两种传统观念：一是“旅游是无烟产业（非生产性）”，二是“环境投资是旅游企业的责任”。我们必须充分认识到旅游产业发展可能会对环境产生的消极影响，意识到环境投资是旅游产业参与竞争的有效手段。我国也通过“美丽乡村”等活动，全力推动旅游产业绿色发展。如今，我国在“两山理论”“山、水、田、林、湖、草、沙生命共同体”“建立以国家公园为主体的自然保护地体系”等国家战略的指导下，告别以往重数量、规模、速度和片面追求经济增长的粗放型发展模式，转而追求质量和效益全面提升，朝向更加绿色、高效、开放、创新、共享的旅游高质量发展目标努力。

生态文明是人类对环境问题和生态危机进行反思构建的一种新型文明形态，其最高要求是人与自然的和谐统一。生态文明建设与绿色发展的理论内核是一致的，即都需要满足环境友好发展、可持续发展、科学发展的基本要求。因此，绿色发展是生态文明建设背景下旅游高质量发展的有效途径。绿色发展通过整合人类关于实现生态文明的理论和实践，为旅游生态文明建设提供了实现路径。

第四节　小结

生态文明是人类对环境问题和生态危机进行深刻反思的成果，为生态环境保护指明了方向（周生贤，2009）。生态文明以遵循自然规律、尊重和维护自然环境为前提，体现了人与自然的和谐关系（黄勤等，2015）。从目标和要求来看，生态文明是我国高质量发展和国家治理新时代应对资源环境生态约束的必然选择（谷树忠、吴太平，2020）。

党的十八大以来，国家先后出台了一系列重要政策和措施，大力推进生态文明建设。我国生态文明建设主要围绕环境污染防治、环境综合治理、环境质量评价、生态环境调查、资源环境承载力监测等方面展开，已全面进入生态文明新时代，正处于社会主义生态文明建设的关键期、攻坚期和窗口期。

旅游产业发展与生态文明建设相互影响、相辅相成。一方面，生态文明建设对旅游产业发展质量提出了更高要求（黄震方等，2020；龙志、曾绍伦，2020）。另一方面，作为国民经济的战略性支柱产业，旅游产业是建设生态文明的重要载体（朱学同等，2020）。以“可持续环境伦理”为指导，坚持“可持续发展”和“绿色发展”，落实国内国际“双循环”、创新、协调、绿色、开放、共享的新发展理念，全力推进可持续旅游、生态旅游、负责任旅游、绿色旅游是生态文明建设背景下实现旅游高质量发展的有效路径。

第三章　可持续旅游知识图谱：基于文献计量分析

环境事故频繁发生，促使学者们对人与环境的关系进行反思，越来越多的学者致力于可持续旅游研究，甚至专门创建了一个以《可持续旅游学报》（*Journal of Sustainable Tourism*）命名的期刊。可持续旅游与可持续发展的概念和评价指标（Castellani and Sara，2010；Delgado and Francesc，2012），可持续旅游对经济增长和社会就业的贡献（Shahzad *et al.*，2017；Manzoor *et al.*，2019），旅游与能源、环境、经济增长的动态联系（Baum，2018；Shaheen *et al.*，2019；Lin *et al.*，2019），机构倡议对可持续旅游政策的影响（Hezri，2006；Delgado and Francesc，2012），自然保护区或国家公园旅游可持续发展解决方案（Ante，2019），气候变化与旅游部门互动（Robinson，2001；Michailidou *et al.*，2016；Rico *et al.*，2019），可持续旅游中的伦理问题（Huges，1995）等已成为可持续旅游研究的重要方向。

已有文献从社区旅游（Saufi *et al.*，2014；Wang *et al.*，2016）、保护区（Mellon and Bramwell，2016；Weaver and Lawton，2017）和治理（Bramwell，2011；Farmaki，2015）等不同角度进行分析，取得了显著进展。然而，以往关于可持续旅游研究的综述工作以定性分析居多，研究结果相对分散（Canavan，2014；Ruhanen *et al.*，2015）。现有文献整体上呈现碎片化，对研究主线和发展趋势的判断较为主观，而这种主观性和个人偏好可能会造成信息不完整、主观意识强等缺陷，导致可持续旅游研究缺乏定量的科学判断。特别是当前处于信息化时代，利用先进的信息技术和软件对可持续旅游相关研究进行系统回顾，梳理学界最新研究成果，客观揭示可持续旅游研究脉络、总结研究热点和前沿，了解该领域最有影响力的机构、学者，具有重要的理论和现实意义。

文献计量法能够对文献进行精准分析，通过可视化网络图谱展示特定时间范围内某研究领域的知识结构与演进趋势。与传统文献统计方法及Ucinet、Pajek等其他可视化工具相比，CiteSpace软件更适合分析研究主题的演变。CiteSpace提高了可视化的可解释性，并可自动将研究结果标注在地图上，帮助学者减轻认知负担，使研究结果和结论更有说服力（Chen，2004）。尽管CiteSpace很受欢迎，但还少有学者利用CiteSpace来分析快速增长的可持续旅游相关研究文献。因此，本章节利用CiteSpace可视化软件，对Web of Science核心数据库中的文献进行定量分析，通过构建文献共被引网络、期刊共被引网络、关键词共现和突现网络，探索可持续旅游的研究现状、研究热点与前沿方向，为后疫情时期可持续旅游实践提供理论参考和借鉴。

具体而言，本章有三个关键目标：①了解可持续旅游领域研究合作的特点；②确定被引用次数最多的学者、参考文献和期刊；③通过关键词共现或突现分析，发现新兴主题并阐明可持续旅游研究的演化趋势。本章组织结构如下："数据来源与研究方法"部分简述可视化分析工具CiteSpace及其在旅游中的应用，以及数据检索策略。"结果与讨论"部分对国/机构合作网络、文献/作者/期刊共被引网络、关键词共现/突现网络进行综合分析，探测可持续旅游的研究热点和新兴趋势。"结论"部分总结本研究的主要发现并提出未来研究的方向，表明本研究具有广泛的适用性。

第一节 数据来源与研究方法

一、数据来源

Web of Science（以下简称"WOS"）是全球最流行的科学文献数据库之一，覆盖了科学引文索引（Science Citation Index，SCI）、社会科学引文索引（Social Sciences Citation Index，SSCI）和艺术与人文学科引文索引（Arts & Humanities Citation Index，A&HCI）等。WOS索引的文献信息全面准确，具有较高的学术质量和国际公信力，更能代表学科发展的国际趋势。本研究数据来源于覆盖面广、学术质量高、文献记录全面的WOS核心数据库。基本检索策略为：主题＝"可持续旅游"（sustainable tourism），文献类型＝"文章"（article），语言＝"英语"（English），时间跨度＝"1900—

2018”，检索范围＝“SSCI”和“SCI”。为了保证数据的完整性和准确性，对初步搜索文献的主题、关键词和摘要等进行阅读，剔除会议报道、成果介绍及与研究主题明显不符的记录，点击“全记录和参考文献”(full record and referenced references）和“纯文本”（plain text）按钮保存结果，最终得到有效文献 3 589 篇。

二、研究方法

CiteSpace 是一款基于 Java 平台的应用程序，能够通过共被引理论和寻径网络算法对期刊、文献、出版机构、关键词等进行可视化分析，识别特定领域的知识基础、研究热点与趋势（Chen，2013）。CiteSpace 被广泛应用于图书馆信息科学、计算机科学和信息科学等领域，近年来在旅游学科也开始被使用。借助 CiteSpace 软件，洪学婷和张宏梅（2016）对 Web of Science 数据库中的 4 675 篇论文进行定量分析，考察了环境责任行为的研究热点和趋势，蒋等（Jiang *et al.*，2017）探测了城市规划与气候变化的研究重点和发展趋势，李等（Li *et al.*，2017）则对酒店行业的相关研究进行了系统客观的概述。方等（Fang *et al.*，2017）利用 CiteSpace 软件对气候变化与旅游业进行深入分析，以便更好地理解过去 25 年间气候变化领域的研究趋势和方向，李想等（2018）利用 CiteSpace 软件探讨了人文地理学的发展过程和特点。

本章使用 CiteSpace 可视化软件，对 WOS 核心数据库中的可持续旅游文献进行定量分析。具体操作如下：首先在 CiteSpace 中进行数据导入与处理；然后依次选择机构、国家、作者、期刊、文献、关键词等作为节点类型，进行参数设置和调整；最后运行 CiteSpace 并调整节点布局，绘制作者合作网络、关键词共现网络图谱并完成可视化。

第二节　可持续旅游研究现状

一、年发文量分析

发文数量能反映研究领域的受关注程度以及发展态势，是评价研究现状的重要指标。1900—2018 年 WOS 中与可持续旅游相关的论文发表情况如图 3-1 所示：随着时间的推移，可以观察到明显的数量上升趋势，这表明可持续性在旅游研究中所受到的关注越来越大。根据年发文量增长曲线，可持续旅游研究可划分为三个阶段：萌芽阶段（1990—1999 年）、稳定增长阶段（2000—2007 年）和快速发展阶段（2008—2018 年）。

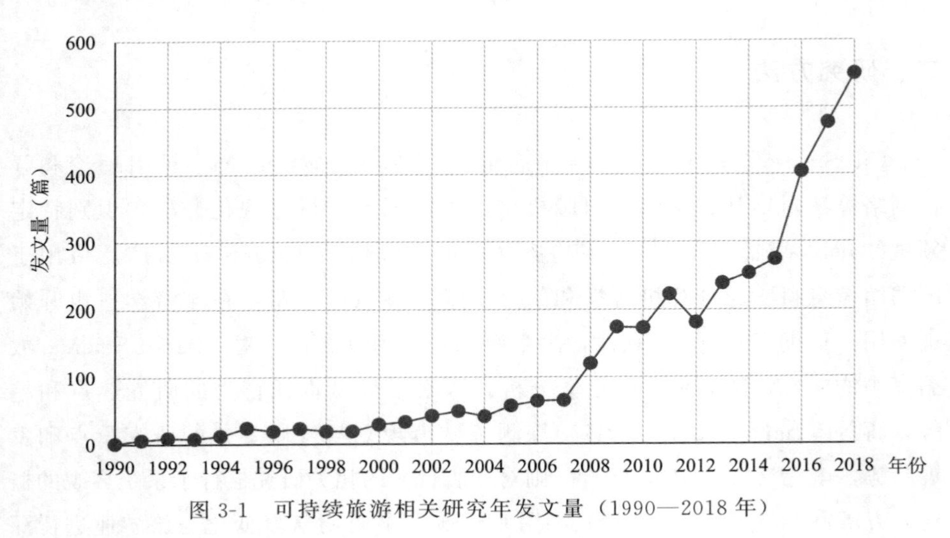

图 3-1　可持续旅游相关研究年发文量（1990—2018 年）

可持续旅游研究开始于 20 世纪 90 年代，但年发文量很少；直到 2000—2007 年，可持续旅游研究年发表量增长速度明显，逐渐进入稳步上升阶段；2008 年以来，在生态失衡、环境破坏和国家政策驱动背景下，年发文数量显著增加，于 2018 年达到峰值（550 篇）。这一现象充分说明，可持续旅游正在吸引越来越多的学者投入到相关研究中，进入一个快速发展和繁荣的时期。随着研究基础的不断加强，可持续旅游的研究方向将更加多元，发表的论文成果也将更加丰富。

二、合作网络分析

鉴于学术研究的动态性和专业性，单个学者很难全面掌握某一领域的专业知识和学术信息，学术交流与合作逐渐成为科学研究的重要组成部分（Zhang *et al*.，2017）。国家和机构间合作网络图谱可以清晰地显示某一领域内学者之间的社会关系，有助于我们识别值得关注的研究人员或学术团体。在 CiteSpace 软件中，分别以“国家”和“机构”作为节点类型，得到国家与机构之间的合作网络图谱。为了更直观地统计发文机构的情况，这里的数据分析仅限于第一作者所属的机构。国家和机构间的合作关系用引文环表示，环与环之间的联系越多，意味着国家和机构之间的学术合作与交流越紧密。

1. 国家和地区合作分析

由图 3-2 和表 3-1 可知：美国、澳大利亚和包括英国在内的欧洲国家为可持续旅游研究做出了较大贡献。美国是可持续旅游研究最大的贡献者，其次是澳大利亚和英国。发展中国家（不包括中国），特别是非洲和中南美洲，相对缺乏对可持续旅游的研究。在某种程度上表明，可持续旅游研究主要集中在发达国家。作为发达国家的典型代表，美国和加拿大都将旅游业作为支柱产业，尤为关注旅游业发展带来的各种变化对生态环境和城市空间的影响，充足的科研经费推动了可持续旅游研究进程。欧洲是可持续旅游研究最强的地区，欧洲国家如英国、西班牙、意大利和罗马尼亚的研究贡献也很突出。这些欧洲国家经济发达，基础设施完善，旅游发展比较先进。由于地缘政治、历史等因素的影响，欧洲多国的旅游业融为一体，具有发展目标一致、学术成果共享的特点。因此，欧洲各国之间的学术交流与科研合作更加频繁、密

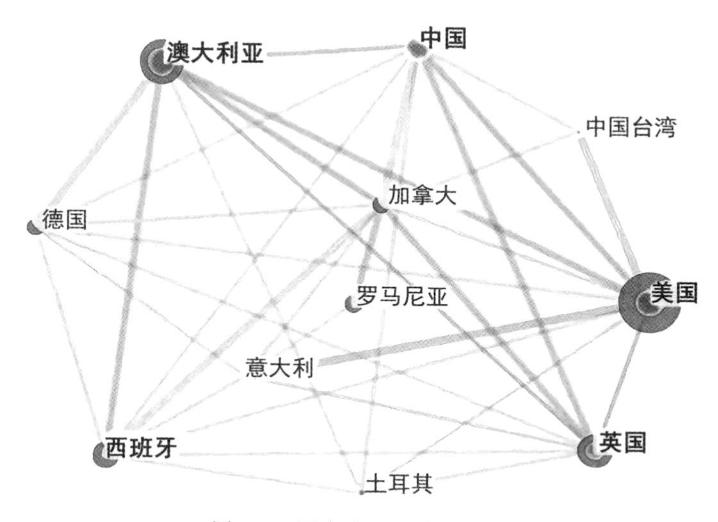

图 3-2　国家和地区合作网络

集，表现为相互交织的引文合作网络。欧洲国家在保持传统战略伙伴关系的同时，也注重与美洲等国家的学术交流与联系。由中介中心性可知，英国、加拿大、美国和土耳其在与其他国家的联系中发挥着至关重要的作用。相对而言，中国与其他国家、地区的合作交流较为匮乏。

表 3-1 国家和地区共被引频次

国家	共被引频次	中介中心性	国家	共被引频次	中介中心性
美国	482	0.23	意大利	205	0.06
澳大利亚	467	0.17	加拿大	154	0.24
英国	453	0.24	罗马尼亚	124	0.12
中国	383	0.07	土耳其	114	0.22
西班牙	283	0.11	中国台湾	129	0.00

注：中介中心性（BC）表示一个节点与网络中其他节点之间连接的贡献。BC 值越高，表明联系越紧密。

2. 机构合作分析

由图 3-3 和表 3-2 可知：开展可持续旅游研究的主要机构分别为格里菲斯大学（澳大利亚）、昆士兰大学（澳大利亚）、中国科学院（中国）、南十字

图 3-3 机构合作网络

星大学（澳大利亚）和香港理工大学（中国）。由此可知，澳大利亚的研究机构在可持续旅游领域的成就最为突出，这与澳大利亚倡导旅游业发展的历史传统和对可持续旅游的高度关注相一致。不难看出，贡献较大的研究机构与其他机构之间具有较强的合作关系。机构间合作紧密，呈现良好发展趋势。但合作网络仍有完善的空间。这一结果与前述国家与地区合作分析结果基本一致。

表 3-2　机构共被引频次

机构	国家	共被引频次	机构	国家	共被引频次
格里菲斯大学	澳大利亚	90	詹姆斯库克大学	澳大利亚	30
昆士兰大学	澳大利亚	62	奥卢大学	芬兰	24
中国科学院	中国	61	伯恩茅斯大学	英国	22
南十字星大学	澳大利亚	31	德州农工大学	美国	21
香港理工大学	中国	35	滑铁卢大学	加拿大	20

三、共被引分析

共被引分析是一种衡量文献、期刊、作者和其他分析对象之间关系的新方法。如果两篇文献同时被第三篇文献引用，则这两篇文献之间形成共被引关系，共被引频次定义为两篇文献同时被引的频次。共引分析是绘制科学知识图谱的有效工具，能够更直观、可靠地为特定研究领域展现研究网络。期刊、文献、作者共被引频次和共引网络能够帮助我们快速识别服务于可持续旅游研究的重要刊物、经典文献、学术专家及其研究成果。

1. 期刊共被引分析

为了明确服务于可持续旅游研究的期刊，我们选择“共被引期刊”作为节点类型，运行 CiteSpace 软件得到如图 3-4 所示的期刊共被引网络。共被引频次排名前 10 位（表 3-3）的期刊分别为《可持续旅游学报》（*Journal of Sustainable Tourism*，2 758 次）、《旅游管理》（*Tourism Management*，2 189次）、《旅游研究年刊》（*Annals of Tourism Research*，1 673 次）、《旅游研究学报》（*Journal of Travel Research*，1 211 次）、《环境管理》

（*Journal of Environmental Management*，985 次）、《旅游热点问题》（*Current Issues in Tourism*，755 次）、《生态经济学》（*Ecological Economics*，668 次）和《国际旅游研究学报》（*International Journal of Tourism Research*，663 次）等。

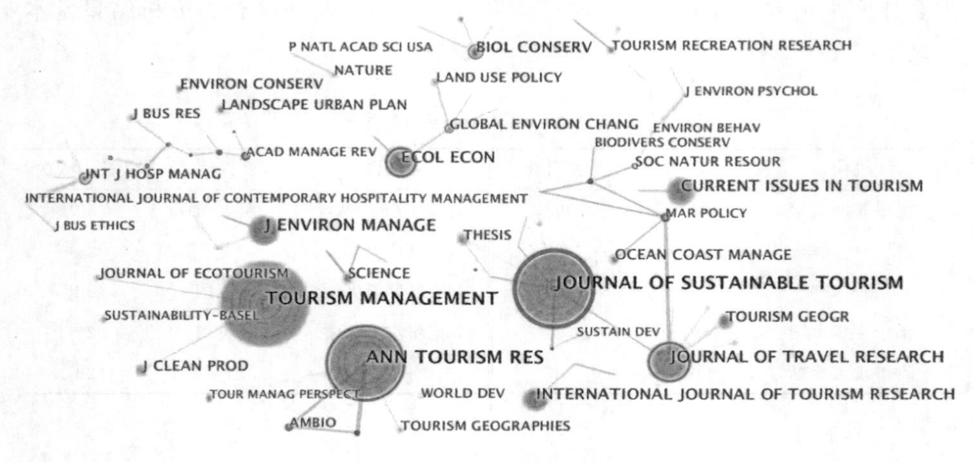

图 3-4　期刊共被引网络

表 3-3　期刊共被引分析

期刊	共引频次	影响因子	期刊	共引频次	影响因子
可持续旅游学报	2 758	3.400	旅游热点问题	755	3.395
旅游管理	2 189	6.012	生态经济学	668	4.281
旅游研究年刊	1 673	5.493	国际旅游研究学报	663	2.278
旅游研究学报	1 211	5.338	旅游地理	415	2.747
环境管理	985	4.865	科学	400	41.063

注："影响因子"资料来源于《2018 年期刊引用报告》（*Journal Citation Reports 2018*）。

《可持续旅游学报》于 1993 年在英国创办，是唯一一家专门发表可持续旅游研究的期刊。在一些旅游研究的期刊评级中，《可持续旅游学报》排名第四，仅次于《旅游管理》《旅游研究年刊》和《旅游研究学报》等老牌旅游期刊，《可持续旅游学报》上发表的文章是可持续旅游领域的权威。自创办以来，关于可持续旅游概念的讨论成为《可持续旅游学报》的焦点，为可持续旅游研究作出了重要贡献。

《旅游管理》推进跨学科的方法来研究可持续旅游政策以及管理实践，是国际公认的顶级旅游管理类期刊，也是可持续旅游研究的重要学术高地。此外，《旅游研究年刊》和《旅游研究学报》是连接可持续旅游研究期刊共引网络的核心节点。其他期刊中，《环境管理》是专注于环境科学研究的期刊，《科学》是世界上最权威的学术期刊之一，关注点不局限于旅游领域。综合分析，为可持续旅游研究服务的期刊涉及管理学、社会学、经济学等学科，并产生一系列成果，极大地拓展了可持续旅游研究的学科交叉和理论基础。

2. 文献共被引分析

共被引分析和交叉参考网络的建立有助于对可持续旅游研究的经典文献进行识别，从而帮助学者通过共被引频次和关键文献的半衰期来分析研究主题的流变。最常被引用的文章通常因其开创性的贡献而被视为里程碑（Chen，2013）。选择“文献”作为节点类型，并使用“寻径网络”获得文献共被引网络（图 3-5）。模块化指数 Modularity 值 Q ＝ 0.864，平均轮廓剪影 Silhouette 值 S＝ 0.593，均符合常用标准（Q＞0.3，S＞0.5），表明网络图谱的聚类结构非常清楚，每个集群内的同质性水平是合理的。图中每个节点代表一篇文献，节点大小表示该文献被共同引用的次数，节点间连线表示文献之间的相互引用关系。联系越紧密，表明文献被共同引用的频次越高。

由图 3-5 可知：巴克利（Buckley，2012）发表的论文被共引频次最高，其次是布拉姆韦尔（Bramwell，2011）和斯科特（Scott，2010）的论文。巴克利（2012）在《旅游研究年刊》上发表的《可持续旅游：研究与现实》（Sustainable Tourism：Research and Reality）一文是数据集中共被引次数最多的文章（63 次），成为共被引文献图谱中最大的网络节点。论文综合前人的研究成果，系统地描述了可持续旅游的概念与特征，是可持续旅游研究领域较为经典的文献。巴克利指出，“环境政策、管理措施和技术升级可以减少旅游业的不良影响，但主流旅游离可持续发展还很远”，“制定定量的可持续性评价指标是一个值得长期关注的重要问题”。他试图从人口、和平、繁荣、污染、保护和旅游之间的关系中确定可持续性的衡量指标，巴克利预测，在全球变化下的个人责任将成为未来研究可持续旅游中特别有前景的领域。

第二篇共被引频次较高的文献是布拉姆韦尔（2011）在《可持续旅游学报》上发表的《治理，国家和可持续旅游：一个政治经济学的方法》（Gov-

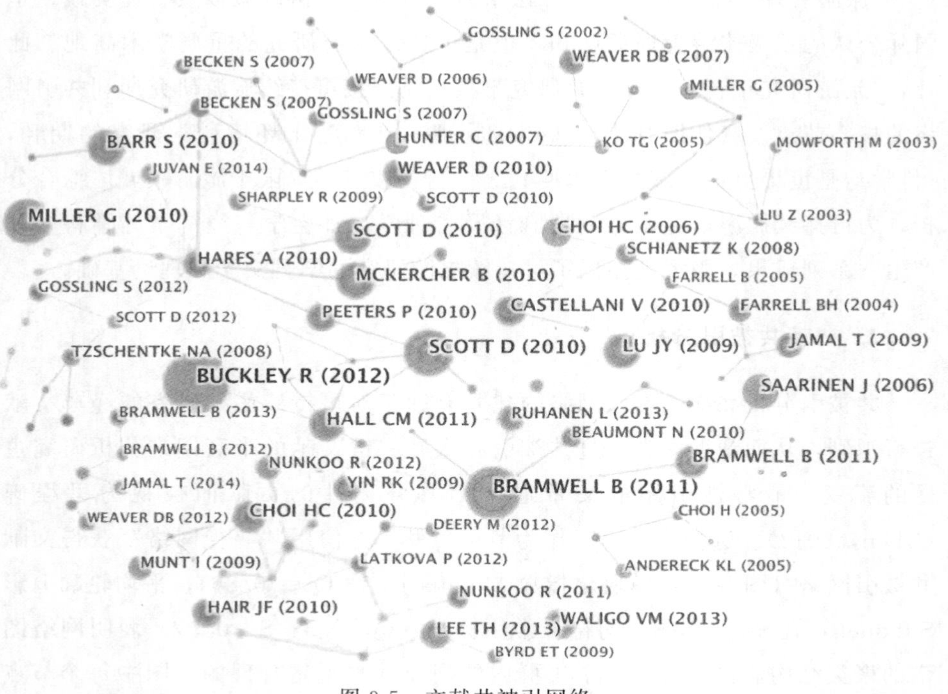

图 3-5　文献共被引网络

ernance, the State and Sustainable Tourism: a Political Economics Approach，共被引 56 次）。布拉姆韦尔认为，治理是实现旅游可持续发展的重要手段，并运用战略关系、政治经济学等社会理论研究了旅游可持续发展的治理内容。通过对德国、中国、马耳他、土耳其和英国的案例研究，布拉姆韦尔对旅游治理、可持续性理论与实践进行批判性评价，为可持续旅游研究指明了新的方向。

斯科特和麦克彻（Mckercher）的论文也有相对较高的共被引频次，主要集中在气候变化与可持续旅游的关系研究上。斯科特重点解释了“为什么可持续旅游必须应对气候变化”，他认为“气候变化不仅是一个环境问题，还涉及经济和社会问题”。气候变化将对旅游者产生严重的不利影响，是 21 世纪旅游业可持续发展面临的最大挑战。气候变化可能是政府、旅游行业、旅游投资者和其他旅游业利益相关者最关注的问题。虽然大多数人表达了对碳排放和气候变化的关注，但很少有旅游者愿意主动改变自己的行为（Mckercher，2010；Weaver，2011）。他们在应对气候变化方面的参与主要是口头上的，并没有采取任何实质性行动来减轻个人行为对气候变化的影响。许多旅行者甚至把与假日相关的温室气体排放责任转嫁给政府和管理者（Mckercher，2010）。麦克彻（2014）考察了香港居民对旅游发展和气候变化的态度，并评估了他们自愿改变旅游行为以减少不利环境影响的意愿。研究发现，普通国际旅游团对全球变暖和气候变化的认识程度最高，但对改变旅游行为的意愿最低。相比之下，不太热衷于旅游的旅游者似乎更愿意少旅游。麦克彻认为，政府干预可能是刺激旅游者行为改变的有效途径。

此外，卢和尼泊尔（Lu and Nepal，2009）的文章《可持续旅游研究：基于对"可持续旅游学报"论文的分析》（Sustainable Tourism Research：an Analysis of Papers Published in the Journal of Sustainable Tourism）共被引用 40 次。通过对《可持续旅游学报》1993—2007 年刊载的 341 篇文献内容进行分析，系统回顾了可持续旅游的研究主题、研究视角和研究方法。可持续旅游研究主要集中在美国、加拿大、英国、澳大利亚和新西兰，研究重心逐渐从生态旅游转向大众旅游。学者们开始对文化和遗产旅游产生兴趣，并越来越意识到文化可持续的重要性。他们热衷于讨论旅游的影响、可持续性评估、发展、旅游者态度和行为，并试图分析各种替代旅游形式和产品，如农业旅游、会议旅游、社区旅游和影视旅游。研究方法主要是多学科交叉分析，以定性分析为主、定量和混合分析为辅，并没有发生重大变化。社会调查和案例研究是最常用的数据收集方法，但可持续旅游研究的内容仍然是描述性的。萨里嫩（Saarinen，2006）基于资源、活动和社区的传统视角，批判性地讨论了可持续旅游和可持续发展之间的关系。他认为，旅游可持续性已经成为一个全球性的问题，真正的可持续性应包括人的维度并遵守未来、公平和整体主义等基本原则。

3. 作者共被引分析

学术研究的产生、形成和发展离不开专家学者的推动，论文数量反映了作者的知识生产能力，共被引频次反映了作者的学术水平和影响力。作者共被引网络有助于研究者快速识别可持续旅游研究领域中最重要的核心作者。选择"共被引作者"作为节点类型，运行 CiteSpace 软件后得到合并后的作者共被引网络。需要指出的是，本次分析只考虑第一作者。由表 3-4 可知：

霍尔（Hall，511 次）、戈斯林（Gossling，405 次）、布拉姆韦尔（387 次）、巴特勒（364 次）和巴克利（278 次）等作为高产作者和核心人物，为可持续旅游研究作出了卓越贡献。

表 3-4 作者共被引分析

作者	共被引频次	作者	共被引频次
霍尔	511	沙普利	269
戈斯林	405	韦弗	259
布拉姆韦尔	387	麦克彻	230
巴特勒	364	贝肯	199
巴克利	278	亨特	185

作者共被引网络中最突出的节点是霍尔，他长期从事可持续消费与区域发展、全球气候与环境变化、旅游流和绿色营销研究，尤其关注环境保护与气候变化、活动管理与营销，以及旅游对经济发展与保护的作用机制研究等。

斯蒂芬·戈斯林热衷于交通可持续性、能源使用、温室气体排放和交通消费研究，布拉姆韦尔主要是从旅游经济学和批判理论视角出发，研究政府政策、旅游治理、遗产保护和可持续发展，探索不同地理尺度下旅游治理模式与旅游可持续发展理论与实践，为进一步研究政府政策和治理提供了新的视角。

此外，理查德·巴特勒，理查德·巴克利，理查德·沙普利（Richard Sharpley）和戴维·韦弗（David Weaver）等学者共被引频次也处于前列。巴特勒擅长季节性和可持续性、旅游目的地管理和发展研究，其“旅游地生命周期”理论（1980）影响了世界各国旅游目的地发展。沙普利（Sharpley，2009）对岛屿旅游、乡村旅游和旅游社会学感兴趣，其著作《发展中国家的旅游业和发展》（*Tourism and Development in the Developing World*）和《旅游、发展与环境：超越可持续性》（*Tourism, Development and Environment: Beyond Sustainability*）吸引了大量学者从事可持续旅游研究。

韦弗出版了一系列关于可持续旅游、生态旅游和旅游管理的书籍，为可持续旅游研究作出了巨大贡献，推动可持续旅游研究进展。其中，《可持续旅游》（*Sustainable Tourism*）从全球视角探讨当代可持续旅游理论和应用，并通过国际案例研究，从理论和实践两方面提供了最新研究视角，《生态旅游》

（*Ecotourism*）则重点探讨了生态旅游发展现状和意义，这两本书可以帮助读者更全面地理解可持续旅游和生态旅游。

第三节　可持续旅游研究热点

研究热点是指一定时间内，论文数量较多且存在内在联系的科学问题或研究课题（Li *et al.*，2017）。关键词作为论文的基本要素，是对文章内容的高度概括和凝练，在一定程度上代表了相关领域的研究热点。因此，我们以“关键词”作为节点类型，通过绘制关键词时间线图谱（图 3-6）来捕获研究热点。

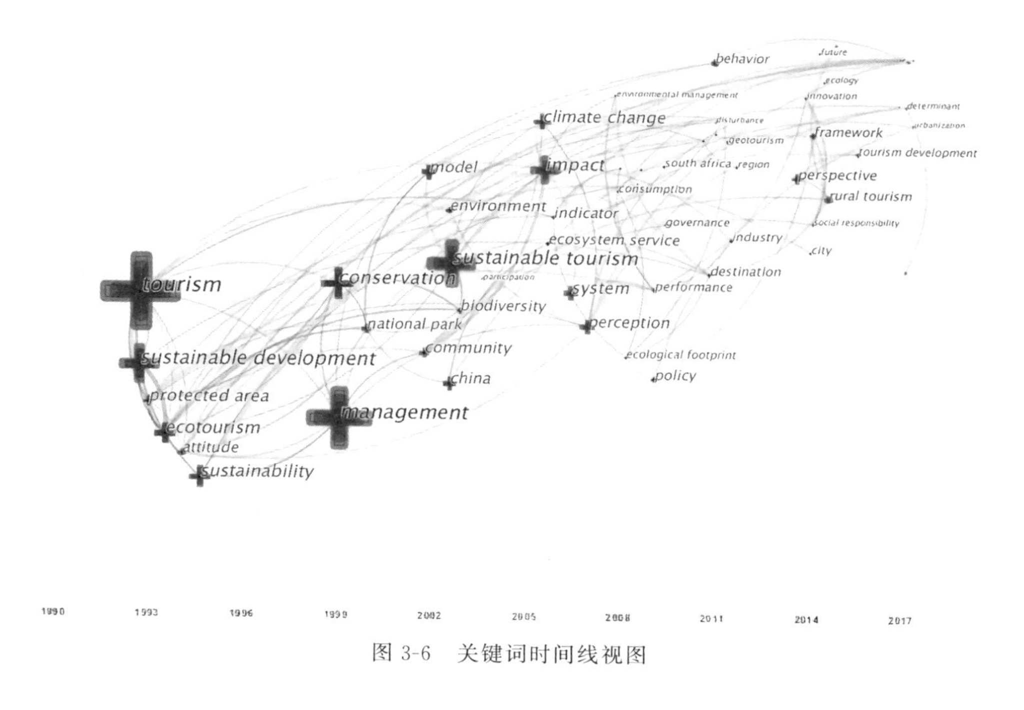

图 3-6　关键词时间线视图

图谱中的交叉节点代表关键词，节点越大，表示关键词出现的次数越多。关键词共现频率和中介中心性（BC）是衡量关键词重要性的主要指标。BC 是对网络节点进行分析，度量网络中任意一点最短路径通过该节点的可能性（Chen，2004）。BC 值越大，说明该关键词与其他关键词一起出现的概率和影响越大。基于关键词共被引频次和中介中心性综合分析（表 3-5），1900—2018 年可持续旅游的研究热点归纳如下：

表 3-5 关键词共现分析

关键词	共现频次	中介中心性	关键词	共现频次	中介中心性
旅游	738	0.14	态度	190	0.10
可持续旅游	690	0.10	保护区	159	0.03
管理	523	0.14	治理	137	0.04
可持续发展	367	0.13	指标	130	0.04
影响	349	0.09	中国	128	0.02
可持续性	348	0.06	政策	128	0.05
保护	311	0.09	系统	125	0.06
生态旅游	291	0.18	行为	124	0.03
感知	207	0.06	视角	111	0.04
模型	203	0.06	环境	105	0.04
气候变化	196	0.08	国家公园	105	0.01
社区	191	0.16	表演	101	0.01

一、旅游管理与政策工具研究

由关键词管理（management，BC 值 523）、治理（governance，BC 值 137）、政策（policy，BC 值 128）、系统（system，BC 值 125）、和视角（perspective，BC 值 111）的共现频次和中介中心性来看，管理措施、政策工具和技术是可持续旅游研究的热点。相关文献主要从政府、当地居民和旅游者等视角研究不同利益相关者在旅游管理中的作用。学者们普遍认为，科学合理的旅游规划、政府的有效治理和监督、社区的自愿参与是实现旅游可持续管理的重要保障。

可持续旅游规划是旅游业健康发展的基石和前提，缺乏符合国家、区域和地方特色的综合、动态旅游规划被认为是不可持续性的最重要因素。维贾亚南德（Vijayanand，2013）认为，互利的伙伴关系对旅游规划和管理至关重要。因此，在制定旅游规划时，应该尊重和征求多方利益相关者的需求（Hunter，1997）。欧洲保护区可持续旅游宪章是一项创新的规划工具，旨在促进保护区的可持续旅游。

作为主要的利益相关者，政府在旅游规划和管理中发挥关键作用（Bramwell，2011）。治理是政治学和公共政策中的概念，在旅游业中被广泛应用（Hall，2011）。随着旅游业规模的快速扩张，政府在旅游管理中面临的挑战越来越大（Dredge and Jamal，2013）。有效治理被认为是目的地可持续管理的关键因素之一（Farmaki，2015）。迪尼克（Dinica，2009）强调，可持续治理必须平衡各利益相关者之间的利益，并考虑治理特征和可持续绩效之间的联系。政府借助政治、经济、环境政策工具和激励措施，从宏观层面进行整体把控和治理，可以显著提高旅游可持续性，促进旅游发展和社会公平（Logar，2010）。

值得注意的是，目的地社区参与决策对于可持续旅游管理至关重要，而当地居民是管理者必须寻求合作的利益相关者（Bramwell，2011）。当政府和其他管理机构做出旅游业相关决策时，必须谨慎地采纳旅游从业人员和当地居民的建议，使之参与决策制定的过程。旅游目的地的从业人员应根据实际情况，对旅游者数量和分布进行实时控制和管理，关注生态服务的价值，严格执行环境政策和法规，在环境脆弱或者有重要环境价值的区域设置可持续保护区，妥善处理“生态可持续性”和“经济可持续性”的冲突。与此同时，旅游者在旅游过程中进行自我约束和管理，是可持续管理的助推剂。此外，技术进步可以减少资源消耗和废物排放，也是实现可持续管理的重要举措。

二、旅游目的地与替代旅游研究

高共现关键词如可持续旅游（sustainable tourism，BC 值 690）、可持续发展（sustainable development，BC 值 367）、可持续性（sustainability，BC 值 348）、生态旅游（ecotourism，BC 值 291）、社区（community，BC 值 191）、保护区（protected area，BC 值 159）、中国（China，BC 值 128）和国家公园（national park，BC 值 105）等反映了旅游者旅游理念和旅游方式的转变。作为对传统大众旅游发展弊端的回应，旅游目的地研究以及各种形式的替代旅游（如生态旅游、可持续旅游、社区旅游和自然保护区旅游等）已成为可持续旅游研究的热点。

中国因为其别具特色的自然和人文旅游资源成为最受欢迎的旅游目的地国家之一。当旅游者选择旅游目的地时，自然保护区和国家公园等人类活动干涉较少的地方成为首选。旅游与国家公园、保护区的关系历史悠久，既有研究主要集中在旅游者数量、准入性、管理工具等方面（Ballantyne *et al*.，2011；Shultis，2011）。旅游者数量的持续增长，对保护区和国家公园来说既是机遇也是挑战。管理者应开发与保护区相适应的旅游新模式，将自然旅游的管理权转移到自己所管理的公园，追求旅游与保护共存。

社区参与是可持续旅游研究中的一个重要话题（Idziak *et al*.，2015）。社区独有的生活方式和文化氛围能带给旅游者独特的主观感受和满意度，社区的积极参与也使社区可持续旅游成为可能。与传统的旅游开发模式不同，社区旅游旨在促进社区居民经济收入的公平分配，提高旅游业经济可持续性，通过赋予社区居民权利，鼓励居民参与决策过程（Martincejas，2010）。现有的可持续社区旅游的文献可归纳为对社区驱动或以社区为基础的旅游开发、旅游规划、旅游管理、社区参与的讨论，学者们主要关注社区参与的模式，对社区参与保障机制和评价体系的关注较少（Lee *et al*.，2013；Idziak *et al*.,2015）。

三、环境关心与旅游者行为研究

由关键词保护（conservation，BC值311）、感知（perception，BC值207）、模型（model，BC值203）、态度（attitude，BC值190）、指标（indicator，BC值130）、行为（behavior，BC值124）和环境（environment，BC值105）的共现频次和中介中心性来看，环境关心和旅游者行为是学者们争相讨论的重要话题。环境是旅游健康发展的前提，环境的终结意味着旅游业的终结（Holder，1988）。旅游和环境是不可分割的，健康的环境完整性塑造了可持续旅游的可能性。在实际的旅游过程中，资源的不当利用、旅游者的不文明行为会造成环境破坏和生态退化。频繁爆发的环境灾难和“旅游自毁”言论，使得环境保护、旅游者态度和行为等成为了可持续旅游领域的研究热点。

学术界使用“环境关心”这一概念来测定公众对环境问题的认知，包括态度（如知识、情感、价值观、信念等）、感知、意向等。“计划行为”和

"亲环境行为"作为旅游者行为的具体表现，有关其影响因素的讨论文章众多（Miller *et al.*，2015；Nickerson *et al.*，2016）。在大多数的研究结论中，"环境关心"通常被视为影响旅游者行为的关键因素，即遵循"态度决定行为"的一般规律（Paz *et al.*，2013）。研究发现，环境价值观、环境知识、环境情感、环境信念以及社会人口特征、环境政策等要素与旅游者行为之间存在复杂的作用关系（Nicholas *et al.*，2009；Brown，2010；Standford，2014；Su，2017）。在这些相关研究中，确定测量指标、构建实证分析的理论模型是最常用的研究方法。与环境关心和可持续性相关的概念大多基于主观认知，因此衡量指标成为重要课题，斯特恩（Stern，2000）提出的"新生态范式量表"因其高信度、高效度和跨文化的适用性而得到广泛应用。

旅游行为的解释和预测需要理论模型的验证和支持，只有在一般旅游现象中总结出的具有普遍特征的理论模型才能得到更多的应用。旅游研究者借鉴心理学理论，在大量实证研究的基础上，提出了"计划行为理论""价值—信念—规范理论""环境素养模型""多因素整合模型"等理论框架和模型。从关键词"模型"（203）的共现频率及其孤立的引文圈来看，虽然研究者在旅游研究过程中建立了大量模型，但只有很小一部分模型被其他学者接受和应用。确定科学合理的可持续性指标，梳理总结现有的理论模型，仍将是可持续旅游的重点研究方向。

四、旅游影响与气候变化研究

旅游业是推动社会经济发展的关键力量，但与此同时，旅游业也是一个对气候变化特别敏感的经济部门。气候因素是旅游者目的地选择的重要因素，极端天气事件、全球变暖、海平面上升、降雪减少等不仅会影响旅游者的舒适度和活动，而且会影响旅游者的安全。研究表明，超过 2 摄氏度的温度变化可能会破坏气候系统的稳定性，以气候变暖为主要特征的气候变化给全球旅游业的发展带来巨大挑战。从某种意义上来说，当前的旅游发展在应对气候变化方面是不可持续的。应对气候变化不仅仅是一种"理性的商业反应"，更是旅游部门管理者必须要面对的战略现实，与可持续发展议程密不可分。

自 20 世纪 80 年代以来，旅游与气候变化逐渐成为可持续旅游领域的热点话题之一。研究初期，学者们主要围绕气候变化对旅游业的潜在影响（尤其是海滨旅游)、气候变化影响下旅游需求的改变、旅游业对气候变化的适应、减缓气候变化等方面展开讨论。由气候变化所引致的旅游需求及行为方式的改变将不可避免地促使我们追求旅游可持续发展。近年来，学者们逐渐意识到，旅游与气候变化之间的作用关系是相互的：气候变化影响旅游发展进程，同时旅游活动也可能会加速或减缓全球气候变化。研究人员开始关注能源消耗（航空、交通、住宿)、旅游流等对气候变化的影响，碳排放问题成为应对气候变化的核心议题（McKercher，2014)。

旅游业的能源消耗和温室效应是影响气候变化的重要因素，而旅游交通是能源消耗和碳排放的主体部分。贝克（Becke，2003）认为，测算碳排放是实现可持续旅游的关键环节。除了政策工具或技术手段外，旅游者自愿参加碳补偿计划是减少温室气体排放的重要策略（Buckley，2011)。一些发达国家和地区的旅游流移动违背了可持续性原则，其休闲流动模式是不可持续的（Rama，2013)。旅游者的生态足迹改善与旅游交通运输方式密切相关，乘坐飞机和自驾游所带来的碳排放是造成环境问题的主要原因之一（Higham *et al.*,2013)。如果想要实现二氧化碳排放的可持续性目标，旅游运输模式和目的地选择的重大转变是必要的。旅游部门和政府需要彻底检查旅游交通运输系统，以应对气候变化所带来的风险和机遇。

影响旅游者旅游交通选择的因素众多，如出行时间，出行距离，公共交通设施的灵活性、便利性和充分性，是否有儿童相伴，个人行为方式及生活习惯等（Kelly *et al.*，2007；Dolnicar，2010)。完善公共交通并提高交通运输率，减少私家车出行，为旅游者提供更为便捷、环保的旅游交通方式，可以减少温室气体排放，应对气候变化风险，进而实现可持续旅游。气候变化不仅是环境问题，更具有明显的经济和社会属性。旅游与气候变化研究正沿着“影响—适应—缓解”的路径演进，旅游碳排放问题是旅游与气候变化研究的核心（Peters，2013)。

第四节 可持续旅游研究前沿

研究前沿指一组新兴的动态概念和潜在的研究问题，强调新的趋势和突发特征（Chen *et al.*，2015)。突现词是指出现频率突然明显增多的关键词，可以更直观地反映某时段的研究前沿与发展脉络（Chen，2004）。根据关键词的突现强度和持续时间（表 3-6），发现：

表 3-6　突现词分析

突现词	突现强度	时间跨度	1990 - 2018
可持续发展	10.472	1993—2005	
可持续旅游	5.849	1994—2000	
生态旅游	8.544	1996—2007	
可持续的	5.930	1997—2009	
保护	5.933	1999—2007	
经济学	3.913	1999—2007	
野生动物	4.921	2001—2009	
岛屿	4.776	2002—2011	
生态足迹	4.407	2002—2009	
生物多样性保护	4.919	2003—2014	
非洲	4.086	2003—2012	
规划	4.027	2003—2010	
旅游效应	7.351	2003—2013	
发展中国家	4.593	2004—2013	
动态	4.926	2004—2013	
协作	4.587	2005—2009	
真实性	5.628	2008—2013	
需求	7.944	2009—2011	
多样性	4.718	2009—2010	
身份认同	7.995	2010—2014	
选择	5.152	2011—2013	
社区参与	3.848	2011—2014	
脆弱性	3.525	2011—2013	
进化	7.876	2012—2015	
环境效应	3.797	2012—2014	
地方依恋	7.979	2013—2015	
利益相关者	7.092	2014—2018	
创新	6.427	2014—2016	
居民态度	5.251	2014—2016	
企业社会责任	5.026	2015—2016	

一、旅游发展的经济效益和影响研究

在可持续旅游研究的早期阶段（1991—1999年），从综合可持续发展（10.472）、生态旅游（8.544）、保护（5.933）、可持续的（5.930）和经济学（3.913）等关键词的突现强度和持续时间来看，在最初研究中，学者们主要关注的是“发展”的经济问题，更倾向于从经济学的角度来分析旅游发展带来的经济效益和影响。学者们着重对“可持续发展”展开介绍和探讨，追求“可持续的”旅游发展。可持续发展的理念是20世纪80年代末由联合国等提出的，《世界保护战略》为其奠定了基础。世界环境与发展委员会（World Commission on Environment and Development，1987）将可持续发展定义为“既满足当代人的需要，又不对后代人满足其需要的能力构成危害的发展”，并提出了“可持续发展”与“可持续性”的异同。“可持续发展”是一个全面、动态的过程，但“可持续”是发展的目标，是发展的唯一途径。可持续发展以“发展”为核心，以“公平、共同、可持续”为主要原则。它以“促进人与自然的和谐”为宗旨，强调生态、经济和社会效益的最大化。可持续发展不仅是经济的发展，而且是“生态—经济—社会”三维复合的、系统的整体可持续发展。换句话说，可持续发展意味着生态、经济和环境的平衡。它的测度可能包括贫困、道德水平、失业率、不平等、自力更生等指标（Ruhanen *et al.*，2015）。学者们普遍认为，“如果旅游业要对可持续发展作出贡献，那么它必须是经济可行、环境敏感、政治公平、社会兼容和文化适宜的”（Ghosh and Ghosh，2018）。然而，既有文献并没有很好地解决文化可持续问题，而是经常关注旅游发展和环境质量之间的关系。“旅游是否以及以何种形式促进可持续发展”是可持续旅游研究的早期课题。

二、气候变化、生态足迹与旅游研究

在2000—2007年可持续旅游研究的稳定发展期，由突现词旅游效应（7.351）、野生动物（4.921）、生物多样性保护（4.919）、协作（4.587）、发展中国家（4.593）、非洲（4.086）和生态足迹（4.407）的突现强度来看，随着可持续旅游研究的深入发展，学者们开始关注旅游活动（包括旅游活动和旅游产业活动）的各种影响，包括经济影响、社会文化影响和环境影响。研究者逐渐意识到可持续旅游应该是一个全面、动态的发展过程，需要科学合理的旅游规划。自 2005 年以来，气候变化及其与旅游的联系一直是可持续旅游研究中最活跃的领域之一（Weaver，2011）。有研究从气体排放、碳抵消和碳中和三个方面探讨旅游对气候变化的贡献和气候变化对旅游的影响（Juvan and Dolnicar，2016）。“生态足迹”研究日益突出，成为该阶段研究的热点。生态足迹的概念首先由瓦克纳格尔（Wackernagel）提出，随后戈斯林（2002）和舍费尔斯等（Scheffers *et al*.，2016）学者对其进行了广泛深入的研究。他们将影响生态足迹大小的因素归纳为交通、住宿、活动和食品消费等四类。此外，越来越多的学者热衷于以非洲国家为代表的发展中国家的可持续旅游研究，并强调区域和城市间的合作。非洲逐渐成为可持续旅游研究的热点，这主要归功于其丰富的自然景观和野生动物。需要注意的是，发展中国家的经济、文化和社会背景与发达国家有很大的不同，因此，在发展中国家开展可持续旅游研究时必须谨慎。

三、环境伦理与旅游者行为研究

在可持续旅游研究的快速发展阶段（2008—2018 年），突现词数量急剧上升，身份认同（7.995）、需求（7.944）、地方依恋（7.979）、利益相关者（7.092）、真实性（5.628）、居民态度（5.251）和企业社会责任（5.026）等突现词持续时间较长。在全球气候变化的敏感时期，伦理责任与旅游行为研究具有重要意义。自 2008 年以来，学者们一直致力于探讨可持续旅游的真实性，研究的核心概念和前沿主要集中在“身份”和“旅游者需求”两个方面。从更多的概念性文章转向基于经验的论文，反映了可持续旅游研究的成熟。特别是 2014 年以来，突现强度最高的关键词为“社会责任”“居民态度”和“计划行为”。随着环境意识和责任感的觉醒，旅游者行为（如计划行为、可持续行为和支持环保行为）及其影响因素（如身份、需求和支持）的研究已经成为可持续旅游研究的新趋势（Kim *et al*.，2014；King *et al*.，2014；Iaquinto，2015；Juvan and Dolnicar，2016）。计划行为影响因素和理论模型构建的相关研究是改善行为模式、实现生物多样性保护的重要途径。

第五节 小结

可持续旅游受到越来越多的关注。为了充分掌握可持续旅游研究的知识基础、热点领域和发展趋势，本研究以“可持续旅游”为关键词，利用引文可视化工具 CiteSpace 软件对 WOS 核心数据库中 1900—2018 年的 3 589 篇相关文献进行定量分析。通过机构/国家合作分析、文献/期刊/作者共被引分析、关键词共现和突现分析，探测可持续旅游的研究热点和发展趋势，得出以下结论：

首先，就发文量来看，可持续旅游研究可以划分为新兴阶段（1990—1999 年)、稳定增长阶段（2000—2007 年）和快速发展阶段（2008—2018 年）三个阶段。特别是 2008 年以来，在生态失衡、环境破坏和国家政策驱动的背景下，可持续旅游领域的论文发表数量快速增长，于 2018 年达到峰值(550 篇)。这表明可持续旅游研究正在蓬勃发展，具有极强的生命力。

其次，从被引频次来看，美国、澳大利亚、中国和以英国、西班牙、意大利为代表的欧洲国家是可持续旅游研究的主导力量。中国在可持续旅游研究中占有重要地位，但缺乏与其他国家的学术合作与交流。相比之下，澳大利亚与欧洲国家的学术交流更为频繁和密集。以格里菲斯大学、昆士兰大学、南十字星大学和詹姆斯库克大学为代表的澳大利亚研究机构在可持续旅游研究领域表现最为突出。这是因为澳大利亚非常重视旅游业的发展，既有充足的资金，又有优秀的专家学者。中国的研究机构在可持续旅游研究中的影响力也日益突出，中国科学院、香港理工大学、中山大学、四川大学等学术机构更加活跃。欧卢大学、伯恩茅斯大学和滑铁卢大学是欧美最有影响力的大学。同时，在作者共被引方面，霍尔、戈斯林、布拉姆韦尔、巴特勒和巴克利是可持续旅游研究领域的核心作者和杰出专家，他们的“治理与可持续旅游”“旅游地生命周期理论”等观点和理论极大地推动了可持续旅游研究进程。《可持续旅游学报》《旅游管理》《旅游研究年刊》《旅游研究学报》等是可持续旅游研究中共被引频次最多的期刊。

最后，从关键词的共现频次可知，可持续旅游的研究热点主要集中在旅游管理和政策工具、旅游目的地和替代旅游、环境关心和旅游行为、旅游影响和气候变化等方面。结合突现词对重点文献进行深入研读，我们发现可持续旅游研究正遵循“生态足迹—气候变化—旅游影响—道德责任—计划行为—保护”的演化路径持续发展。美国、澳大利亚和加拿大等西方国家一直是最主要的研究地点。近年来学者们逐渐关注以非洲国家和中国为代表的发展中国家的可持续旅游问题。基于技术进步的可持续发展和环境伦理、关于社会责任和旅游行为的讨论是该领域的最新前沿，可持续增长是未来几年的挑战。为了实现生物多样性保护和可持续发展的目标，未来应围绕可持续性指标、理论与实证模型构建、环境伦理、社会责任、旅游者行为和气候变化等进行深入研究。

本章建立在 WOS 核心数据库提供的客观文献的基础上，所获得的结论是真实的。由于将“语言＝英语”作为研究数据检索策略而排除掉非英语语言的文章，可能会遗漏该数据库中包含的一些重要文献而影响分析结果。未来可对中文期刊进行检索对比分析国内外可持续旅游研究的异同。由于篇幅有限，本章的重点在于对研究热点和演进趋势的分析，未涉及对现状成因的解释，未来可针对这些原因进行分析，为后续研究提供更多参考和借鉴。

第四章 环境伦理观与可持续旅游

伴随着全球旅游业的蓬勃发展和中国旅游业的高速增长，旅游业在促进地区社会经济和文化发展的同时，也对资源环境带来了很多消极的影响，如水污染、空气污染、噪声污染等。解决环境问题一方面要靠先进的科技手段，另一方面则要调整人和环境的相处关系（郭来喜，1997；Zheng and Dai，2012）。黄震方（2001）指出，环境问题产生的根本原因是人们缺乏必要的环境道德意识。环境伦理观是指导人类环境行为的哲学观，是促进环境和谐发展的核心理念。通过科学的环境伦理观，实现可持续的旅游道德准则，是旅游可持续发展的一个必然选择（高军波，2006；胡细涓，2006；Holden，2003）。

环境伦理观不仅是一种伦理理念，更是指导人类实践活动的行为规范，具有帮助公众提高环境知识和环境道德水平，指导人类行为等现实意义。确立科学的环境伦理观可以更好地调整人们的思维，形成人类与自然和谐相处的生活方式。旅游者作为旅游活动的主要利益相关者，其亲环境行为是促进旅游地持续、健康发展的重要推手。着力培育正确的环境伦理观念，引导旅游者主动实施可持续的亲环境行为，对建立和完善环境伦理机制，从根本上增强人们的可持续旅游意识和环保观念，进一步促进人与环境的和谐发展，推动中国旅游业的永续发展有着重要的理论价值与现实意义。

本章对中国知网、万方数据库两大主流中文数据库以及外文文献库 Elsevier Science Direct 全文数据库、Sage 全文数据库、Wiley Inter Science 数据库、Taylor & Francis 全文数据库、ProQuest Digital Dissertation（PQDD）英文文献数据库进行检索。首先，分别以“旅游”（全文）＋“环境伦理”（关键词）、“旅游”（全文）＋“环境信念”（关键词）、“旅游”（全文）＋“环境道德”（关键词）、“旅游”（全文）＋“环境情感”（关键词）为关键词，对上述各数据库中的文章进行搜索（截至 2015 年），剔除重复的文献，共检出453篇中英文文献（其中中文282篇，英文171篇）。然后，对国内外相关文献进行了系统梳理，对环境伦理观与可持续发展的关系，环境伦理观的概念体系、影响因素，环境伦理对可持续旅游的主要作用等进行综述。最后，对文献中的研究方法、研究内容、研究视角等进行总结，对其在旅游业的应用进行分析，并在此基础上提出未来研究方向，以便对环境伦理与可持续发展形成更加全面、系统的认识，为国内外学者开展环境伦理与可持续发展研究提供相应的理论基础，同时为旅游目的地更好地推动可持续发展、促进旅游地生态文明建设提供实践指导。

第一节　环境伦理观的概念体系

伦理是一种社会意识形态，指人与人之间符合某种道德标准的行为准则。杨通进等（1999）认为，环境伦理是关于人与自然、人与环境关系的道德哲学，是人类对环境恶化乃至生态危机的哲学反思。环境伦理观是指旅游者持有的与旅游地生态环境之间利益分配与善意和解的道德关系，代表人与自然和谐共生的态度，在人地关系中起着重要作用（邵立娟、肖贵蓉，2013）。环境伦理观强调对自然和生态环境价值的肯定，主张人与自然共融互进（丁开杰等，2006）。由于伦理观是一个较为抽象的概念，国内外对于环境伦理观组成要素的探讨尚未给出明确统一的标准。邵立娟和肖贵蓉（2013）将“环境伦理”简单等同于“环境道德”；梁明珠（2015）甚至认为，环境伦理是环境态度的一部分；谭千保（2002）认为，环境伦理观的认识对象主要是人与自然或环境的关系，是一个包含认识主体的情感、态度、意志等主观意识成分的概念体系；洪大用和肖晨阳（2007）则主张从环境知识、环境价值观、环境态度和环境保护行为等4个方面衡量个体的环境伦理观。综观相关文献，从早期认为的环境伦理观就是环境道德，到近年来学者们逐渐意识到环境伦理不仅涉及环境价值观、环境知识等，还包括环境情感、环境道德和环境信念，发展迅速。环境伦理观相关文献对环境伦理理论内涵和概念体系的研究集中在以下方面：

一、环境价值观

价值观是个人对客观事物及对自己行为结果的意义、作用、效果和重要性的总体评价，是对“什么是好的”“什么是应该的”的总看法（Rokeach，1973；郭凤志，2003；金盛华、辛志勇，2003）。王建明（2015）认为，价值观是推动个体采取行动的原则和标准，对个体行为起着重要的预测和导向作用。斯特恩（2000）在总结施瓦茨（Schwartz，1992）价值观分类体系的基础上，进一步提出利己主义价值观、社会利他价值观和生态价值观，并证明了价值观对环境行为有显著影响。利己主义价值观是基于个体的自身利益，采取环境行为的出发点是“我想/不想做”。利己主义价值观主张人是自然的统治者，人类是宇宙的中心，过分强调人类的价值主体地位，否定自然界的内在价值，有悖于可持续发展思想。社会利他价值观是基于人类整体利益的角度，关注和保护环境。生态价值观强调人是自然的一部分，更加关注自然环境的内在价值，主张道德关心的对象不能局限于人类自身，还应扩展到人以外的其他存在物，表明对大自然及生物多样性的同情和关注。斯特恩的“价值基础”理论以及“价值—信念—规范”理论认为，价值观是个体环境行为的内在动因，会影响人与环境的关系（Xu and Fox，2014）。环境问题的实质是价值取向问题，环境问题与旅游者的环境价值观紧密相关（徐菲菲、何云梦，2016）。罗卡奇（Rokeach，1973）认为，环境价值观是指个人对环境及相关问题所察觉到的价值。环境价值观影响环境态度与行为的形成，只有从根本上改变人的价值观才能彻底解决环境问题（王建明，2015）。现有研究普遍证明，价值观是影响旅游者环境知识、环境信念、环境情感、环境道德和环境行为的主要因素，引导人们树立积极的社会利他价值观念对于亲环境行为的推广具有积极作用。

二、环境知识

环境知识是指与自然或生态环境相关的知识，反映人们对环境问题的关注程度（Huang and Shih，2009；朱慧，2017）。海因斯等（Hines *et al.*，1986）将环境知识划分为自然环境知识、环境问题知识和环境行动知识三类；

弗里克塞尔和洛（Fryxell and Lo，2003）则最先将环境知识定义为“人们识别与环境保护相关的符号、概念及行为模式的能力”，它可以激发人们对自然环境的同情心和责任感（Laroche *et al*.，2001；范香花等，2016）。实施有利于环境保护的旅游行为是接受环境知识教育的最终目的。近年来，关于环境知识的研究日益增多，有学者将环境知识称为环境态度及旅游行为的来源（Chan，2001；Kollmuss and Agyeman，2002）。普遍认为，旅游者个体的环境知识能够显著影响其对待生态环境的情感属性、责任意识以及所持有的“人地关系”理念，从而影响旅游行为（Fahlquist，2009；黄静波等，2017）。旅游者的环境知识储备越丰富，对旅游地的环境问题认知越透彻，环境态度越积极，环保责任感越强烈，实施环境保护行为的可能性越大（余晓婷等，2015；夏凌云等，2016）。

三、环境道德

道德指衡量行为正当与否的观念标准，是调整人们之间、个人与社会之间关系行为规范的总和（何建民，2014）。道德问题主要是一种观念形态的问题，属于人内心自律的伦理范畴（范进学，1998）。环境道德是道德范畴具有特殊含义的一部分，指个人对采取某种环境行为是对或错、道德或不道德的感知，旨在明确人类对自然界所负有的道德责任（张玉玲等，2014，2017）。施瓦茨等（1977）指出，个人道德规范对亲社会行为有很好的解释作用，并对亲环境行为有着显著的影响。很多研究证明，道德规范作为中介变量，可以有效地激发个体的环境保护行为。施瓦茨（1992）提出了“个体规范激活理论”，该理论认为亲环境行为受个人道德规范决定，而个人规范又由个体的环境后果认知（自我意识到某种状况会对环境带来危害）和责任归属感（自我可以采取行动来规避危害）所决定；个人规范被激活后，个体会采取有益于他人的亲环境行为。学者们对上述理论进行实证研究后发现个人规范激活理论对环境保护行为有重要的影响（Black *et al*.，1985；Guagnano *et al*.，1995；Schulzt *et al*.，1999）。冯庆旭等认为，环境道德要求重新审视人与自然的关系，是旅游可持续发展的道德保障。海因斯等（1987）和坦纳（Tanner，1999）等的研究表明，环境道德是影响环境行为的基础变量之一，具有道德责任感的个体通常会实施负责任的环境行为。斯特恩（2000）的

“价值—信念—规范”理论也将道德规范视为影响环境行为的重要因素。坦纳(1999)和瑟格森(Thøgersen，1996)认为公民道德规范对环境行为有很强的约束作用。杨通进(1998)指出，人类中心论者和生物中心论者存在明显不同的环境道德规范：人类中心论者认为人类可控制自然，他们将自然视为可为人类所用的资源，自然仅具有工具性价值，经济增长对人类发展来说是必须的；而生物中心论者承认自然的内在价值，认为自然万物和人类享有同等的权利，人是自然的一部分。具备高度环境道德感的旅游者，往往拥有较高社会责任感，更关注人类生活的整体环境质量以及后代的生存条件，对环境危机和可能产生的后果认识更加深刻，从而更容易实施可持续的旅游行为(Guagnano，1995；Blamey and Braithwaite，1997)。自2001年联合国大会核准世界旅游组织制定的《全球旅游伦理规范》以来，旅游中的伦理道德问题日益受到学者们重视。

四、环境信念

信念是人们在一定的认识基础上，对某种思想理论所抱有的坚定不移的观念与坚决执行的态度(罗中枢，2007)。环境信念是一种世界观，是个体对于人类和自然环境之间关系的一种信念，主要包括人们对于环境问题可能引起的后果的假设，以及可以采取的措施。学者们的研究更多的是将其与环境道德、环境规范等结合起来共同探讨。如斯特恩的“价值—信念—规范”理论、邓拉普等(Dunlap *et al.*，2000)的“新生态范式”模型、亨格福德等(Hungerford *et al.*，1980)的“环境素养模型”中均涉及环境信念。学者们普遍认为，环境信念是环境伦理观的重要组成部分，其直接或间接对环境行为起作用，是环境行为的有效预测因素(Dunlap *et al.*，1978)。对环境信念的测度，通常采用邓拉普等(2000)提出的“新生态范式”模型，他认为人类是众多地球生物的一种，人类活动是由环境以及社会文化因素决定的，人类依靠环境及其资源，这种观点同“社会控制范式”是对立的。因此邓拉普等设计并检验了一套量表，来衡量人类对环境的破坏能力、人类社会增长极限的信念、人类统治自然的能力。新生态范式之所以能被广泛应用于测量环境态度、环境信念、环境价值观，也在一定程度反映了这些概念的内在模糊性。施瓦茨等(1999)运用“新生态范式”对14个国家进行实证研究，发现环保行为与环境信念等有关联。汤普森和巴顿（Thompson and Barton，1994）指出，由于人们的环境信念不同，导致环保主义者、公众和钓鱼者对游憩资源的使用存在矛盾。尤洛夫斯基等（Jurowski *et al.*，1995）对美国和匈牙利的实证研究表明，环境伦理态度、信念与环保行为之间存在正相关关系。赫斯特德等（Husted *et al.*，2014）运用“新生态范式”模型研究顾客购买环保产品的支付意愿，发现环境伦理观与环保产品购买之间存在线性相关性。康等（Kang *et al.*，2012）对美国酒店顾客的环境态度、信念与环保设施费用支付意愿之间关系的研究表明，顾客环境意识水平越高，其环保支付意愿越强。众多研究表明，新生态范式模型已广泛应用于各种后期的实证研究，尽管该模型存在维度不清的缺陷，它仍然是一种可以有效测量环境信念和预测环保行为的模型。

近年来，国内学者开始关注环境信念的研究。王国猛等（2010）研究指出，环境信念通过环境态度这一中介变量对消费者的绿色购买行为有着重要的影响。罗艳菊等（2012）运用“新生态范式”量表，将海口居民的环境伦理态度分为近生态中心主义和近人类中心主义两类，而近生态中心主义者具有明显的环境友好行为意向。

五、环境情感

环境情感是环境伦理的重要组成部分（Hungerford *et al.*，1980）。环境情感，又称环境敏感度（Hungerford *et al.*，1980；孙岩等，2012），主要指一个人看待环境的情感属性，包括对环境的发现、欣赏、同情和愧疚（Goudie，2013）。环境情感一方面体现个体对自然环境本身的喜爱或关注程度，另一方面表现为对人类破坏环境行为的愧疚及为了达到自身与自然环境的和谐关系而采取的行动意向（Curtin，2005；罗艳菊等，2012）。进化论心理学者们认为，人类是从自然环境中进化而来，因此人们对自然环境富有情感，即威尔逊（Wilson，1984）提出的“亲生命性”理论。卡普兰（Kaplan，1992）通过对30个环境美学案例的研究指出，相对于人工环境而言，人们在情感上更偏好自然环境，人类与自然的情感连接可以缓解压力（Mayer and Frantz，2004；Howell *et al.*，2011）。

早期学者们的研究重点偏重认知因素对旅游者环境行为的影响，并未把环境情感作为主要变量纳入到环境行为的相关研究中，忽视了情感因素的作用（Peattie，2020；王建明，2015）。关于环境情感的研究大多是探索性的，尚缺乏理论基础和统一的度量标准。有学者主张用地方感来检验人们的环境情感，认为地方依赖、地方认同、地方依恋代表了人对环境的情感联系（Tuan，1974；Golledge，1997）。其中，地方依恋主要是一种功能性依恋，代表个体与地方功能上结合的程度；地方认同是一种精神上的情感性依恋，反映个体对特定地方心理上的归属感。对于自然环境的情感投入越多，越容易对环境破坏行为产生厌恶，环境道德和后果责任意识越强烈。

近年来，学者们开始关注环境情感及其与环境关注和环境行为的关系（Kaltenborn and Bjerke，2002；Schultz *et al.*，2004；Curtin，2005）。但这些研究并未区分自然环境和人工环境，不能很好地反映人和自然之间复杂的动态情感过程和多维度的情感连接。由于研究方法和研究案例区的不同，不同学者的研究结果迥异（Scannell and Gifford，2010）。西韦克和亨格福德（Sivek and Hungerford，1990）研究发现，环境情感对于环境行为差异的解释程度很高。许世璋（2003）指出环境情感直接或间接影响环境行为，王建明和郑冉冉（2011）发现资源环境情感、社会责任意识对生态文明行为存在直接效应。凯泽等（Kaiser *et al.*，1999）认为，环境情感可以引起人们对特定行为的重视并感知与自身相关联的重要决定因素。梅内塞斯（Meneses，2010）和坎查纳皮布尔等（Kanchanapibul *et al.*，2014）进一步证实，环境情感是影响旅游行为的重要变量之一，对旅游者的环境行为有较强的解释力。有的研究提出地方感对环保行为有作用（Ramikisoon *et al.*，2012），而有的研究发现地方感对环境行为的影响甚微，甚至没有关联（Badenas *et al.*，2002）。总体说来，现有研究对环境情感的度量缺乏统一标准。

第二节　环境伦理观的影响因素

环境保护问题的实质是价值取向问题，对于环境伦理观具有直接影响力的因素是价值观。价值观是指一个人对于客观事物（包括人、事、物）的意义、重要性的总评价和看法，通常影响人们对于环境问题的看法以及环境伦理观的形成（Rokeach，1973）。持有不同价值观的人在资源利用和环境问题上也会持不同的态度（Xu *et al.*，2014）。科滕坎普和摩尔（Kortenkamp and Moore，2001）指出，价值观是影响态度、信念、规范和行为的最根本因素，对人类行为有着强大的解释力和影响力。施瓦茨等（1992）最早提出了价值观分类体系，认为自我超越和自我提升是衡量价值观与环境问题关系的两个维度。斯特恩（2000）进而提出价值观包括利己主义、利他主义和生态主义，厄赖格和杰罗（Oreg and Gerro，2006）、詹森等（Jansson *et al.*，2011）运用斯特恩的"三维价值观理论"进行了实证研究。斯特恩的"价值基础"理论以及"价值—信念—规范"理论认为，价值观直接影响人与环境的关系，其结果是影响环境保护行为。霍尔登（Holden，2003）也提出了类似的看法，认为人们对于环境价值的认识会影响到环境资源的利用方式。瑟格森和奥兰德（Thøgersen and Ölander，2002）检验了消费行为的可持续发展观，认为价值取向和行为之间存在因果关系。舒尔茨等（Schultz *et al.*，2005）指出价值观会直接影响人们的环境态度。在户外休闲领域的研究表明，环境价值观也会影响到休闲行为，如麦克诺滕（Macnaghten *et al.*，1998）、金和彻奇（King and Church，2013）提出，人对环境的价值观将会影响到人们的户外运动行为方式。大量的研究成果表明，对环境伦理观有最直接影响的因素是价值观。

环境伦理观的其他影响因素包括社会文化因素、教育水平、媒体和广告影响、政策、国内和国际移民经历等（Ewert *et al.*，2005；崔凤、唐国建，2010），最重要的是社会文化因素（Xu *et al.*，2014）。学者们从文化心理学的视角出发，认为文化是影响旅游行为的重要因素（Engel *et al.*，1978；Mouthino，1987；Reisinger and Turner，2002）。霍夫施坦德（Hofstede，2007）的"文化维度模型"常常被用于研究和解释跨文化的问题。不少学者运用霍夫施泰德的文化维度模型检验了不同文化背景下旅游者消费行为的异同（Pizam and Sussman，1995；Xu *et al.*，2009）。学者们发现不同文化背景下旅游者态度、行为存在明显差异（张文建，2004；马耀峰等，2008；张宏梅、陆林，2009；程绍文等，2010）。沙因（Schein，1992）指出，文化因素对旅游消费行为的影响也包括对人地关系的认知。霍尔登（2008）指出，不同文化团体对待大自然的态度迥异。传统西方社会认为大自然与人是分离的，自然环境可以并且应受人类控制（Sofield *et al.*，2007），而传统的亚洲社会文化认为环境与人是和谐共处的。

社会文化因素对于环境伦理、环境态度和环境行为的影响研究目前仍相对薄弱，相关研究主要集中于环境心理学、环境社会学等领域。旅游领域仅有少量的文献探讨了不同文化背景下对人与自然关系的认知差异。如索菲尔德等（Sofield *et al.*，2011）从概念上比较了东西方不同文化对于大自然态度的认知差异。叶和薛（Ye and Xue，2008）从宗教、文化等角度探讨了东西方对于自然角色的认知和演变。张玉玲等（2014）对中国不同地方文化背景下的青城山、都江堰两地居民的个人规范、日常环保习惯进行对比，发现地方文化对其环保习惯具有显著差异。总体说来，环境伦理在旅游领域的研究成果有待丰富。学者们对其关注不够，研究方法也主要以概念分析为主，迫切需要借鉴环境心理学等领域的多元统计分析方法和成果。潘玉君等（2002）指出，由于文化（价值观、个人规范与环境信念等）是影响人类行为最根本的因素之一并具有显著的地方差异，环境伦理观在东西方也有着不同的逻辑基础。熊若蔚（1996）指出，人的环境行为研究从某种意义上来说是"从地理学的角度，围绕生态环境问题，在研究相互影响的社会行为的同时，还进一步研究因生态环境的差异带来人的感知、态度及环境行为的异同"。因此，有必要在不同地域文化背景下，针对环境伦理对旅游者亲环境行为的影响效应模式进行归纳比较。

第三节　环境伦理观与可持续旅游

一、环境伦理观是可持续发展的哲学观

环境伦理观是对人和自然之间道德关系的认知（杨通进，1999；吴绍洪等，2007；Burns *et al.*，2011），在人地关系的认知中起着重要作用（罗尔斯顿，2000；Zheng and Dai，2012）。20 世纪 70 年代兴起的环境伦理学得到了广泛的发展（徐嵩龄，1999）。罗尔斯顿将环境伦理观分为人类中心论、生物中心论、深生态学理论、神学环境伦理、可持续发展环境伦理等不同类型。其中以人类中心论和生物中心论为主要代表，并在环境管理方面得到了广泛应用（Campbell，1983；余谋昌，2001；Connell *et al.*，2009；Milfont and Duckitt，2010）。一些学者比较赞同可持续发展环境伦理观，认为其整合了

人类中心论和非人类中心论，他们提出环境公正是可持续发展环境伦理观社会道德原则的主要内容，强调公平、发展、持续、和谐（潘玉君等，2002；胡细涓，2006）。

可持续发展思想是20世纪80年代末由联合国等发起的，其主要原则包括代内公平和代际公平，强调生态、经济、社会的可持续效益。世界自然保护联盟在20世纪80年代提出的"世界保育策略"开创了可持续思潮的奠基石。1987年，以布伦特兰为主席的"世界环境与发展委员会"在《我们共同的未来》报告中对可持续发展的概念进行界定（Landorf，2009），并指出了可持续发展与可持续性两个概念的区别和联系，即可持续发展是个过程，而可持续性是目标（Blewitt，2008）。可持续发展作为一种环境管理思想，其提出后受到社会各界重视并广泛传播。学者们指出，解决环境问题除了要靠先进的科技手段，更重要的是要调整好人和环境的相互关系（Zheng and Dai，2012）。而环境伦理观作为人类环境行为的哲学观，对人类如何利用环境、如何处理环境问题起着重要的指导作用。霍尔登（2008）甚至断言：如果没有科学的环境伦理观指导人们的行为，高科技也无法从根本上解决环境问题。有研究认为，可持续发展的关键问题就是环境伦理观指导下的人和自然和谐发展（郑度，2005；Zheng and Dai，2012）。斯特恩等（1999）指出，为了改变人们的环境行为，必须要从世界观、信念等研究方向进行探索。潘玉君等（2002）探讨了环境伦理如何规范人类行为的基本原则，如正义、公正、权利平等、合作等原则。学者们一致认为，环境伦理观是关于人类环境行为的哲学观，对可持续发展具有重要的指导作用。

二、环境伦理观是可持续旅游的基础

随着可持续发展观深入人心，各行业纷纷将其引入自己的领域，可持续发展在旅游业中的引入与应用引发了可持续旅游的热潮。1993年《可持续旅游学报》在英国创刊，表明了可持续发展在旅游学科中的重要地位。同年，世界旅游组织提出了"旅游可持续发展"理念，认为其"既要能满足当代旅游目的地与旅游者的需要，又要能满足未来旅游目的地和旅游者的需要"。然而，有学者们批评这一定义过于宽泛和含糊，并且过分强调以旅游为中心，对于不同阶段不同情况下的需求缺乏明确的界定。哈迪和比顿等（Hardy and

Beeton，2001）率先从旅游需求的角度解释可持续发展的基本原理，兰辛和弗里斯（Lansing and Vries，2007）则认为旅游可持续发展应是一种伦理的选择，并尝试从经济、环境和社会文化三个维度作出伦理解释。学者们也在争论到底该用“可持续旅游”还是“旅游可持续发展”（Tosun，2000）。麦库尔（McCool，2009）认为旅游业本身并不具有可持续性，而是全社会朝向可持续发展所作努力的一部分；克拉克（Clarke，1997）则提出，可持续旅游是所有旅游部门要努力达成的目标。

旅游伦理道德相关问题日益受到学者们重视。2001年，世界旅游组织提出旅游业的道德规范。霍尔登（2008）指出，环境伦理对于旅游政策的制订具有重要的影响，持有生态中心论的决策者更倾向于环境保护。帕克等（Park *et al.*，2008）指出，旅游业中生物多样性保护政策的制定受决策者环境伦理观的影响，持有可持续发展环境伦理观的决策者们更支持生物多样性保护。

环境伦理是可持续旅游的基础（郑度，2005）。环境伦理观决定了我们的环境态度，也决定了我们对环境的利用方式（Stern and Dietz，1994；Holden，2003）。可持续旅游所强调的代际公平、人与自然的和谐发展等理念，从根本上和环境伦理观中的代际伦理思想具有高度的整合性（卞显红等，2002）。近年来，国内关于环境伦理与可持续发展的文献开始涌现，但研究内容主要针对基础理论、宏观对策建议、环境道德教育等，对于旅游者的环境伦理研究相对较少。已有研究中，黄震方（2001）提出生态旅游与环境伦理之间存在互相促进的辩证关系；程绍文等（2010）研究发现，持保护主义环境伦理观的自然保护区居民更支持国家公园的自然保护及可持续发展；张海霞和汪宇明（2010）对美国国家公园的研究指出，可持续环境伦理观的培育是美国自然旅游可持续发展的重要因素。众多研究表明，环境伦理观对可持续旅游有重要的影响。

第四节　小结

通过对以上中西方文献的系统梳理和分析发现，学者们关于环境伦理观的研究基本可以归纳为以下观点：

（1）环境伦理观是对人和自然之间道德关系的认知。社会学、哲学、心理学等从各自学科角度对环境伦理观进行了深入探讨。由于旅游人地关系是旅游地理学研究的核心（黄震方、黄睿，2015），而环境伦理观在人地关系认知中起着重要的作用，是促进人与环境和谐发展的核心理念，对旅游可持续发展有着重要的指导作用，因此值得我们从地理学角度进行关注；

（2）环境伦理观的核心体系包括环境价值观、环境知识、环境道德、环境情感和环境信念。部分学者认为环境道德和环境信念有类似之处。通常环境道德指的是个人道德规范，对环境行为道德和不道德的感知，而环境信念是一种世界观，是个体对于人类和自然环境之间关系的一种信念；

（3）人是社会环境的产物，环境伦理观的影响因素既有个人因素，也有社会因素，包括个人价值观、社会文化因素、宗教信仰、教育水平、媒体和广告、社交圈、环境政策、国内和国际移民经历等。其中，对环境伦理观最具影响力的是价值观和社会文化因素；

（4）环境伦理观对可持续旅游具有重要影响。个体行为受态度、价值观的影响，要推动亲环境行为转变，必须进行环境伦理观的转变。西方学者通过大量实证研究，形成了诸如“价值基础”理论、“价值—信念—规范”理论以及“态度行为三要素”（Rosenberg and Hovland，1960）等，这些成熟的理论被用于研究环境伦理与环境态度、环境行为的关系。而对于环境伦理观如何具体影响可持续旅游及环境行为还有待深入研究；

（5）既往研究中主要借鉴了环境社会学、环境心理学的理论和方法，研究方法既有定性方法（包括深度访谈、小组焦点访谈、实验法），也有定量方法（包括多元统计分析、结构方程模型等），还有定性定量结合研究方法。而国内现有研究中的研究方法以定性和解释性描述居多，西方学者使用较多的多元统计分析在国内研究中使用较少，实验心理学等研究方法创新尚显不够。

根据以上对环境伦理观相关研究成果的系统梳理及对存在的问题进行分析，未来环境伦理研究应重点关注以下几个方面：

（1）对环境伦理观理论内涵的度量。如何确定环境伦理、环境情感、环境信念之间的相互关系，如何厘清三者之间的区别和联系。既有文献中往往不严格区分环境道德和环境信念，如何区分这两者，对于情感、关怀、信念、道德等这些相对抽象的环境伦理要素如何进行衡量将成为未来相关研究的重点；

（2）对环境伦理观影响因素的研究。人是社会环境的产物，环境伦理观也是社会文化构建的结果。环境伦理观的影响因素既有个人因素，如教育水平、经济收入、环保意识、家庭因素等，也有社会文化因素如媒体、宗教信仰、社交圈等。对这些复杂因素的深入、系统梳理或许将成为未来环境伦理的研究方向。在旅游研究中，强调社会、文化、地方性等要素的社会建构正逐渐成为新视角；

（3）文化因素对于环境伦理观的影响。目前环境伦理观对可持续旅游作用机理的研究成果相对较少，尽管国外部分学者分析了环境伦理对人们环境态度和环境行为的影响，但总体来说缺乏跨地域、跨文化的区域对比研究，尤其是具有显著地域文化差异的旅游者群体驱动机制的比较研究更少。国内部分学者对环境伦理观与可持续发展相互作用进行了描述和解释性研究，但对可持续旅游行为作用机理的研究并不多见，尤其缺乏实证研究。有必要对不同地域文化背景下，不同类型旅游者的作用过程、影响特征和效应规律进行深入探讨，建立具有理论创新和普适性意义的影响效应模型；

（4）研究方法的突破。应借鉴环境心理学、环境社会学、环境哲学等理论工具，引入控制实验法、深度访谈法、观察法以及多元统计分析等方法对可持续旅游行为进行度量，也将是未来研究方向。

第五章　旅游者亲环境行为

发源于20世纪80年代的可持续发展思想在旅游业中引发了可持续旅游的研究热潮。中国作为发展中国家正在经历经济转型，过度的资源消耗和环境污染已经严重影响了环境的可持续发展。旅游者作为旅游活动的关键主体之一，其亲环境行为的实施是促进旅游地可持续发展的重要推手。由于环境知识匮乏、环境情感不足、环境后果意识欠缺，破坏资源和环境的不文明行为屡见不鲜。正如巴克利（2012）所说，“主流旅游业离可持续还很远”，甚至有学者认为“旅游业在发展过程中的可持续性正日益下降”。在人人都有可能成为旅游者的时代背景下，其亲环境行为具有必要性。如何规范并引导旅游者实施亲环境行为，促进我国旅游业真正持续、公平、永续发展将成为未来研究的重要方向。

第一节　亲环境行为的概念内涵

亲环境行为是一个被西方研究者广泛使用的术语。关于亲环境行为的概念界定，在学术界一直是个争论不断的话题。就旅游者个体表现而言，“亲环境行为”经常与“环境责任行为”（Hines *et al*.，1986；Cheng and Wu，2015；祁潇潇等，2018；何学欢等，2018）、“生态行为”（Kaiser *et al*.，1999；Lee and Jan，2018；张文彬、李国平，2017；张宏等，2017；程占红等，2018）、“具有环境意义的行为”（Stern，2000）、“环境友好/保护行为”（Han，2018；黄静波等，2017；王华、李兰，2018；范香花等，2019）等常常互换甚至等同使用（Han，2015；仇梦嫄，2017），代指各种倡导可持续发展或减少对自然资源浪费、旨在保护生态环境或减少负面环境影响的人类活动。

斯特恩和迪茨（Stern and Dietz，1994）认为，亲环境行为可以看成是由某种内在价值观所激活的亲社会行为。也有学者认为，亲环境行为是一种基于个人责任感和价值观的有意识行为，目的在于避免或解决环境问题（Hines，1986）。斯特恩（2000）将亲环境行为定义为"人们为了防止生态环境恶化而做出的保护环境的人类活动"，科尔姆斯和阿杰曼（Kollmus and Agyeman，2002）指出亲环境行为是指自觉地减少个人行为对环境造成的负面影响并构建美好的世界，斯特格和贝克（Steg and Vlek，2009）将亲环境行为定义为在生活或者其他方面对环境破坏极少的人类行为。瑞姆克逊等（Ramkissoon *et al.*，2013）认为，亲环境行为是个人或群体促进自然资源可持续使用和环境保护的行为。在前人研究的基础上，尤文和多尼卡（Juvan and Dolnicar，2016）将亲环境行为划分为旅游交通行为、旅游产品和服务消费行为、旅游住宿行为、日常游览行为四个维度。

以上有关亲环境行为的概念表述虽然存在差异，但核心内涵基本一致：强调个体行为对维护生态平衡、提升环境质量的正向促进作用，主张通过个体的主动参与来保护生态环境，是旅游者积极参与生态文明建设的基本要求（邱宏亮等，2018）。

第二节　亲环境行为的基本特征与结构度量

一、亲环境行为的基本特征

亲环境行为是伴随着生态危机加深、人类消费观念及消费需求变化而产生的一种全新的生活理念和行为方式，这种行为方式以满足生态需要为基本原则，追求环境保护与个人体验的"双赢效应"（白凯、王馨，2018）。亲环境行为从维护人类社会长远发展的角度出发对个体行为进行理性规范和约束，是个体消费模式和消费观念的创新（张晓双，2002）。亲环境行为具有如下特征：

1. 亲环境行为的主体是具有环保意识、绿色意识的个体

亲环境旅游者能够从维护人类与自然持续生存发展的高度出发，在旅游

过程中关注其自身行为对环境乃至整个人类的影响，并能适当地作出必要的限制与牺牲。

2. 亲环境行为的目的是谋求人与自然的和谐

亲环境行为的实施主体要始终把维持生态系统完整与稳定作为出发点和归宿，个体在旅游过程中必须尊重自然规律，自觉控制自身的环境行为，合理利用自然资源，协调旅游体验与环境保护的关系。

3. 亲环境行为的结果是对自己、他人、社会、环境无害或少害

亲环境者时时关注自身行为对生态环境的影响和作用，追求生态、经济、社会、文化协调发展。决定旅游者的行为是否“亲环境”主要是看：①其在旅游过程中以什么方式出行，选择的住宿方式、旅游产品和服务消费等是否对环境无害或较少有害；②是否劝说其他旅游者实施亲环境的旅游行为。

二、亲环境行为的结构度量

由于概念混乱、测量工具和方法不统一，亲环境行为的维度划分存在较大争议。研究初期，学者们将亲环境行为视为单维度变量，未能有效覆盖亲环境行为内涵的各个方面（邱宏亮等，2018）。随着研究的深入，学者们开始尝试对其进行多维构思：

1. 国外有关亲环境行为的维度划分

斯特恩（2000）从行为主体的角度出发，率先将亲环境行为划分为私人行为和公众行为。巴尔和吉尔格（Barr and Gilg，2006）将亲环境行为分为个人回收行为，个人习惯（水和能源资源保护等），消费、购买决策。亨特等（Hunter *et al.*，2010）在前人研究的基础上进行拓展，根据行为所涉及的领域将亲环境行为划分为私人领域的亲环境行为（如节约能源、绿色出行、购买环保节能产品、绿色住宿等）和公众领域的亲环境行为（如参与环保示威、游行）。亚伯拉罕森和斯特格（Abrahamse and Steg，2011）认为，个体会受到付出成本和获得收益的调节，人总是会不自觉地选择低成本、高收益的活动方案，因此，可以依据个体为实施亲环境行为所需要付出的成本将其划分为“高成本的亲环境行为”和“低成本的亲环境行为”。

2. 国内有关亲环境行为的维度划分

李秋成和周玲强（2014）参考瑞姆克逊（2013）等学者的研究成果，将亲环境行为意愿划分为环境维护行为意愿与环境促进行为意愿。万基财等（2014）将亲环境行为倾向划分为遵守型环保行为倾向与主动性环保行为倾向。从亲环境行为结构维度的命名规则与测量指标来看，上述两者对亲环境行为的维度划分较为一致。曾菲菲等（2014）将亲环境行为意向划分为生态系统管理行为、绿色消费、支付意愿及说服行动等四个维度。由此可见，国内学者对亲环境行为的结构维度划分存在一定的差异。有关亲环境行为的指标体系，多是直接借用国外已有的量表，未能充分考虑量表在中国本土化情景下的文化适用性，尚未形成具有国内普适性的亲环境行为量表。

第三节　亲环境行为的影响因素

学者们借助态度—情景—行为理论（Guagnano *et al.*，1995；Liu *et al.*,2020）、计划行为理论（胡兵等，2014；邱宏亮，2017）、价值—信念—规范理论（Kiatkawsin and Han，2017；Han *et al.*，2018）、地方依恋理论（Kim *et al.*，2020；曲颖等，2020）等预测亲环境行为的影响因素和作用机理，取得了较为丰硕的研究成果。

性别、受教育水平、年龄等人口社会特征（Cottrell，2003；Bamberg and Moser，2007；Abrahamse and Steg，2011），动机（成本和收益、环境价值观与情感）、情境（动态场域、伦理规范）、潜意识行为习惯等社会结构性因素（Han，2018；Weigeit，1997；Xu *et al.*，2020）被认为是影响旅游者亲环境行为的有效变量。

在亲环境行为决定方面，环境价值观或信念等心理因素可能比人口特征更重要（Steg and Vlek，2009；刘贤伟、吴建平，2013）。环境情感和旅游者亲环境行为之间的关系逐渐被证明。梅内塞斯（2010）和坎查纳皮布尔等（2014）指出，情感是影响个体亲环境行为的重要变量，对旅游者亲环境行为有较强的解释力。环境知识和环境道德能促使个体反思自身的环境行为，具备较强后果意识和道德责任感的旅游者更倾向于实施亲环境行为（徐菲菲、何云梦，2016）。

第四节　旅游者亲环境行为培育

解决环境问题需要“软硬兼施”：既要有健全的环境管理制度和法律体系，更离不开旅游者自身环境伦理意识的约束。研究表明，环境价值观、环境道德、环境信念、环境知识的提升对旅游者亲环境行为存在显著的正向影响（Xu *et al.*，2020；徐菲菲、何云梦，2016）。因此，旅游者亲环境行为的培育可以从环境价值观普及、环境知识教育、环境道德管控、社会氛围营造入手，综合运用各种载体（网络、自媒体），采取多种形式，进行环境保护和可持续发展教育，促使旅游者将环境关心转化为实际行动。

1. 普及生态价值观，规范旅游者亲环境行为

“价值—信念—规范”理论认为，价值观是行为态度、信念及行动的基础，是影响旅游者环境知识、情感、信念和道德感的主要因素，在个体旅游决策的制定及环境行为的实施中起着决定性的作用。因此，要想改进旅游者的亲环境行为，必须从根源上纠正“人类中心主义”等错误思想观念的影响，树立“生态中心主义”的利他价值观和生物圈价值观，尊重大自然的内在价值，重塑人地和谐关系。

2. 加强环境知识教育，提高旅游者环境素养

环境知识储备影响旅游者对于环境问题的认知及其对人类环境行为的情感和责任意识，从而影响旅游行为。由于环境知识匮乏，部分旅游者意识不到个体对环境保护应尽的责任或义务，不能正确分辨人类活动对环境造成的影响，无法准确判定什么样的旅游行为才是可持续的。因此，可以通过网络、微博、微信公众号等新媒体和自媒体载体进行信息宣传、知识竞赛、主题教育等，加强环境保护与可持续发展知识储备，使旅游者主动承担保护环境的责任，用可持续发展和绿色发展理念规范自身行为。

3. 强化环境道德管控，约束旅游者亲环境行为

环境道德是旅游可持续发展的重要保障，道德管控是约束旅游者行为、维持社会秩序不可或缺的手段。大多数旅游者对环境的情感投入不足，后果意识和责任归属薄弱。在旅游过程中，为了追求享乐和刺激，部分旅游者主体意识和社会责任感欠缺，旅游行为缺乏规范。因此，引导旅游者实施亲环境行为更多要靠环境道德控制来实现。环境伦理教育应该帮助人们强化道德责任和情感投入，激活个人行为规范，使其清醒地意识到自身面临的生态危机和环境问题，对破坏环境的行为感到愧疚和厌恶，提高环境问题的治理意愿和参与度，以文化自觉指引行动自觉，改善旅游地面临的可持续发展问题。同时，政策、法规制定部门需要完善环境保护法律法规和旅游伦理规范，对旅游者良好的行为与严重违反环境伦理规范的行为进行表彰和通报，提高失责成本。

4. 营造全民环保氛围，引导旅游者亲环境行为

我国属于高度“熟人”社会，重要的人或团体的看法会影响个体的处世态度与行为表现，当周围的人均持有某种态度的时候，为了得到他人的尊重和认可，个体容易产生从众心理。旅游者执行某一特定行为，会顾及周围人的“眼光”和看法。当个人行为意向与大多数人冲突时，会产生心理压迫感，进而影响旅游行为的实施。因此，要营造一种“全民参与环保”的社会氛围和风气，形成强大的社会舆论网，创造良好的外部条件，在重要景区、节点设置环保标识，随时提醒旅游者。此外，也要增强旅游者解决环境问题的信心，促使亲环境行为意向转化为实际行动，积极为旅游发展做出改变和贡献。

5. 升级旅游消费结构，落实旅游者亲环境行为

通过发展智慧交通、培育生态民宿、推广绿色餐饮、使用清洁能源等形式进行旅游供给侧结构性改革，升级旅游消费结构，为旅游者提供多元化、个性化的旅游产品和服务，是改进旅游者亲环境行为、促进旅游业健康运行与发展的重要途径。

第五节 小结

总的来说，定量分析是亲环境行为研究最常见的方法，应对全球气候变化与可持续发展、预测指标及测量工具开发、影响因素分析、理论模型构建与实践指导是亲环境行为研究的热门话题。但是，既有研究中：①有关亲环境行为结构维度的划分尚未达成共识，亲环境行为量表未充分考虑中国本土化生态文明建设背景和文化价值观念的特殊性，尤其缺乏从道德和伦理层面对旅游者环境行为的关注，亲环境行为的结构维度和测量范式亟须规范；②对现有理论的评述、整合较少，在旅游过程中，旅游者亲环境行为会受到人口特征、心理、情境等多因素的综合影响，价值观、信念、道德情绪等对亲环境行为的作用机理亟待检验；③定量研究为主，实验、质性分析较少，研究方法有待创新。

未来亲环境行为研究应重点关注：①亲环境行为的概念内涵梳理和结构维度划分。亲环境行为是否等同于环境友好行为、可持续旅游行为、负责任环境行为？亲环境行为如何界定？②立足中国本土化情景，开发具有普适性的测量工具。基于中国本土化情境提炼亲环境行为的关键特征，开发设计具有普遍意义和较高信度的亲环境行为衡量量表；③对现有理论进行评述与整合。深入分析现有理论的局限性，在大量实证研究的基础上总结归纳、扩充理论模型，从理论高度解释亲环境行为并指导实践；④推进实验、观察、纵向调查等研究方法，引入质性分析。

实 践 篇

第六章　基于 Fuzzy-ANP 的旅游者环境素养：以南京市为例

环境素养是衡量国民道德素质和文明程度的关键，提升旅游者的环境素养是保护生态环境、实现旅游产业可持续发展的有效途径。近年来，景区生态环境质量下降、旅游资源破坏等问题日益突出，不仅给旅游地带来负面效应，还阻碍了旅游产业的健康、有序发展（张朝枝，2020）。旅游地环境问题的产生，表面上看是技术、经济、管理等方面的原因，实则是旅游者环境素养低下所致（赵卉卉等，2012），旅游地的环境质量与旅游者的环境素养密切相关（袁晓玲等，2019），旅游者环境素养很可能会影响旅游“碳中和”“生态补偿”和“生态保护修复”目标的实现效果。要想彻底解决旅游发展中的环境问题，必须提高旅游者的环境素养（刘妙品等，2019）。

目前，学术界针对环境素养的调查内容和评价指标比较零散，衡量维度各异，尤其缺乏研究旅游者环境素养的成果，也尚未形成一种规范、合理的评价体系来衡量旅游者的环境素养现状。开展旅游者环境素养研究，建立科学、有效的环境素养评价体系，评估旅游者的环境素养现状及人口特征差异，具有重要的理论和现实意义。在此背景下，本章首先借鉴朱群芳（2009）等学者的研究成果，经过三轮德尔菲意见征询，按照逆向归纳程序构建了旅游者环境素养评价体系。其次，综合运用网络层次分析和模糊综合评判方法，借助 Super Decision 软件计算环境素养的各级指标权重。再次，通过问卷对到访南京市玄武湖风景区、中山陵风景区以及老山国家森林公园的旅游者进行调查，探讨旅游者的环境素养现状以及性别、年龄等人口特征差异。最后，提出改善旅游者环境素养的对策建议，为旅游生态文明建设和旅游产业高质量发展提供参考。

第一节　文献回顾与评价指标选取

一、环境素养研究回顾

“环境素养”这一概念由美国学者罗思（Roth，1992）提出，指“人对环境应有的认知和对环境负有的义务与责任”。在此基础上，罗莎琳（Rosalyn，1999）全面阐释了环境素养的含义，并指出“环境素养是一个综合性的环境素质体系，具有环境素养的人应该具备环境情感、环境认知和环境伦理等方面的素质”。围绕这一主题，希雅等（Sia *et al.*，1986）、迪嘉等（Tikka *et al.*，2000）、陈德权和娄成武（2003）、朱群芳等（2009）和王从彦等（2016）先后从环境知识、环境价值观、环境情感与环境伦理（道德）等维度对环境素养展开了讨论。国外学者如希雅等（1986）认为，个人的环境素养可以通过环境价值观、环境知识、环境信念和控制观等体现，而迪嘉等（2000）则从环境知识、环境态度和环境行为三个维度对环境素养进行衡量。

我国的环境素养研究始于20世纪90年代，多以一般公众作为研究对象。1994年，中国环境报社对我国中小学生的环境意识进行调查，开启了国内环境素养研究的帷幕。陈德权和娄成武（2003）借助层次分析法，将环境素养测评体系划分为环境知识的掌握情况、对环境问题采取的行为、环境意识状况三个维度并进行实证分析。曾昭鹏（2004）以高校师生为研究对象，从环境知识、环境态度和环境行为三个维度设计环境素养测评体系及问卷进行调查。朱群芳等（2009）在环境素养实证研究中，将环境素养归纳为环境情感、环境认知、环境伦理、环境行为和环境技能五个方面，对环境素养理论的完善意义重大。

经过40多年的发展，环境素养研究在指标选取及测评理论等方面取得了较大成绩，评价对象从一般公众和学生扩展到各类群体，构建了环境知识、环境价值、环境情感等多维度的测评模型进行分析。但是，有关环境素养的概念界定依旧混乱，甚至与环境态度、环境意识等混为一谈。既有研究选取的环境素养评价指标较为零散、衡量维度各异且极少进行实证与定量分析，其科学性有待验证。此外，研究内容多侧重于对普通居民（刘妙品等，2019；赵卉卉等，2019）和学生（朱群芳，2009；王从彦等，2016）环境素养培养策略的探讨，缺乏对旅游者这一特殊群体的考量。

二、旅游者环境素养的评价指标选取

确定合适的环境素养评价体系是评估旅游者环境素养的前提和基础。综合罗莎琳（1999）和朱群芳（2009）等学者的观点，本章将环境素养的内涵提炼为环境价值观、环境知识、环境道德、环境信念和环境情感五个方面。其中环境价值观是人们协调人与生态环境关系时建立的目标和规范（刘妙品等，2019）；环境知识是对环境现状以及环境问题解决方案的系统认知（黄静波等，2017）；环境道德是调整人与自然关系的道德规范的总和；环境信念是指人们意识到环境问题并愿意为解决环境问题所付出个人努力的程度（徐菲菲、何云梦，2016）；环境情感体现为个体对自然环境以及周边环境的敏感度，包括对环境的欣赏、同情以及对人类环境破坏行为的愤怒与愧疚（刘妙品等，2019）。本研究遵循指标设计的可操作性和适度性原则，参考埃伦（Ellen，2016）、凯塔卡辛和韩（Kiatkawsin and Han，2017）等学者的研究，反复征询南京大学、东南大学、宁波大学、南京师范大学旅游地理、环境伦理、环境社会学等领域专家的意见进行增补和筛选，最终确定 36 个评价指标。由于评价指标均来源于英文文献，为了保证语言表述的准确性，由多名博士生共同翻译并结合专家意见对题目进行修改、校对（见表 6-1）。

表 6-1　旅游者环境素养评价指标体系

目标	一级指标	二级指标	三级指标
环境素养 A	环境价值观 B_1	生物圈价值观 C_1	C_{11} 人是自然界的一部分，人类应该尊重自然并与之和谐相处
			C_{12} 大自然的生物多样性必须得到尊重和保护
			C_{13} 动物的生存发展权利应该得到尊重和保护
		利他价值观 C_2	C_{21} 我认为世界和平与平等很重要
			C_{22} 我认为社会正义和乐于助人很重要
			C_{23} 地球本身是富有价值的，不依赖于人类

续表

目标	一级指标	二级指标	三级指标
环境素养A	环境知识B_2	可持续发展知识C_3	C_{31}环境保护是当今世界面临的一个重要话题
			C_{32}为了子孙后代利益，我们应该保护旅游地的环境和资源
			C_{33}维持多样性将有利于生态平衡，促进旅游可持续发展
		环境保护知识C_4	C_{41}过度的娱乐活动将损害旅游地的自然环境
			C_{42}汽车和摩托车排放的二氧化碳等废气会污染环境
			C_{43}过度发展旅游业会破坏自然资源和环境
			C_{44}使用公共交通或共享单车可以减轻环境污染
	环境道德B_3	环境责任C_5	C_{51}破坏环境是不道德的行为
			C_{52}人类有责任和义务保护自然环境、解决环境问题
			C_{53}作为旅游者我们必须对旅行过程中造成的环境问题负责
			C_{54}旅行中我们应自觉实施环保行为，尽可能减少环境破坏
			C_{55}违背环保准则的人应该受到道德的谴责和批判
		环境后果意识C_6	C_{61}环境质量变差主要是人为因素造成的
			C_{62}如果不采取措施，很多珍稀动植物将会灭绝
			C_{63}景区环境变好，旅游者的旅游体验会相应得到提高
	环境信念B_4	自然平衡C_7	C_{71}动植物和人类拥有同等的生存权利
			C_{72}人类虽有能力，仍需受自然规律的支配
			C_{73}大自然的平衡能力十分脆弱易被破坏
			C_{74}人类对自然的破坏往往会造成灾难性的后果
		生态危机C_8	C_{81}人类正在滥用资源、破坏环境
			C_{82}我们正在接近地球能够承受的增长极限
			C_{83}如果继续不顾环境搞发展，我们将遭受严重的生态灾难
	环境情感B_5	对自然环境本身的情感C_9	C_{91}大自然是美丽迷人的
			C_{92}我敬畏大自然
			C_{93}我非常喜爱自然，对自然型的旅游目的地很感兴趣
			C_{94}我在自然环境中感到轻松和快乐
		对人类环境破坏行为的情感C_{10}	C_{101}看到旅游地自然环境被破坏，我非常气愤
			C_{102}媒体报道的环境破坏行为让我感到惭愧/愧疚
			C_{103}环境污染让我感到忧虑、心痛
			C_{104}自然环境一旦受到破坏，有再多的金钱也无法补救

第二节　研究方法与模型构建

一、网络层次分析—模糊综合评价（Fuzzy-ANP）

网络层次分析法（Analytic Network Process，ANP）是在层次分析法（Analytic Hierarchy Process，AHP）的基础上形成的一种新的评价方法，能够实现多目标方案定性与定量相结合的决策分析（张乾柱等，2019）。模糊综合评价法可以依据模糊数学和模糊变换理论把定性评价转化为定量评价，从而使评价更具科学性（杨俊等，2013）。由网络层次分析和模糊数学理论融合而成的网络层次分析—模糊综合评价法（Fuzzy-ANP）能够弥补 ANP 和 AHP 法在评价指标体系时难以衡量指标之间、层与层之间相互影响的缺陷，具有更强的普适性（李萍等，2018）。国内外学者通常将模糊评价法和层次分析法相结合，通过客观的打分确定指标权重，以求得出更为科学合理的结果（汪侠等，2017；韩雪、刘爱利，2019；袁红，2019）。

二、评价模型构建

本调查采用 Fuzzy-ANP 法评价旅游者的环境素养，主要出于以下考虑：①环境素养的量化过程中，同一概念之内具有明显的层次结构，不同概念之间具有强烈的相互依赖关系；②构建的环境素养评价体系中，不同层级和同一层级指标之间存在的相互关联关系更为显著，个别指标难以简单量化，呈现取值区间性和模糊性特征。构建 Fuzzy-ANP 综合评价模型的具体操作步骤如下：

1. 构建 ANP 网络结构

网络层次分析结构由控制层和网络层构成，控制层由目标和准则组成（黄素珍等，2019）。其中，目标为旅游者的环境素养 A，准则对应指标体系的一级指标，包括环境价值观 B_1、环境知识 B_2、环境道德 B_3、环境信念 B_4 与环境情感 B_5。网络层对应二级和三级指标，包括 10 个元素集和 36 个具体评价指标。依据环境素养指标体系内部要素间的相互作用关系，本研究建立了基于 ANP 的旅游者环境素养评价模型（图 6-1）。单向箭头表示指标 C_i 对指标 C_j 构成影响，双向箭头表示指标之间相互影响（孙鸿鹄等，2016）。

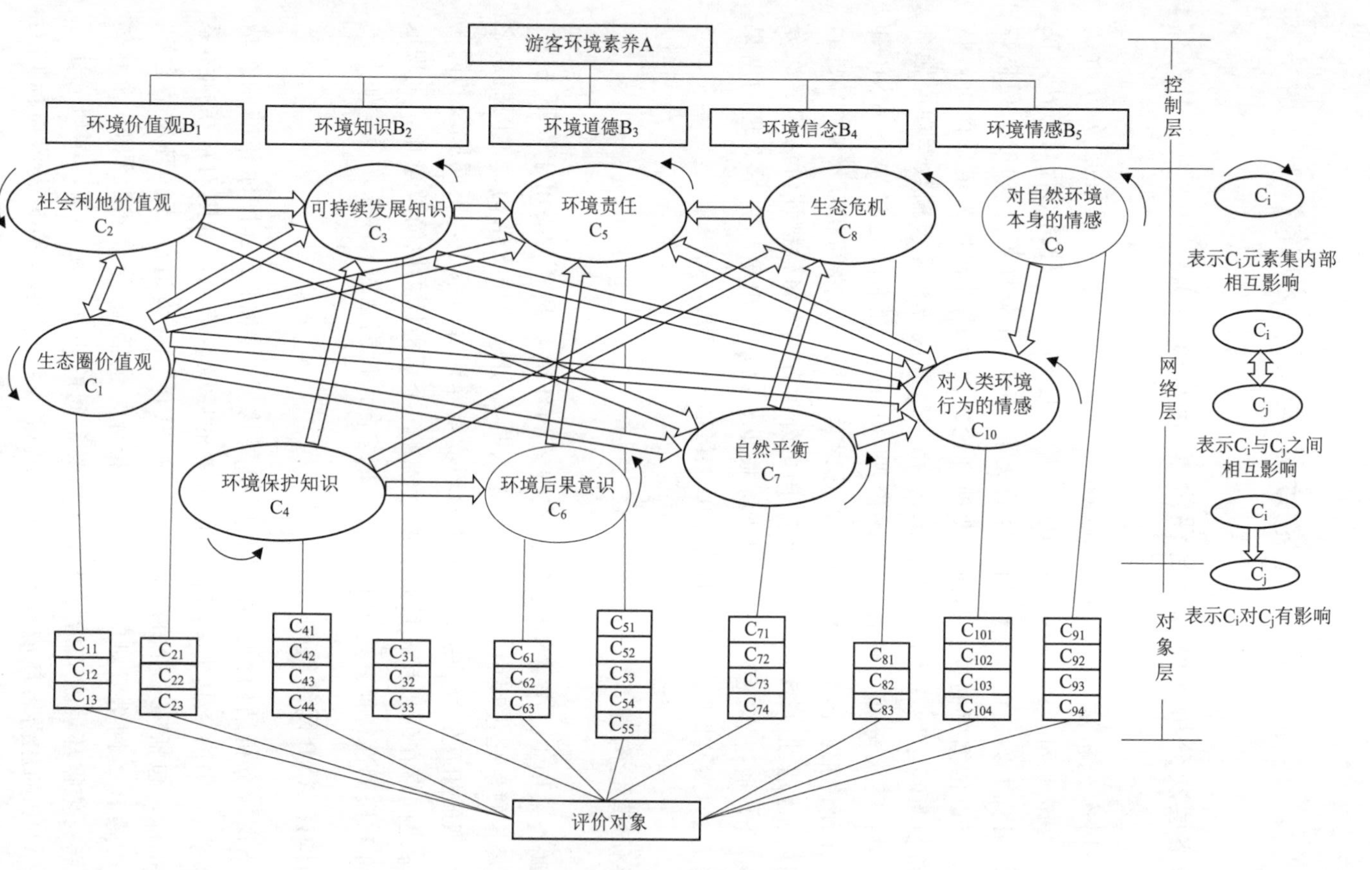

图 6-1　ANP 网络评价模型

2. 确定指标权重

设计调查问卷并通过德尔菲专家打分和网络层次分析法，确定旅游者环境素养各级指标的权重。具体过程如下：第一步，构建超矩阵和加权超矩阵，进行一致性检验。假设 ANP 网络结构中控制层准则为 P_S（$s=1, 2, \cdots, m$），网络层元素集为 C_S（$s=1, 2, \cdots, n$），根据 1-9 标度法（孙鸿鹄等，2016）进行两两比较，得到归一特征向量$(w_{i1}, \ w_{i2}, \ \cdots, \ w_{in})^T$。以此类推，最终在 Ps 准则下，获得超矩阵 W。将超矩阵 W 列归一化，得到加权超矩阵 $\bar{W}$：

$$W=\begin{vmatrix} W_{11} & W_{12} & \cdots & W_{1n} \\ W_{21} & W_{22} & \cdots & W_{2n} \\ \vdots & \vdots & \vdots & \vdots \\ W_{m1} & W_{m2} & \cdots & W_{mn} \end{vmatrix}$$

第二步，通过对加权超矩阵的稳定化处理，获得 ANP 极限矩阵：

$$W^{\infty}=\lim_{i\to\infty}\left(\frac{1}{m}\right) \quad \sum_{i=1}^{m}\bar{W}^{i}$$

若矩阵 W^{∞} 的极限收敛且唯一，则超矩阵的列向量就是旅游者环境素养各级指标的稳定权重。

3. 模糊综合评价

运用模糊综合评价法对旅游者的环境素养评价因子进行模糊评分，所得的分数与其权重相乘即为综合得分。计算过程如下：

首先，将指标进行模糊线性变换，得到模糊矩阵：

$$R=(r_{ij})m\times n\begin{vmatrix} r_{11} & r_{12} & \cdots & r_{1n} \\ r_{21} & r_{22} & \cdots & r_{2n} \\ \vdots & \vdots & \vdots & \vdots \\ r_{m1} & r_{m2} & \cdots & r_{mn} \end{vmatrix}$$

其中，$r_{ij}=\dfrac{\text{第 } i \text{ 个指标选择 } v_i \text{ 的等级}}{\text{参与评价个数}}$。

紧接着，结合一级指标评价矩阵和模糊矩阵，得到总体评价向量：

$$U_i = W_i \cdot R = (w_{i1}, w_{i2}, \cdots, w_{in}) \cdot \begin{vmatrix} r_{11} & r_{12} & \cdots & r_{1n} \\ r_{21} & r_{22} & \cdots & r_{2n} \\ \vdots & \vdots & \vdots & \vdots \\ r_{m1} & r_{m2} & \cdots & r_{mn} \end{vmatrix}$$

$$= (u_1, u_2, u_3, u_4, u_5)$$

最后，根据旅游者环境素养评价指标等级的评语集 V＝（好，较好，一般，较差，差）以及量化评价结果的数值集 $N = (5, 4, 3, 2, 1)$，通过加权平均得到旅游者环境素养评价指数 $F = 5\times u_1 + 4\times u_2 + 3\times u_3 + 2\times u_4 + 1\times u_5$。

第三节　旅游者环境素养调查

一、数据来源与处理

在环境素养评价指标体系（表 6-1）的基础上设计调查问卷，并使用定点便利抽样法，于 2018 年 6 月—10 月在南京市玄武湖风景区、中山陵风景区以及老山国家森林公园进行调研。此次调研共发放问卷 1 500 份，回收问卷 1 470份，实际有效问卷 1 418 份。问卷采用五分制 Likert 量表评判旅游者的环境素养，打分越高说明旅游者的环境素养越好。统计问卷信息后，运用 SPSS23.0 软件进行可靠性分析，整体克隆巴赫系数为 0.928，KMO 值为 0.915，均明显大于 0.5 的常用标准，这表明问卷具有较好的内部一致性，信度和效度理想，适合进行因子分析。紧接着，采用主成分分析和最大方差法进行降维分析，共提取“生物圈价值观”“利他价值观”“关于可持续发展的知识”“关于环境保护的知识”“环境责任”“环境后果意识”“自然平衡”“生态危机”“对自然环境本身的情感”和“对人类环境行为的情感”等 10 个公因子（即表 6-1 中的二级指标）。数据统计结果表明：参与调研的男性旅游者（51.9%）稍多于女性（48.1%），受教育程度以本科/大专居多（62.7%）。由于调研景区推行免门票或低价门票政策，对于学生及低收入群体有较强吸引力，因此，受访者以学生（34.8%）和公司员工（20.9%）为主，年龄集中在 18—35 岁（67.4%）。受访者平均月收入在 1 550 元以下（24.9%）和

3 001—5 000 元（24.8%），年出游次数集中在 5 次左右（48.3%），且倾向于周末（39.3%）或法定节假日（28.1%）与亲友一起出游。

二、调查结果分析

1. 确定旅游者环境素养评价指标权重

如前所述，构建 Fuzzy-ANP 综合评价模型，并借助德尔菲专家评分和 Super Decision 软件确定旅游者环境素养评价指标的权重，其结果皆通过一致性检验（CR<0.1）。由表 6-2 可知：除环境信念（0.111）以外，环境价值观（0.222）、环境知识（0.222）、环境道德（0.222）和环境情感（0.222）等一级指标的权重较为相似。在网络层中，生物圈价值观（0.750）、关于可持续发展的知识（0.750）和环境责任（0.750）等二级指标的权重较大。三级指标方面，“C_{11} 人是自然界的一部分，人类应该尊重自然并与之和谐相处”（0.634）、“C_{32} 为了子孙后代的利益，我们应该保护旅游地的环境和资源”（0.413）、“C_{61} 环境质量变差主要是人为因素造成的”（0.571）、“C_{72} 人类虽有能力，仍需受自然规律的支配”（0.364）等三级指标的局部权重较大，表明其在环境素养评价体系中占主导地位。

2. 旅游者环境素养现状与人口特征差异分析

Super Decision 模糊综合评价得分（表 6-2）显示：旅游者的环境素养总体处于中等偏上水平（4.498），分类得分方面环境价值观（4.696）>环境知识（4.561）>环境道德（4.432）>环境信念（4.203）>环境情感（4.149）。在全社会呼吁“可持续旅游”和“生态文明建设”的背景下，旅游者已经基本上树立起关心他人幸福和利益（利他价值观，4.704）、关注动物权利和生态平衡（生物圈价值观，4.693）的环境价值观（4.696），对环境问题和可持续发展知识（4.618）有着较为清晰的认知，明白自身对生态环境问题所应承担的责任（环境责任，4.516）。但是，受“人类利益高于一切”等传统观念的影响，受访者对生态危机（4.137）和自然平衡（4.268）的认同度不高。在旅游过程中，为了追求享乐和刺激，受访者对人类环境破坏行为的情感投入不足（4.359），环境信念（4.203）和环境情感（4.149）得分较低。

表 6-2　指标权重和模糊评价得分

一级指标	指标权重	模糊评价得分	二级指标	指标权重	模糊评价得分	三级指标	局部权重
B_1	0.222	4.696	C_1	0.750	4.693	C_{11}	0.634
						C_{12}	0.174
						C_{13}	0.192
			C_2	0.250	4.704	C_{21}	0.333
						C_{22}	0.333
						C_{23}	0.333
B_2	0.222	4.561	C_3	0.750	4.618	C_{31}	0.327
						C_{32}	0.413
						C_{33}	0.260
			C_4	0.250	4.391	C_{41}	0.298
						C_{42}	0.210
						C_{43}	0.246
						C_{44}	0.246
B_3	0.222	4.432	C_5	0.750	4.516	C_{51}	0.233
						C_{52}	0.306
						C_{53}	0.185
						C_{54}	0.185
						C_{55}	0.090
			C_6	0.250	4.181	C_{61}	0.571
						C_{62}	0.143
						C_{63}	0.286
B_4	0.111	4.203	C_7	0.500	4.268	C_{71}	0.065
						C_{72}	0.364
						C_{73}	0.206
						C_{74}	0.364
			C_8	0.500	4.137	C_{81}	0.333
						C_{82}	0.333
						C_{83}	0.333

续表

一级指标	指标权重	模糊评价得分	二级指标	指标权重	模糊评价得分	三级指标	局部权重
B_5	0.222	4.149	C_9	0.500	4.539	C_{91}	0.246
						C_{92}	0.298
						C_{93}	0.246
						C_{94}	0.210
			C_{10}	0.500	4.359	C_{101}	0.277
						C_{102}	0.113
						C_{103}	0.305
						C_{104}	0.305
旅游者环境素养模糊评价得分：4.498							

根据以往的研究经验，性别、年龄等人口特征可能会对旅游者的环境素养造成一定程度的影响（王从彦等，2016）。因此，本调查尝试从性别、年龄、受教育程度等视角分析旅游者环境素养的人口特征差异，结果如下（表6-3）：

表 6-3　旅游者环境素养与人口特征的关系

人口特征		价值观 B_1	环境知识 B_2	环境道德 B_3	环境信念 B_4	环境情感 B_5	环境素养 A
性别	男	4.636	4.491	4.368	4.158	4.384	4.435
	女	4.761	4.642	4.501	4.253	4.520	4.567
年龄	＜18 岁青少年	4.675	4.488	4.377	4.033	4.432	4.442
	18-35 岁青年	4.686	4.575	4.428	4.199	4.428	4.493
	36-55 岁中年	4.732	4.549	4.436	4.248	4.488	4.518
	56-65 中老年	4.710	4.587	4.459	4.255	4.493	4.525
	＞65 岁老年	4.694	4.686	4.668	4.462	4.673	4.656
教育水平	初中及以下	4.602	4.457	4.393	4.047	4.403	4.432
	高中/中专	4.684	4.495	4.397	4.159	4.444	4.466
	本科/大专	4.702	4.588	4.411	4.224	4.452	4.502

首先，旅游者环境素养的性别差异方面：研究表明，不同性别旅游者的环境素养存在较大差异。女性旅游者的环境价值观、环境知识、环境情感、

环境道德、环境信念得分均高于男性，女性旅游者的综合环境素养高于男性旅游者。这一发现与罗艳菊等（2012）、王凤（2008）的结论相一致。与男性相比，女性旅游者多具有生物圈主义倾向，具有更强的环境道德感和敏感度，进而拥有较高的环境素养。受传统社会地位以及性别角色的影响，女性在生活中往往充当“照护者”的角色，更容易产生对大自然的同情和关心（罗艳菊等，2012）。

其次，旅游者环境素养的年龄差异方面：处于不同年龄段的旅游者的环境素养有显著差异，年长旅游者的环境素养明显高于年轻旅游者：65 岁以上老年旅游者环境素养最好（4.656），56-65 岁中老年旅游者次之（4.525），18 岁以下青少年旅游者环境素养最低（4.442）。这一发现与刘贤伟和邹洋（2017）、卢少云和孙珠峰（2018）等以往的研究有较大差异，他们认为：与年纪较大的群体相比，年轻群体的认知水平和接受能力更强，环境素养更好（刘贤伟、邹洋，2017）。但是，本次实践调查的结果显示青少年旅游者的环境价值观（4.675）、环境知识（4.488）、环境道德（4.377）、环境信念（4.033）得分均为最低，65 岁以上老年旅游者的环境道德（4.668）、环境知识（4.686）、环境信念（4.462）以及环境情感（4.673）得分最高。其原因可能是青少年旅游者的社会阅历欠缺，虽然接受过相对丰富的环境知识和环保理念教育，但是对环境问题的关注和理解深度较为匮乏。而由于生活经验的积累，老年旅游者对环保常识的认可程度较高，对人类行为可能造成的环境问题与后果有更高的敏感性和更低的耐受度，环境素养更好（欧阳斌等，2015；王从彦等，2016）。

最后，旅游者环境素养的受教育程度差异方面：旅游者的环境素养与受教育程度基本呈正相关关系，即受教育程度越高的旅游者环境素养越好。这一发现再次验证了赵卉卉（2019）、王从严（2016）、卢少云和孙珠峰（2018）等人的研究结论。初中及以下学历的旅游者接受的环境教育相对匮乏，对“利他主义”等观念认识不足，导致其环境信念（4.047）、环境道德（4.393）、环境情感（4.403）得分低，进而影响环境素养得分（4.432）。接受过高等教育的旅游者（尤其是研究生学历的旅游者），其环境保护以及可持续发展的相关认知水平更高，对环境问题有更透彻的理解，能够直接或间接地促进环境责任感与后果意识，环境素养更好（卢少云、孙珠峰，2018）。

第四节　结论与讨论

一、结论

个人行为受环境素养制约，研究旅游者的环境素养对于推进旅游地永续发展至关重要。本章采用德尔菲法，构建了一套科学、完善的旅游者环境素养评价体系。本研究借助 Fuzzy-ANP 综合模型进行实证检验，定量分析了旅游者的环境素养现状及性别、年龄差异，取得如下成果：

（1）结合专家咨询，建立了一套对旅游者环境素养进行定量评价的指标体系。本研究以罗莎琳（1992）和朱群芳（2009）的环境素养理论为基础设计问卷，通过 3 轮专家问询，建立了以旅游者环境素养为总目标，以环境价值观、环境知识、环境道德、环境情感、环境信念为准则层，包含 36 个评价指标的旅游者环境素养评价体系。可靠性验证及降维分析表明，构建的环境素养评价指标体系具有较好的信度和效度；

（2）本研究综合模糊评判和网络层次分析的优点，形成多层次的旅游者环境素养评价模型，并以南京市旅游景点的旅游者为例，实证探讨旅游者的环境素养现状与人口特征差异，为生态文明建设和环境素养教育提供依据。调查发现：旅游者的环境素养整体处于中等偏上水平，旅游者已经具备较为充分的环境知识和利他价值观念，对环境问题和自身责任有较为清晰的认知，但环境情感和环境信念淡薄。旅游者的环境素养在性别、年龄、受教育程度等方面存在较大差异。女性旅游者的环境素养高于男性旅游者，年长旅游者的环境素养高于年轻旅游者，受教育程度越高，环境素养越好。

二、讨论

（1）理论贡献

本章系统梳理国内外相关文献，建立了一套具有较高信、效度的旅游者环境素养评价体系，对其他学者的研究具有一定的借鉴意义。通过将德尔菲法和网络分析—模糊综合评价相结合，利用 Super Decision 软件计算各级指标的权重及环境素养得分，一方面实现了对旅游者环境素养的定量评价，另一方面验证了该评价体系的可行性和实用性，弥补了传统网络分析的缺陷与不足，得出的调查结论更为合理、可信。

（2）对策建议

环境素养的缺失，使旅游者对环境的关心难以落实到具体行动。本次实践调查的结果有助于旅游管理部门从整体上把握我国旅游者的环境素养现状，进而有针对性地通过环境素养教育解决旅游地面临的环境问题。实践表明，我国旅游者的总体环境素养水平较高，但环境知识面相对狭窄，环境情感投入相对不足，后果意识相对淡薄，生态环境信念有待强化。就人口特征来说，女性、年长、受教育程度高的旅游者的环境素养更好。因此，提高旅游者环境素养，应以女性旅游者为参照进行差异化管理，重点加强对男性、受教育程度低、年轻旅游者的引导和教育。具体来说，可以从生态价值观普及、环境知识教育、环境情感熏陶和道德管控入手，综合运用各种载体（自媒体、微信公众号），采取多种形式进行环境保护和可持续发展教育，纠正错误的价值理念，培养个体责任感和后果意识，激发愧疚和羞耻等负面环境情感，进而提升旅游者的自身环境素养，重塑人地和谐关系。

第七章　我国旅游不文明行为的时空分布特征与影响因素

改革开放以来，随着闲暇时间和经济实力的增长，人们的物质和精神需求越来越高，内容和形式极具多样性的旅游便成为休闲活动的首选（姚田田等，2018）。文化和旅游部发布的数据显示，2018 年我国国内旅游 55.39 亿人次，出入境旅游 2.91 亿人次，全年实现旅游总收入 5.97 万亿元，文化和旅游市场繁荣有序发展①。已跻身世界旅游大国行列。

旅游者作为旅游活动的核心，其个体的行为规范与实践对旅游产业的发展至关重要。由第六章旅游者环境素养的调查结果可知：我国旅游者的环境素养处于中等偏上水平，文明出游的观念已明显提升。但在实际的旅游过程中，景区内乱涂乱画、随意攀爬、宗教场所嬉戏玩闹等不文明行为仍然随处可见，折射出我国旅游发展中道德失范、伦理失衡的矛盾。旅游活动中各种不文明行为屡遭曝光，并随着新媒体、自媒体的传播更显突出，使得旅游发展中各利益相关者之间的矛盾和冲突激化，甚至影响旅游者的出游欲望、旅游市场有序运营和国家形象打造，"文明旅游"再度成为社会关注和热议的话题。

为了切实有效地减少旅游不文明行为，本调查选取新浪网、人民网和凤凰网三大主流新闻媒体，收集 2010—2018 年法定节假日期间旅游不文明行为的报道并整理成库，利用 SPSS 和 Arcgis 软件分析旅游不文明行为的时空分布特征和规律，从经济、文化、道德、卫生等维度探讨旅游不文明行为的影响因素，助推中国旅游生态文明建设。

---

① 资料来源：中华人民共和国文化和旅游部"2018 年旅游市场基本情况"。http://zwgk.mct.gov.cn/auto255/201902/t20190212_837271.html? keywords=。

第一节 文献回顾

学术界对旅游不文明行为的关注始于田勇（1999）“旅游非道德行为与旅游道德的塑造”一文，在相关研究开展初期，常常将其直接或间接等同于“旅游者非道德行为”（邱剑英，2001）或“旅游者道德弱化行为”（胡传东，2008）。李萌和何春萍（2002）将旅游不文明行为定义为“旅游者在旅游景区、景点游览过程中所有可能有损景区（点）环境和景观质量的行为”，认为旅游不文明行为是个人因素（道德、价值观等）和社会环境（社会文化认知、旅游景区环境）相互作用的结果。

旅游业作为一个综合性产业，整个市场和环境的规范化涉及各旅游要素部门的合作监督。如果对旅游市场中或旅游活动的任一参与者管理不到位，旅游不文明行为发生的概率就会提升（Dimitriou，2017；李敬，2012）。例如，旅游业快速膨胀，但是缺乏相应的旅游法制宣传、旅游文化教育等配套软设施，就会加剧不文明行为的实施（姚田田等，2018）。此外，景区环境如厕所、垃圾桶和指引牌等设施的完善程度也会对旅游不文明行为产生影响（胡华，2014；张梦、潘莉，2016）。就旅游者自身来说，移位放纵心理（肖佑兴，2007）、道德失范（肖卉、石长波，2008；王寿鹏、旷婷玥，2011）等是不文明行为的主要影响因素。

学者们普遍认为，旅游不文明行为实质上暴露了旅游者的个人道德问题（肖卉、石长波，2008；王寿鹏、旷婷玥，2011）。肖卉和石长波（2008）指出，不文明行为主要是因为旅游者在外出时缺乏自觉提高自身道德修养的意识。王寿鹏和旷婷玥（2011）认为，个人道德在良好的旅游行为培养过程中扮演着重要的调控变量角色，并建立了旅游者道德行为连续体模型。与此同时，王寿鹏（2011）指出，中外文化的习俗差异是导致我国旅游者在出境旅游时发生不文明行为的原因之一。余建辉和张健华（2009）从经济学视角分析了旅游者不文明行为的收益与成本，认为出现旅游不文明行为的主要原因是旅游者实施不文明行为不仅基本没有经济性成本消耗，还能够带来物质性收益和精神性收益。

第二节　旅游不文明行为调查

一、数据来源与处理

为了尽可能全面、客观地获取研究数据，本调查选取人民网、新华网和凤凰网三个主流新闻门户网站进行数据收集。其中，人民网是世界十大报纸之一《人民日报》建设的大型网上信息交互平台，新华网是我国最具影响力的网络媒体，凤凰网作为网络新媒体公司在全球处于领先地位。以此三大主流网站的新闻报道为资料来源，能够最大程度地保证搜索结果的真实性和权威性。

具体操作方法为：以2010—2018年春节、五一小长假、十一黄金周等旅游行为较为集中、旅游不文明事件易发生的时间段为研究时段，结合前期文献梳理工作和各网络媒体报道的侧重点，分别以“旅游者不文明行为”“旅游商家/景区宰客”“导游宰客”“旅游黄金周”为关键词，对人民网、新华网、凤凰网三大主流网络媒体的新闻事件进行检索；剔除重复报道事件、媒体或社会评论，共整理出相关报道863则，涉及不文明旅游行为事件436起；提取事件发生的时间、地点、起因和处理结果，形成调查数据库。

为了研究旅游不文明行为的时空分布特征和规律，我们首先将不文明旅游事件的时间、地点单独筛选出来，利用SPSS和ArcGIS软件进行数据处理。随后从我国各省市的宏观发展背景出发，观察地域社会经济发展状况对旅游不文明行为的影响。最后，基于我国各地旅游年鉴的通用统计指标并借鉴巴蒂和皮尔斯（Bhati and Pearce，2016）的旅游不文明行为影响因素衡量指标，尝试从人口、人民生活、经济、文化、卫生五个维度对旅游不文明行为进行归因分析（表7-1）。

表 7-1 变量列表

变量	观察变量	变量	观察变量
人口	城镇常住人口比重 乡村常住人口比重 城市面积（平方千米）	生活水平	全年人均可支配收入（元） 城镇居民人均可支配收入（元） 农村居民人均可支配收入（元） 全年人均生活消费支出（元） 城镇居民人均生活消费支出（元） 农村居民人均生活消费支出（元） 参加失业保险人数（万人）
就业	第一产业就业人员比重 第二产业就业人员比重 第三产业就业人员比重 城镇登记失业率		
旅游	国内旅游人次（万人） 国内旅游收入（亿元）	科技	科研经费支出（亿元） 科研活动人员（万人）
教育	普通高校（所） 普通高中在校学生数（万人）	卫生服务	卫生技术人员（人） 卫生机构（个）
地区生产总值	第一产业比重 第二产业比重 第三产业比重	公共文化服务	博物馆（个） 群众艺术馆、文化馆（个）

二、调查结果分析

1. 旅游不文明行为的时空特征分析

图 7-1 显示 2010—2018 年被曝光的旅游不文明行为事件数（2018 年数据截至 6 月 1 日）。由图可知，自 2010 年以来，旅游不文明行为事件的曝光率逐年上升，2017 年总计 171 起。截至 6 月 1 日，2018 年被曝光的旅游不文明行为事件已经高达 137 起。一方面，21 世纪初社会经济发展水平有限，人们的出游欲望和机会较少，加之网络技术的限制，公众及媒体对旅游不文明行为的关注有限，曝光率较低；另一方面，随着社会经济的发展，公众闲暇时间和出游机会逐渐增多，十一黄金周等法定节假日更是全民出游的好时机，旅游需求旺盛，各大景区承载力严重超标，供给不足，景区人满为患，游览质量下降，激化旅游供需矛盾，容易导致旅游不文明行为。新闻媒体的集中系列报道，更使得旅游不文明行为事件的曝光率激增，直接或间接影响相关话题的受关注程度。

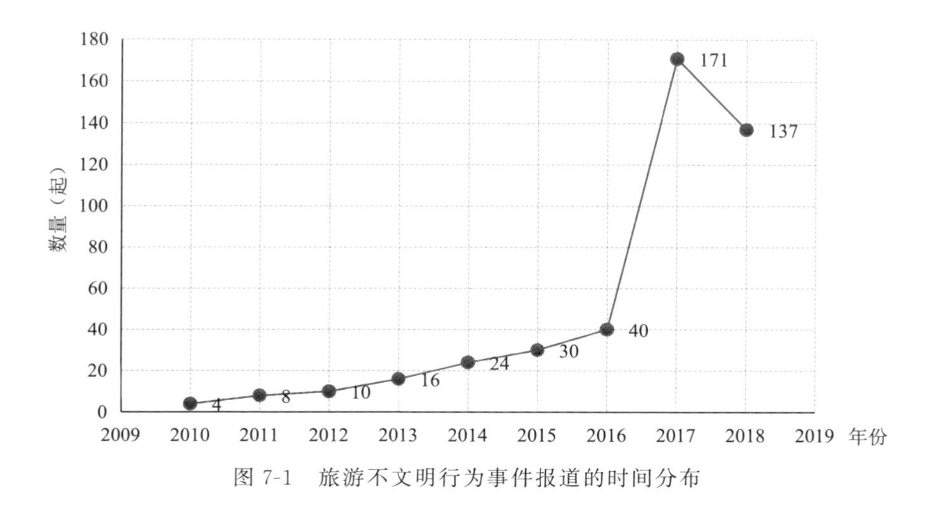

图 7-1 旅游不文明行为事件报道的时间分布

以省级行政区为单位，提取旅游不文明行为发生的地点，数据显示：全国（不含港澳台）31 个省级行政区中的 22 个均发生过不同程度的旅游不文明事件。从空间分布上看，北京（98 起）和云南（51 起）最多，其次为山东（49 起）、浙江（45 起）、四川（45 起）、江苏（44 起）等。旅游不文明事件数量最少的地区集中在我国大西北如新疆、西藏、内蒙古等地，还有贵州、河北以及东北地区的黑龙江、吉林等地区。总体而言，旅游不文明事件的发生频次具有明显的地区差异：华东地区频次较多，而东北、西北以及中部地区发生频次较少；除了云南、四川和陕西，大多数旅游不文明事件的报道都集中分布在东部沿海各省。

我们尝试将旅游不文明事件与各省区 5A、4A 级景区数量进行对比后发现，旅游不文明事件数量基本与各地 5A、4A 景区的数量及经济发达程度呈正相关，且主要集中在国家级旅游城市。也就是说，越是知名景区，旅游伦理矛盾越突出；越是经济发达地区，旅游不文明事件越多。海南和云南两省虽然 5A 及 4A 景区数量相对较少，但三亚、昆明、丽江等地都是全国闻名的旅游目的地，客流相对集中，加之受限于当地城市规模，自身承载力有限，较易引发矛盾和冲突。

需要注意的是，5A 与 4A 景区数量众多的河南、安徽等省份并未出现较多的旅游不文明事件。这一方面可能是因为当地以文化旅游为主，且客流量较为分散，相对矛盾不突出；另一方面则是由于中部地区的媒体发展较东部沿海相对落后，信息传播影响有限，不易成为媒体焦点。此外，地处经济发达地区、具有较多旅游资源的广东省未出现较多的旅游不文明事件，这可能是由于广东省旅游业管理相对规范、周边服务设施发达，不文明行为发生频次小。东北和西北地区不文明事件也较少，尽管当地旅游资源丰富，但开发程度相对滞后（5A 及 4A 景区较少），旅游者数量也远不及东部沿海地区，减少了不文明事件数量。

2. 旅游不文明行为影响因素分析

基于旅游不文明行为分布的空间差异性，本调查利用回归分析探索旅游不文明行为发生的原因。为了检验数据是否适用于回归分析并排除多重共线性，需要首先对数据进行相关性分析。结果排除了第二产业就业人员比重和第一产业比重，剩余 26 个观察变量与旅游不文明事件均存在显著相关性。再对数据进行回归分析，所有的方差膨胀因子（VIF 值）均小于 5.0，说明结果没有受到多重共线性影响，回归系数正确反映了自变量和因变量的关系。

人口因素包括城镇常住人口比重、乡村常住人口比重和城市面积三个观察变量，并且与旅游不文明行为事件都存在显著的相关性。对这些变量进行逐步回归分析后，排除了城镇常住人口比重和乡村常住人口比重两个指标，发现城市面积显著影响旅游不文明行为（$P<0.01$），也就是说城市的规模大小对旅游不文明事件的数量有着显著影响（方程 1）。城市面积越大，越容易发生旅游不文明行为。

人民生活因素包括就业与生活水平两方面。就业维度中第二产业就业人员比重与旅游不文明事件并不显著相关，对剩余变量进行逐步回归分析后，发现只有城镇居民可支配收入对旅游不文明事件有显著影响（$P<0.01$）。可支配收入是财富的重要组成部分，而人们通常认为财富是代表更多自由的一种权利，收入越高，人们就可以享有更多的自由空间在旅游中表现自己，从而满足休闲放松以外的需求，而典型表现形式就是旅游不文明行为（Alford, 2003；王华、徐仕彦，2016）。总体来说，城镇居民的可支配收入越高，发生不文明旅游事件的可能性越高（方程 2）。

地区生产总值、旅游变量归属于经济维度，其中第一产业比重与旅游不文明事件没有显著相关性。对剩余变量进行逐步回归分析后得到了两个模型，为了确保模型的准确性，最终选择模型拟合度（R^2）更高的模型，其 R^2 为

0.608，结果中包含国内旅游收入和第二产业比重（$P<0.01$）两个变量。当国内旅游收入越高、第二产业比重越低时，旅游不文明事件数量越多（方程3）。这与我国传统经济发展模式分割不开，我国传统社会以小农经济为主，实用主义和功利主义痕迹十分明显，国内旅游收入越高，说明我国旅游业发展情况越好。在旅游这种公共性较强的活动中，公民的实用主义和功利主义就会通过旅游不文明行为曝光在大众视野下（胡华，2014）。

文化维度包括教育、科技和公共文化服务三个变量。科技包括经费支出和活动人员两个观测变量，使用回归分析时该类变量被排除。教育包括普通高中在校人数和高校数量两个观测变量，公共文化服务包括博物馆个数和群众艺术馆、文化馆个数两个观测变量，对这些变量进行逐步回归分析后得到了两个模型。为了确保模型的准确性，最终选择模型拟合度更高的模型，R^2为0.738。高等学校数量和博物馆两个变量被排除，普通高中在校人数和群众艺术馆、文化馆数量对旅游不文明事件有显著影响（$P<0.01$，方程4）。前者代表高中教育的普及程度，后者代表我国文化教育事业的发展水平。有研究指出，旅游者受教育水平越低，越容易发生旅游不文明行为，与本研究的结果不谋而合（Daunt and Greer，2015）。肖卉和石长波（2008）也指出，教育水平滞后是我国公民在旅游消费理念、旅游文化素养、旅游技能及习惯等方面存在问题的主要原因。由此可见，从教育和文化这两点入手减少旅游不文明事件还需要很长一个过程。

卫生服务方面包括卫生技术人员与卫生机构两个变量。长期以来，我国经济社会发展落后，卫生设施普遍缺乏。现在卫生服务虽与国际接轨，但“不干不净，吃了没病”的卫生习惯依旧没有改变。逐步回归分析的结果与上述理论也相对一致，卫生机构被排除，卫生技术人员的数量对旅游不文明事件有显著影响（$P<0.05$），只有当卫生技术人员越多时，旅游不文明事件数量才随之减少（方程5）。

通过以上对自变量人口、经济、人民生活、教育、卫生等和因变量旅游不文明事件数量的相关性分析、线性回归分析发现，这六个自变量对旅游不文明事件的数量有显著的影响。当一个旅游目的地的城市面积越大，城镇居民可支配收入越高，国内旅游收入越高，有更多的普通高中在校生和更多的群众艺术馆、文化馆，同时第二产业所占比重越低，卫生技术人员越少时，该地发生的旅游不文明行为越多（表7-2）。

表 7-2 旅游不文明事件影响因素的回归系数分析

	城市面积（平方千米）	城镇居民可支配收入（元）	国内旅游收入（亿元）及第二产业比重	普通高中在校学生数（万人）和群众文化馆、艺术馆（个）	卫生技术人员（人）
方程 1	0.001，2.675				
方程 2		0.001，－15.358			
方程 3			0.003，－69.483，29.268		
方程 4				0.026，0.01，3.296	
方程 5					2.353E-0.05，－2.793

第三节 结论与讨论

一、结论

本章对 2010—2018 年法定节假日期间人民网、新华网、凤凰网等主流媒体涉及的 463 起旅游不文明事件的时空分布特征和影响因素进行分析，结果发现：①中国旅游业正处于伦理矛盾凸显期，旅游不文明事件的数量总体上有逐年上升的趋势，时间分布以假期较长的十一黄金周最为突出；②我国旅游不文明事件在全国范围内广泛覆盖，旅游不文明事件空间分布具有地区差异性，东部沿海地区较为突出，主要集中在国家级旅游城市。北京、云南、山东等地区旅游不文明行为事件的数量最多，西北和东北地区旅游不文明行为事件的数量较少。旅游不文明事件数量基本上与景区的知名度及经济发达程度呈正相关，即越是知名度高的景区越容易突发旅游不文明事件；③本章从人口、经济、人民生活、教育、卫生等维度挖掘旅游不文明行为发生的原因，发现当一个旅游目的地的城市面积越大，城镇居民可支配收入越高，国内旅游收入越高，有更多的普通高中在校生和更多的群众艺术馆、文化馆，同时第二产业所占比重越低，卫生技术人员越少时，该地越有可能发生旅游不文明行为。这一研究结果解释了旅游不文明行为空间分布差异性的原因。当某一个地区的人口、经济、教育等发展较为完善时，该地区的城市化水平较高，第三产业在整个社会中承担举足轻重的作用。旅游者们往往会选择旅游资源丰富、城市化水平高的地区。正是由于这种地区间发展水平的差异性，异地旅游者的自律性下降，盲目追求享乐主义和经济效益，从而导致各种旅游不文明现象发生。因此，旅游目的地和日常所在地不仅要加强对旅游市场的监管以及从业人员的素质培养，更要加大对地方经济、环境、教育等方面的投入，以期推动地区城市文明进步和发展。

二、讨论

1. 对策建议

我们尝试从社会监督、旅游者教育、媒体引导、文化构建等方面提出旅游不文明行为的应对策略，推动中国旅游生态文明建设：

首先，奖惩约束与法制手段结合，健全社会监督机制。纠正不文明的旅游行为，重建旅游伦理，必须完善法律监督机制、加强政府监管和处罚力度。在特定情景下，旅游法等指令性规范能够促成旅游不文明行为的改变（昌晶亮、余洪，2013；李鑫，2016）。应加大对不文明行为的处罚力度，从经济上约束旅游不文明行为，鼓励旅游企业守法经营并互相监督，对社会公信力良好的集体、做出突出贡献的个人给予物质及精神层面的表彰和奖励，形成旅游文明治理人人有责的社会风气。同时，应完善行政问责，督促政府及旅游企业相关人员加强监管，激发旅游者群体的文明情绪，鼓励文明行为，形成良性循环。

其次，制定旅游伦理准则，构建个人信用档案。只有当旅游利益相关者意识到文明旅游行为规范对他们有影响时，他们才会遵从它。因此，改善旅游行为应当构建不文明行为的判断标准，明确惩罚和奖赏机制。对旅游利益相关者的良好行为与严重违反全球旅游伦理规范的行为分别进行表彰和全行业通报，提高失责成本，使其不想、不敢违反旅游者伦理行为规范。应完善个人征信体系，构建旅游信用档案，促进旅游业的健康运行与发展。

再次，媒体应注重舆论导向，加强正面引导。媒体尤其是新媒体的出现，对于宣传报道具有重要的影响。在双重逻辑的支配下，媒体具有独立性和批判性双重取向（王晓华、白凯，2014；肖洪根，2014）。受商业属性和利益机制驱使，为了吸引受众“眼球”，争夺注意力，媒体往往把迎合大众作为重要手段，夸大其词地报道各种暴力、离奇事件。同时，为了保护自身利益，媒体经常与国家或其他利益集团达成妥协。不负责任的负面报道会造成旅游利益相关者之间出现日益严峻的信任危机。媒体应坚持持续而负责任的正面报道，传递正能量，这样才能缓解各群体之间的矛盾和冲突，改善不文明行为。

最后，应加强社会文化构建，培育文明感召力。社会上存在的伦理道德缺失现象加速了旅游活动中的道德伦理流失，很多人目前对不文明行为的认知是混乱的，无法判断或预估各种各样不文明行为的出现。所以，改善旅游行为、重塑旅游伦理需要社会力量的共同参与，帮助构建文明判断力和感召力，启动知识重构，形成社会共建共享局面。

2. 局限与展望

通过对我国旅游不文明行为时空特征及影响因素的分析，本次调查弥补了当前此领域在定量研究方面的不足，并且为各地推动旅游生态文明发展提供了切实可靠的建议。但是，本调查仅就人民网、新华网、凤凰网三家主流新闻媒体近几年内涉及的国内旅游不文明事件进行梳理和分析，由于各个省份旅游不文明事件的总数较少，未能分别从旅游者行为和主-客互动视角进行细分。今后可进一步扩大调查范围，对其他主流媒体，尤其是社交媒体、自媒体等新的媒介方式进行关注，对出境游中等不同方式的旅游不文明行为进行更深入的分析。

第八章　乡村生态旅游地利益相关者环境伦理意识认知

乡村生态旅游是以生态旅游理念为指导，以乡村原生的自然环境、淳朴的民俗风情、特色的乡土气息、娴静的田园风光为吸引物，以优化与提升乡村生态环境、提高社区村民经济利益为目的，最终实现乡村资源、环境、社会与经济可持续发展的旅游活动。乡村生态旅游受到广大民众尤其是城市居民的青睐，但伴随着旅游业的过度膨胀，逐渐暴露出生态系统退化、环境污染等问题，严重制约生态旅游的发展。

为了更直观、深入地了解乡村生态旅游的现状、环境问题及成因，本章以南京市乡村生态旅游地石塘竹海景区为案例地，对各利益相关者（旅游者、当地村民、景区管理者、旅游经营者等）进行深度访谈，希望通过实地走访了解旅游地的旅游者、当地村民、旅游开发管理者、旅游经营者等各利益相关群体对于“环境伦理”这一概念的认知程度，明晰各利益相关者对“人类中心主义”“生态中心主义”的理解，以及人与自然关系、经济增长是否有极限、自然界是否脆弱、当前的生态危机是否严重等具体问题的看法，深入挖掘生态旅游地面临的环境问题与挑战，并从环境伦理的角度探寻解决之道。

第一节　乡村生态旅游地概况

石塘竹海景区位于江苏省南京市江宁区横溪镇前石塘村，素有南京“小九寨沟”之称，拥有连片翠竹 3 万亩，与九龙湖相依相偎，景区内生物多样，有以茶山、竹海、松涛为主体的旖旎风光。此处生态环境优美，成为南京及周边城市市民回归自然、放松身心的必往之处，已建设成江苏省首个“旅游示范村”。石塘竹海属于开放型景区，旅游者主要来自南京本地和马鞍山，大多数为自驾游或跟团游，景区日客流量约有七八百人，周末能达到上千人。

旅游发展在某种程度上对旅游从业者、旅游产品供应商和旅游配套设施等都是较大的考验。在旅游开发过程中，由于生态意识淡薄、资金投入不足、基础设施不完善、环境治理能力有限、环境保护宣传不到位，导致乡村地区的废水排放、旅游不文明行为频繁发生（旅游者乱刻乱画、乱扔垃圾），自驾旅游者驱车涌入产生大量尾气和噪声污染，旅游地面临严重的环境问题和生态危机。这些环境问题一方面给当地村民的生活带来困扰，另一方面也制约了该地旅游业的可持续发展。

第二节　乡村生态旅游地环境问题认知

一、目的地生态环境现状

为了获得翔实的一手资料，项目组对石塘竹海景区的生态环境、旅游服务设施以及旅游者行为等进行实地观察，发现：

1. 景区生态环境屡遭破坏，旅游者行为亟待规范

旅游者的环境保护意识普遍较为薄弱，破坏生态系统、污染自然环境的行为时有发生。旅游者自带食物在景区野餐，乱扔垃圾、随地吐痰、孩童在景区随地大小便、在湖水中洗脚等现象层出不穷。除了环境污染，更为严重的问题是旅游者对旅游资源和公共服务设施的破坏。旅游者翻进茶园肆意采摘，偷挖竹笋、竹上乱刻乱画屡禁不绝，当地农户防不胜防、苦不堪言。

2. 景区服务设施不完善，生态教育需加强

景区内的基础服务设施并不完善，由于垃圾箱摆放较少，环境责任意识不强的旅游者在尝试寻找垃圾箱无果后就会将手中垃圾随手丢弃。景区内规范旅游者个体行为实践的警示牌较少，且警示标语略显生硬，多为“罚款”“禁止”等，对旅游者生态环境知识方面的教育明显欠缺。

3. 小摊贩脏乱不堪，环境责任意识差

景区内旅游管理人员和旅游经营者的素质较低，缺乏健全的旅游环境管理制度和规范化的经营体系，景区内公共服务设施破损严重且年久失修。此外，景区内的村民环境责任意识不强，对景区环境治理的积极性和参与意愿不高。村民占道经营，就地贩卖竹笋、茶叶、土鸡蛋等农特产品，摊贩脏、乱、差、堵，笋皮、外壳等废弃物随意丢弃，卫生意识堪忧，导致景区形象大打折扣。

二、利益相关者环境伦理认知

上述种种问题，都将制约该地乡村生态旅游的可持续发展。针对这些问题，项目组进一步围绕旅游动机、游览体验、环境价值观、环境知识、环境情感、道德责任以及“人与自然的关系”等问题设计访谈提纲，内容包括：如何认识环境伦理、如何看待人与自然的关系、是否认为经济的增长有限制、是否认为动植物与人类一样有生存的权利、是否认为人类面临的“生态危机”被过分夸大等问题。深度了解受访者的生态价值取向及各利益相关者的环境态度与信念，剖析景区环境问题产生的原因，探寻生态旅游可持续发展之路。

项目组分别选取了三名旅游者、两名当地农户、两名景区管理者为访谈对象，进行半结构式的深度访谈，且每次访谈时间持续半小时以上，以下分旅游者、当地农户、景区管理者三部分简单阐述访谈概况：

1. 对旅游者的深度访谈

首先对景区内的旅游者进行访谈，为了获得尽可能多的信息，选取三名不同来源地、不同年龄、不同职业、不同受教育程度的旅游者作为调研对象：

旅游者 A，26 岁，女，非南京人（现居南京），工厂职工，徒步旅游爱好者，个人游，首次到访。

旅游者 B，45 岁，男，南京人，教师，带家属旅游，经常来游玩。

旅游者 C，68 岁，男，南京人，金融公司退休人员，跟团旅游，首次到访。

采访旅游者时提出的问题主要包括旅游动机，游览体验，对“环境伦理”

“可持续旅游”的理解，以及诸如如何看待人类与自然的关系，对环境情感、道德、信念有何认识，认为环境伦理对可持续旅游有何影响等问题。

在问及“旅游动机”时，三名旅游者表示自己是南京本地人或现居南京，来该地是为了在闲暇的时间逃离城市，亲近大自然，放松身心。当谈到游览之后对景区的印象时，三名旅游者都对石塘竹海景区优美的自然风光表示赞许，同时也都表示当前的“封山”在一定程度上降低了他们的游览体验。此外，旅游者A提出，路边贩卖竹笋的摊贩给其留下了“景区略显脏乱”的印象，当地村民在环保行为方面没有为旅游者起到很好的示范，景区“没有预期中的好”；旅游者B认为景区的生态环境很“原汁原味”，但景区项目可以再进行深度开发，比如开发一些周围的历史人文古迹等。

在谈及对“环境伦理”的认识时，旅游者A表示“从来没听过这个词”“这是你们学者研究的问题，太深奥了”“我就是个普通的旅游者，来这就是放松身心，欣赏大自然的，文化水平不高，不会去想这些问题”；旅游者B表示“用中国传统的伦理道德来教育旅游者是一个好方法”“伦理就是教育人们该做什么，不该做什么，现在的旅游者很需要这样的教育”，进一步询问“伦理”与“环境伦理”的区别时，旅游者B认为“环境伦理就是涉及人与自然方面，比如古人讲的天人合一、人与自然要和谐相处”；关于如何认识“环境伦理”，旅游者C表示“伦理这个词有点深邃，说环境道德更浅显易懂”。

为了进一步了解旅游者的环境情感、环境信念，项目组又对三名旅游者提出了“如何看待人类与自然的关系”“认为经济增长是否有限制”“认为动植物是否与人类一样有生存的权利”“目前的生态危机是否严重”等问题。在人与自然的关系方面，三名受访的旅游者都表示“人类应该与大自然和谐相处”，当被问及原因时，旅游者A和B表示“要保护好现在的生态资源给后代享用”，旅游者C表示“大自然有它自己的限度，超过了限度，人类就会遭到大自然的报复”。当被问及“经济增长是否有极限”时，旅游者A表示“不好说”“人很聪明，总会想办法突破极限的，经济发展是必然的趋势，这是阻止不了的”；旅游者B表示“经济要增长，但要合理增长，不能随意开采资源”。在回答“动植物是否与人类一样有生存权利”时，三名旅游者都表示动植物应该与人类一样都有生存的权利，旅游者C说“一草一木，都是生命”，同时旅游者B也认为“人类也有权利利用一部分动植物资源”。

谈及“环境伦理对旅游可持续发展的影响”这一话题时，旅游者 A 表示认为会有一定影响，可以教育旅游者不要破坏环境，自己“对环境伦理不是很了解，但愿意接受教育”，旅游者 B 表示“人人都应该有环境伦理意识，这样景区优美的生态环境才能永远存在”，旅游者 C 则认为“道德对人的约束力是有限的，要想保护好景区环境还是应该加强管理”“有道德意识是一回事，落不落实到行动上又是另外一回事”。

2. 对当地村民的深度访谈

项目组随后对两名在景区内贩卖竹笋、手工艺品的村民进行了深度访谈。访谈问题除对环境伦理、环境情感、环境道德、环境信念的认识，对“环境伦理对可持续旅游的影响”的看法外，还包括对旅游者的接受程度及对景区环境管理工作的参与意愿和目前的参与程度。

在有关“环境伦理”的认识上，受访的两名当地村民都表示自己文化程度不高，不太理解项目组所提的“环境伦理”这一概念，认为景区管理部门应该加强对旅游者教育，与村民则没有多大关系，村民会自觉保护当地生态环境。在“人与自然的关系”“是否认为动植物有自身生存权利”等方面，村民 A 认同“人类与自然是平等的”，认为当前景区优美的生态环境很有价值，但也很脆弱。当项目组进一步询问其对于景区“生态环境的价值”的理解时，村民 A 表示良好的生态环境就是当地的旅游品牌，当地的竹林、竹笋等林木资源也能给他们带来收益，优美的自然风光和丰富的自然资源都是大自然赠与他们的“财富”。村民 B 表示人类应与自然和谐相处，但“人类在自然界是占统治地位的”，“动植物都有生存的权利”只是一种表面说法，家畜家禽、景区的竹林等被人类利用才能具有价值。

经过访谈，研究者还发现目前当地村民对旅游者还是持欢迎的态度，认为“大部分旅游者的环境素质还是可以的，只有少部分会破坏景区环境”，采访中一个村民还说，部分旅游者破坏景区环境是自身的习惯问题，很难改正，村民自身有时也会破坏环境，“没办法”。在对景区生态环境问题的认识程度方面，受访的两名村民都表示“目前破坏还不太严重”；谈及当前的“封山”是否会降低游览体验，给景区带来利益损失时，有小摊贩表示自己其实希望一年四季都不封林，可以给旅游者更好的体验，自己也能“赚更多钱”，但旅游者破坏环境，偷挖竹笋“实在是管不住”。为了解当地村民对于景区环境管理的参与意愿及参与程度，研究者向受访的村民提出“环境志愿者”的提议并询问其参与意愿，受访的村民有些不好意思地表示，自己要在景区内售卖当地竹笋等特产、经营小本生意，没有太多时间参与志愿工作。

3. 对景区管理者的深度访谈

项目组在景区内部与当地社区对一名护林员和一名社区主任就当地环境的管理问题进行了采访。与对旅游者、当地村民的访问结果类似，项目组询问了该利益群体对“环境伦理”“环境情感”“环境信念”的理解以及如何认识环境伦理对旅游可持续发展的影响。

对于“环境伦理”这一概念的理解，景区内的护林员认为它“就是人们心中的道德”，是“一种保护环境的意识”，但“光靠教育旅游者进行约束的作用并不大，还是需要管理部门重视，加强管理力度”，该护林员表示，一些城市居民都应该接受过诸如“环境伦理”的教育，但却不能将其落实成环保行为。该护林员向项目组叙述了前几日劝解旅游者不要在竹子上刻字，但旅游者不听劝诫的事例。该护林员表示，遇到不听劝解、拒不交罚款的旅游者，自己也“无能为力”。

当谈及“环境伦理对旅游可持续发展的影响”时，该护林员表示除了加强对旅游者的生态环境教育外，更重要的是管理部门应该有正确的环境伦理观，有可持续发展的意识，该护林员认为当前景区的环境问题主要原因为“管理部门不重视”“缺乏可持续发展的意识”，该护林员是当地年纪较大的村民，一年拿到的工资在五千左右，景区多增添护林员，就要承担聘用这些人员的费用，聘用年轻人所要支付的费用更多，而当前景区护林员太少，自己“管不过来”。

根据该护林员所反映的问题，项目组前往前石塘村负责景区管理的当地社区进行采访。被采访者是当地社区的副主任。该主任表示自己不是从事旅游的专业人员，对于相关的术语并不是很了解。在其看来，“环境伦理”应该是“意识层面上的东西”“类似于环境道德，教育人们应该怎样和大自然相处”。

当谈到旅游地各方的环境情感、环境信念这一话题时，该社区主任无奈地表示，目前旅游者和当地村民的环境保护意识都有待加强。“很多旅游者在城市里受到了太多约束，认为乡村就是放肆的地方”，很多旅游者欣赏当地的美景，却又“不会主动承担保护景区生态环境的责任”“一边欣赏、一边破坏”“并没有认识到景区现在优美的生态环境其实是十分脆弱的”；当地大部分村民也只看到景区优美的生态环境和林木资源可以给其带来的经济利益，他们对当地旅游业的参与主要为经营农家乐、茶场等，对于环境保护工作的参与意愿并不高，保护环境的责任感并不强。以旅游者摘菜行为为例，“当旅游者摘的是自家菜地的菜时，村民会极力制止，但当旅游者摘其他村民菜地的菜时，村民则是劝说两句就作罢”。

当谈及“景区目前的生态环境问题是否严重”以及“环境伦理会如何影响当地乡村生态旅游的可持续发展”问题时，该社区主任表示早已认识到当地乡村生态旅游的可持续发展面临着问题，当前的乡村旅游是“一窝蜂的热闹”，当地存在的问题也是其他乡村同样存在的问题。至于环境伦理会如何影响当地乡村生态旅游的可持续发展，该主任说，“环境伦理意识的提高肯定会促进人们自觉地保护景区的生态环境，村民的环境责任感提高后也会参与到管理工作中来，这样也能减轻管理部门的负担。”但该主任同时也表示，当前的景区管理部门为当地社区，工作人员都不是从事旅游的专门人员，素质偏低，对“环境伦理”“环境信念”等的理解都不到位，管理能力有限。

在谈及如何增强旅游者的环境伦理意识时，该主任表示景区曾经尝试通过媒体呼吁旅游者“文明出行”，竖立过一些环境标识、宣传横幅等，但影响不大。短时间内提高当地村民保护环境的责任意识也有相当难度，村民很注重自身能从旅游发展中获得的利益，而当前一共约有村民 1 400 人，其中老人 300 多，多数老人由于身体等原因无法每日上山参与景区的环境管理，年轻人大多在外工作，留下的也大多从事农家乐、茶场的经营，而聘用年轻人管理景区环境需要承担更高的费用，这对于基本没有多少营收的景区而言是沉重的资金负担。

第三节　结论与讨论

一、结论

本章以南京市乡村生态旅游地石塘竹海景区为案例地，对旅游者、当地村民、景区管理者、旅游经营者等各利益相关者进行深度访谈。通过实地走访调查发现：

（1）景区内部分旅游者环境素质偏低，随处丢弃垃圾、破坏景区旅游资源等乱象频出，给景区环境带来污染和破坏。很多旅游者还持有诸如"人类是大自然的主人""自然对人类只有工具价值"等错误的人类中心主义价值观念，导致他们在环境行为上缺乏规范。在环境责任意识方面，绝大多数旅游者表示愿意约束自己的行为，尽量不破坏景区的自然环境。但是，当景区环境保护与自身利益相冲突时，其原有的环境信念便会发生动摇，并影响其环境行为决策。比如，要扔垃圾但距离垃圾桶较远时，旅游者可能会为了自身方便，将垃圾丢弃在景区不显眼的位置。而当看到别的旅游者破坏环境时，大多数旅游者冷漠观看，视若无睹。

（2）生态旅游地村民的环境责任意识不强，对景区环境管理工作的参与意愿不高。大多数村民对旅游业和旅游者持比较接受和欢迎的态度，认为旅游者的到来可以给当地经济发展带来收益。但是，由于环境责任意识薄弱，绝大部分村民只认识到自然环境对于他们的"工具价值"，在赞叹和利用自然美景获取经济效益的同时，却没有足够的生态环境保护意识。即使村民对景区环境管理等问题有所不满，但他们向相关部门反映的呼声并不高。此外，村民担当志愿者保护景区环境的积极性较低。

（3）旅游管理人员素质较低，景区缺乏健全的环境管理制度和规范化经营，景区内基础设施不完善，严重制约当地生态旅游发展。景区管理者是区域旅游发展最重要的行动者，也是把握景区未来发展动向的关键所在。景区管理者不应该把当地优美的生态环境仅仅看作是可以任意开发利用的资源，更要看到种种环境问题可能会对当地旅游业可持续发展造成的制约。在对待环境保护与旅游发展的问题上，景区管理者应树立大局意识和长远目光，代表景区的整体利益、长远利益和根本利益，克服以牺牲环境为代价、片面追求经济增长的功利主义思想。然而，目前该景区管理人员对"环境伦理"等概念的理解尚不到位，即使意识到当前生态旅游中存在反生态化现象，却不知如何解决。

由此可见，各利益相关者环境伦理意识淡漠，导致乡村生态旅游地的环境问题此起彼伏。景区生态环境污染和破坏等问题的产生，除了法律制度不完善、修护资金欠缺、环境整治力度有限等因素以外，根本原因还是生态旅游地各利益相关群体的环境伦理意识淡漠。由于环境伦理意识缺失，旅游者对生态环境的关心只停留在表面，难以落实到具体行为；当地村民片面地感知旅游发展带给当地的利益，对于景区生态环境问题的感知程度及参与程度不高；旅游管理者更是一味地把当地优美的生态环境看作是可以任意开发利用的资源，难以做出代表景区整体利益、长远利益和根本利益的合理规划，从长期来看势必不利于生态旅游地旅游业的可持续发展。

二、讨论

1. 对策建议

项目组通过实地调研发现，当前乡村生态旅游可持续发展面临的诸多问题，其原因不只是经济、法律手段的不到位，根本原因还是旅游地各利益相关群体环境伦理意识的缺失。因此，想要着手解决当前乡村旅游地的生态环境问题，促进乡村生态旅游可持续发展，必须着重培养旅游者、当地村民、景区管理者等各方正确的环境伦理意识：

（1）旅游者：普及生态价值观，落实环保行为

价值观是人们各种态度、信念及行动的基础。因此，应该首先向旅游者普及生态价值观。具体地，景区可以通过环保教育、宣传以及开展各种有组织的活动引导旅游者塑造生态价值观，纠正以往种种错误的环境信念；同时，激活旅游者保护环境的个人行为规范，使其认识到要对自身破坏环境行为所产生的不良后果负责。经调查，多数旅游者已具备一定的生态环境知识，要引导真正落实到环保行动上来，改善旅游地面临的可持续发展问题。

（2）当地村民：提高环境问题治理意愿与参与度

要增强村民的环境责任意识，提高其对景区环境管理工作的参与意愿。首先，应完善旅游收益分配机制。通过旅游开发提高生活水平是村民对社区的地方依赖的重要表现形式，村民对社区旅游发展的这种功能依赖必然影响到村民的资源保护态度和行为。其次，应加强景区生态环境价值的宣传教育，以文化自觉指引行为自觉。

（3）景区管理者：增强环境责任意识，进行合理规划。

景区开发、管理人员也要树立正确的环境价值观，不能一味将景区的生

态环境视为可开发的资源，在进行规划和决策时要避免功利主义，而要考虑到景区的整体利益和长远利益，要认识到良好的生态环境是生态旅游得以持续发展的重要依托。景区开发、管理者要对景区面临的生态问题和资源问题有危机感，应清醒地认识到所面临的可持续发展问题，从而对景区进行更为合理的开发与保护。

尊重自然、融入自然、与自然和谐共生的思想理念在中国古代便已有之，我们要传承这些传统的生态价值观念，通过培养旅游地各方利益相关者正确的环境伦理意识，实现旅游资源开发和生态环境保护，助力旅游生态文明和旅游产业可持续发展。

2. 局限与展望

本章采用半结构式访谈法进行调研，访谈样本量有限，研究结论以文字描述为主，研究结果在一定程度上可能会受到著者经验、能力等个人因素的影响；此外，本次调研仅选择了一处国内乡村生态旅游地为案例地，且调研人员时间、精力有限，研究结论恐不能很好代表广泛公众的心理和行为状况，未来应更广泛地研究不同地区、不同类别人群的环境伦理认知、态度与行为，并尽可能地对被调查者进行不同时段的跟踪调查，以期得到更精确、更具说服力的研究结果。

第九章　基于价值—信念—规范扩展模型的大学生亲环境行为驱动机制

旅游业快速发展和旅游者不当行为增多使得旅游地环境问题日益突出，引发学者们对亲环境行为的讨论。大学生作为未来旅游活动的主力军，是旅游市场的重要组成部分（Xu *et al.*，2009）。剖析大学生亲环境行为发生机制，不仅关系青少年的健康成长，也是维护社会稳定、促进旅游业健康发展的重要举措（刘俊彦，2017）。然而，既有亲环境行为研究多集中于对宏观公众环境行为的分析，缺乏对大学生这一群体亲环境行为的关注，尤其忽视了环境价值取向、环境知识结构以及环境情感等伦理因素对大学生亲环境行为的影响效应。环境价值观、环境知识、环境情感以及亲环境行为之间的交互关系还没有定论。这些变量是如何相互影响的？亲环境行为的驱动机制是怎样的？如何改变人的环境行为，重塑人与自然和谐关系？这些问题有待深入讨论。因此，本章以价值—信念—规范理论为基础构建结构方程模型，探讨大学生亲环境行为驱动机制，为环境保护和旅游可持续发展提供参考。

第一节　理论基础与研究假设

一、理论基础与研究假设

1. 价值—信念—规范理论

“价值—信念—规范”理论（Value-Belief-Norm Theory，以下简称VBN）是“价值基础理论”和“规范激活理论”的产物，是专门用于解释和预测个体环境行为的理论模型（图 9-1）。VBN 理论将价值、信念、个人规范和环境行为通过因果链条的方式连接起来，为预测亲环境行为提供了较为合理的框架（Kiatkawsin and Han，2017）。VBN 理论认为：行为始于个体相对稳定的“价值观”，经过“后果意识”和“责任归属”等“信念”，可激活保护环境的“个人规范”并最终影响个体环境行为，遵循“价值→信念→个人规范→行为”的作用路径产生影响。

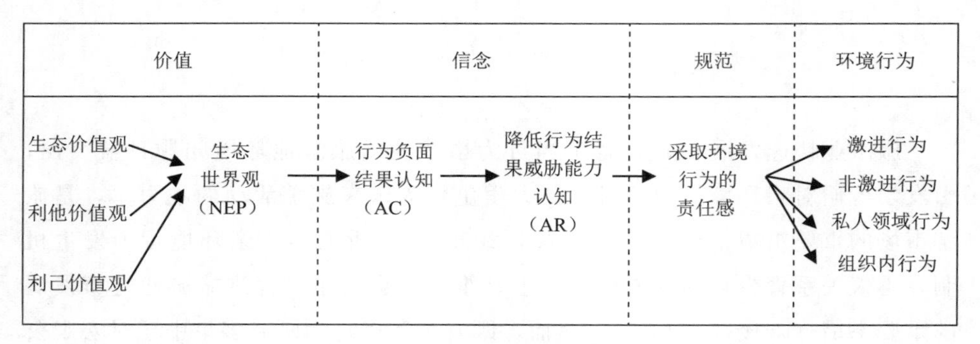

图 9-1 价值—信念—规范理论框架

价值观是一种相对持久的观念系统，涉及个体对特定事物、行为或行为目标的价值评判，为我们提供好与坏、美与丑的标准并指导我们的行动（李振坤、伊志宏，2017）。斯特恩和迪茨（1994）将价值观划分为利己主义价值观、利他主义价值观和生物圈价值观三种。不同的环境价值取向和环境伦理思想会形成不同的利益诉求，影响人们在实践中对环境伦理立场的选择和环境行为的实施（徐嵩龄，2001）。其中，利己主义价值观以个人利益为中心并以个人效用最大化的方式行事，会阻碍亲环境行为；利他主义价值观基于全人类的福利及共同目标，认为环境恶化会给他人带来长期的不良影响，因此应该保护环境；生态价值观将价值观的关注重点放在自然环境本身，认为人类不过是自然的一部分，人类不应该损害自然的利益，自然当中的各种生物都有其存在下去的理由。利他主义价值观和生态价值观都强调对生态系统及生物圈价值的感知与尊重，强调生态系统的成本与收益，对私领域的亲环境行为具有显著的正向影响（薛嘉欣等，2019）。本研究更关注利他主义和生态价值观对大学生环境信念及亲环境行为的影响，因此在本章的后续设计中舍弃对利己价值观的讨论。

信念是人对某种对象、状态或观念抱有深刻信任感的精神状态，其所揭示的内容总是同人们应当持有的态度和应当采取的行动有关，明确表达了主体的意愿和决心，即主体不仅相信，而且确信，并且决心在这种确信的指导下去评判和行动（罗中枢，2007）。信念往往是具体的，可以表现为人对某一现象持有的某种观念和态度，也可以表现为对宇宙和人生的总体性、普遍性的观念和态度。环境信念又称环境关心，是指人们意识到环境问题并支持解决这些问题的程度，或者指人们为解决这些问题而作出个人努力的意愿（徐菲菲、何云梦，2016）。环境信念与个体的环境价值观密切相关，由个体的核心价值取向所决定，在以往研究中，环境信念通常借助“后果意识”和“责任归属”变量来衡量。“后果意识”是指个体是否注意到如果实施（或者不实施）某一行为会对他们所关注的人或事物产生影响，“责任归属”是指个体对实施（或者不实施）某一行为而产生结果的责任感（张玉玲等，2017）。当后果意识与责任归属感较高时，个人规范将被激活，进而对亲社会行为产生影响。

“个人规范”是被内化的“社会规范”，是个体实施或减少某一特殊行动的“道德规范”，表现为个体在参与亲社会行为过程中所感知到的道德责任感和义务感（张玉玲等，2014），反映个体对自身行为的压力。“个人规范”和“道德规范”两个概念之间存在高度一致性，有时可以互换使用，但道德规范的范畴更为广泛（胡兵等，2014）。道德规范对环境行为具有较强的约束作用（Hines，1986），具有道德规范的个体通常会实施负责任环境行为（Thøgersen，1996；Tanner，1999）。对环境问题的态度基于人们最普遍的价值观，道德规范也建立在关心他人幸福和利益的价值基础之上，而道德规范会将个人的行为向有利于社会发展的方向加以引导，促进个体的亲环境行为。道德规范对亲环境行为的作用在于，当个体意识到破坏环境会对他人带来危害，并将环境破坏的责任归咎于自己时，行为主体对亲环境行为的道德规范感知就越强烈，越倾向于实施亲环境行为（Fornara *et al.*，2016；薛嘉欣等，2019）。

从心理学角度来讲，价值观作为行为的基础，会影响个体对于环境问题及可持续发展的认知与判断，即环境知识（Stylos *et al.*，2017），环境知识在价值观和亲环境绿色购买意图之间起调节作用（盛光华 等，2017）。旅游者的环境知识储备越丰富，对环境污染和可持续发展的了解越深入，就越容易产生对自然环境的同情和关心，环境后果的意识越强烈。当个体意识到自身行为可能会对环境或他人产生有害结果（后果意识）甚至将责任归咎于自身（责任归属）时，内化的价值观即道德规范就会被激活，产生利他的态度和行为（Zhang *et al.*，2014；Fornara *et al.*，2016）。因此，本研究假设：

H1：利他价值观显著正向影响环境后果意识；

H2：环境后果意识显著正向影响责任归属；

H3：责任归属显著正向影响道德规范；

H4：道德规范显著正向影响亲环境行为；

H5：利他价值观显著正向影响环境知识；

H6：环境知识显著正向影响环境后果意识。

2. 地方理论和认知行为理论

20世纪70年代末，有少数学者开始意识到情感（情绪）对后果意识、责任归属以及环境行为的影响，尝试运用地方理论和认知行为理论分析认知、情感和行为之间的关系（Chen *et al.*，2016）。作为地方理论的重要内容，情感依恋（环境情感）在环境行为的预测和生态系统管理中经常被讨论（祁潇潇等，2018；李文明等，2019）。例如，“价值—信念—情绪—规范”模型表明，情绪在环境行为决策中发挥重要的中介作用（Han *et al.*，2016）。张（Zhang *et al.*，2017）和吴（Wu *et al.*，2018）等引入地方情感和地方依恋变量，探讨居民环境保护行为的形成机制，通过实证验证了环境情感是VBN理论的有效补充。此外，认知行为理论认为环境认知（知识）是个体行为的重要影响因素，情感在认知与行为间起中介作用，即“认知→情感→行为”（Chen *et al.*，2016）。雷蒙德等（Raymond *et al.*，2011）指出，个体对环境的关心和保护可能源于其对自然共同体的归属感和充分的环境知识与情感。一般而言，环境知识可以激发甚至强化个体与自然的情感联结（Chen *et al.*，2016）。个体对旅游地环境问题的认知越透彻，对生态环境的情感投入越多，其后果意识和责任归属感就会越强烈，实施亲环境行为的可能性就越大（Tonge *et al.*，2015）。此外，也有研究证实地方依恋（万基财等，2014）和地方认同（Wang *et al.*，2015）对亲环境行为存在积极影响。当个人意识到自己与自然存在某种基本联系和亲缘关系时，会对生态环境表现出更敏感的关注和更友好的态度，并采取有利于环境的行为（Mayer and Frantz，2004）。因此，我们假设：

H7：环境知识显著正向影响环境情感；

H8：环境情感显著正向影响环境后果意识；

H9：环境情感显著正向影响亲环境行为。

二、模型构建

借助价值—信念—规范理论，学术界在亲环境行为方面取得了较为丰富的研究成果（Ellen，2016；Kiatkawsin and Han，2017；Han *et al.*，2018）。雷蒙德（2011）的研究证明，利他主义价值观和个人规范性信念显著影响了澳大利亚土地所有者参与植被保护实践的积极性。韦弗（2012）以澳大利亚黄金海岸保护区的旅游者为研究对象发现，持有利他主义价值观和强烈道德责任感的旅游者更倾向于实施环境保护行为。崔和锡拉凯（Choi and Sirakaya，2005）在关于旅游者入住“绿色酒店”的意向调查中，验证了价值—信念—规范理论模型的因果关系。韩等（Han *et al.*，2018）利用结构方程模型验证了利他价值观、环境关注、后果意识、责任归属和道德规范在年轻旅游者的亲环境行为决策过程中的作用，研究发现道德规范与环境关心的中介作用是明显的。李和简（Lee and Jan，2018）以价值—信念—规范理论为基础，探讨了生物圈价值观、环境态度、主观规范等心理因素对生态旅游行为的作用路径。平冢（Hiratsuka，2018）以日本汽车定价政策为例，验证了环境信念在价值观和个人规范之间的中介作用。平冢指出，较强的享乐主义和利己主义价值观往往与较弱的亲环境信念和规范有关，持有生物圈价值观的人更能意识到汽车使用对环境的不利影响，个人责任归属感强烈，进而减少汽车使用。

然而，随着研究的深入，学者们逐渐发现价值—信念—规范理论并不是完美的。一方面，价值—信念—规范理论预设环境责任感影响环境行为，着重验证“价值→信念→规范”这一因果链，对环境责任感如何影响环境行为的探讨不足，容易给人单一直线决定论的错觉，忽略影响因素之间的相互作用与多重路径。另一方面，价值—信念—规范理论可能无法将亲环境行为复杂的心理机制解释到令人满意的水平，需要对其进行改进以增强模型的解释力与普适性（Han and Hyun，2017）。

综合上述分析，遵循模型简约性原则，本研究以价值—信念—规范理论为基础，拟用“道德规范”变量替换 VBN 模型的“个人规范”变量，并将其定义为“旅游者在决定是否实施亲环境行为时所感知到的责任感与道德感”（邱宏亮，2017）。与此同时，本研究引入“环境知识”和“环境情感”变量对 VBN 模型进行改进，构建了大学生亲环境行为驱动机制概念模型如图 9-2 所示：

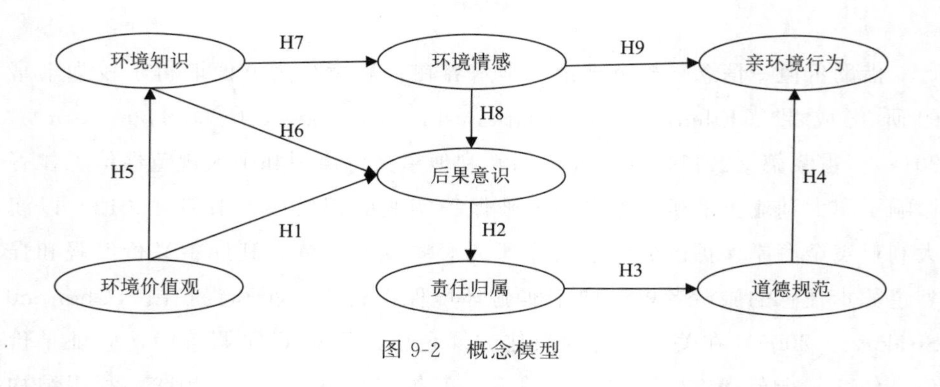

图 9-2　概念模型

第二节　问卷设计与数据收集

一、问卷设计

本研究借鉴了埃伦等（2016）学者的研究成果进行问卷设计。由于问卷的测量题项均来源于英文文献，为了保证语言表述的准确性，由研究团队多名博士生共同翻译并结合德尔菲[①]意见对题目措辞进行微调，确定最终问卷。问卷包括两个部分：第一部分是基本人口特征，如性别、年龄、平均月收入等；第二部分是问卷的主体，共设计 23 个题目测量大学生的利他价值观、环境知识、环境情感、后果意识、责任归属、道德规范以及亲环境行为（详见表 9-1）。问卷采用 5 分制 Likert 量表，1 代表“非常不同意”，5 代表“非常同意”。

① 德尔菲专家组由南京大学、东南大学、中山大学、南京师范大学、宁波大学等高校相关领域的 13 位教授组成，共进行 3 轮征询和反馈，对问卷中的题目进行删改，确定观测指标和测量题项。

二、数据收集

借助定点便利抽样法，课题组于2018年4—6月在江苏省南京市东南大学、南京大学、南京工业大学、南京师范大学等四所高校进行调研。之所以选择这几所学校，是为了更好地兼顾文科和理工科学生在思想认识方面可能存在的差异。此次调研共发放问卷450份（东南大学、南京大学各150份，南京工业大学、南京师范大学各100份），回收443份，实际有效问卷432份。运用SPSS23对受访学生的性别、年龄等进行分析，参与调研的女性学生（55.1%）稍多于男性（44.90%），年龄以18—25岁为主（92.50%），平均月收入在1550元以下（70.20%），年出游次数集中在3—5次（52.40%），出游时间以寒暑假（41.00%）和周末为主（32.80%），倾向于与亲友一起出游（58.40%）。

第三节　实证分析与假设检验

一、验证性因子分析

利用SPSS23.0进行信度和效度检验（表9-1），发现各潜变量的克朗巴哈系数（Cronbach's α）均明显大于0.70，表明问卷具有很好的内部一致性。通过验证性因子分析对问卷的建构效度和收敛效度进行检验，结果显示测量题项的标准化因子载荷均大于0.60，各潜变量的组合信度（CR）介于0.78—0.88之间，平均方差抽取量（AVE）介于0.54—0.78之间，且各潜变量AVE的平方根均大于该潜变量与其他潜变量的相关系数，满足标准化因子载荷＞0.50、CR＞0.60、AVE＞0.50的标准。这说明问卷具有较好的收敛效度，模型内在质量较为理想。

表 9-1　验证性因子分析

潜变量	测量题项	因子载荷	组合信度	克隆巴赫信度系数	平均方差抽取量
利他价值观（EV）	人是自然界的一部分，应该尊重自然与之和谐相处（EV1）	0.84	0.85	0.86	0.59
	所有生物彼此之间相互联系（EV2）	0.75			
	动物的生存发展权利应该得到尊重（EV3）	0.75			
	大自然的多样性必须得到尊重保护（EV4）	0.74			
环境知识（EK）	过度的娱乐活动将会损害旅游地的自然环境（EK1）	0.84	0.87	0.87	0.70
	汽车和摩托车排放的二氧化碳将会污染环境（EK2）	0.83			
	过度发展旅游业会牺牲自然资源和环境（EK3）	0.84			
环境情感（EA）	看到旅游地环境被破坏，我非常生气（EA1）	0.68	0.79	0.79	0.55
	媒体报道的环境破坏行为让我感到羞愧、愧疚（EA2）	0.77			
	环境污染让我感到忧虑、心痛（EA3）	0.77			
后果意识（AC）	人类对自然的破坏往往会造成灾难性的后果（AC1）	0.79	0.87	0.87	0.62
	人类正在滥用资源、破坏环境（AC2）	0.76			
	我们正在接近地球能够承受的增长极限（AC3）	0.82			
	若继续不顾环境搞发展我们将遭受严重的生态灾难（AC4）	0.79			
责任归属（AR）	我有义务实施环保行为保护自然环境（AR1）	0.73	0.78	0.78	0.54
	我们必须对旅行过程中造成的环境问题负责（AR2）	0.71			
	无论其他人怎么做，我必须以环保的方式行事（AR3）	0.76			
道德规范（SN）	破坏环境是不道德的，我有义务保护环境（SN1）	0.87	0.87	0.88	0.78
	我们必须对旅游过程中造成的环境问题负责（SN2）	0.89			
亲环境行为（PEB）	旅行中，我号召他人共同参与环保活动（PEB1）	0.84	0.87	0.88	0.63
	旅行中，我优先选择公共交通，减少自驾（PEB2）	0.87			
	旅行中，我选择有生态标签和绿色证书的酒店（PEB3）	0.72			
	旅行中，我总是有意识地购买环保产品（PEB4）	0.73			

二、模型拟合与假设检验

模型拟合度通常借助卡方值（χ^2）、卡方与自由度之比（χ^2/df）、拟合优度指数（GFI）、相对拟合指数（CFI）、累积拟合指数（IFI）、规范拟合指数（NFI）及近似误差均方根（RMSEA）来检验。AMOS 数据输出结果显示，除 NFI＝0.87＜0.90 以外，χ^2/df＝1.81＜3，GFI＝0.93＞0.90，CFI＝0.93＞0.90，IFI＝0.93＞0.90，TLI＝0.92＞0.90，RMSEA＝0.049＜0.05 均达到常用标准，这说明结构方程模型拟合状况良好。一般来讲，当临界比绝对值 t＞1.96，P＜0.05 时，即认为假设路径成立。在 AMOS 中使用极大似然法对理论模型的路径进行了统计显著性检验，发现原始模型的假设路径 H6（β＝0.15，t＝1.06＜1.96）被拒绝。遵循模型简约性原则，在保证理论可行的基础上，删除不显著作用路径 H6 对模型进行修正（潘丽丽、王晓宇，2018）。修正后的模型拟合指数 GFI＝0.93＞0.90，CFI＝0.93＞0.90，IFI＝0.93＞0.90，TLI＝0.92＞0.90，NFI＝0.92＞0.90，RMSEA＝0.048＜0.05 均达到优秀标准（表 9-2），表明修正模型可以被接受。

表 9-2　修正模型假设检验结果

作用路径	路径系数（β）	临界比（t）	结论
H1：价值观→后果意识	0.37	5.15***	支持
H2：后果意识→责任归属	0.67	7.06***	支持
H3：责任归属→道德规范	0.59	5.46***	支持
H4：道德规范→亲环境行为	0.32	4.50***	支持
H5：价值观→环境知识	0.51	7.12***	支持
H7：环境知识→环境情感	0.53	6.60***	支持
H8：环境情感→后果意识	0.46	5.66***	支持
H9：环境情感→亲环境行为	0.46	6.20***	支持

注：***p＜0.001

由表 9-2 可知，假设 H1、H2、H3、H4、H5、H7、H8、H9 均得到了验证。价值观正向显著影响环境后果意识（H1：β＝0.37，t＝5.15***），环境后果意识正向显著影响责任归属（H2：β＝0.67，t＝7.06***），责任归属正向显著影响道德规范（H3：β＝0.59，t＝5.46***），道德规范正向显著影响亲环境行为（H4：β=0.32，t=4.50***）。环境知识受价值观影响（H5：β=0.51，t=7.12***）并正向显著影响环境情感（H7：β=0.53，t=6.60***），环境情感正向显著影响环境后果意识（H8：β=0.46，t=5.66***）和亲环境行为（H9：β=0.46，t=6.20***）。

AMOS运算结果显示（图9-3和表9-3）：(1) 各变量对亲环境行为的影响效应（Total Effect，以下简称TE）为直接效应（Direct Effect，以下简称DE）与间接效应（Indirect Effect，以下简称IDE）之和，从高到低依次为环境情感（TE=0.51）、道德规范（TE=0.32）、环境知识（TE=0.27）、责任归属（TE=0.19）、价值观（TE=0.19）和后果意识（TE=0.13）。道德规范是亲环境行为最直接的影响因素，在价值观、环境知识、后果意识、责任归属等四个变量与亲环境行为关系中发挥完全中介效应，在环境情感与亲环境行为关系中发挥部分中介效应；(2) 价值观作为基础变量，通过环境知

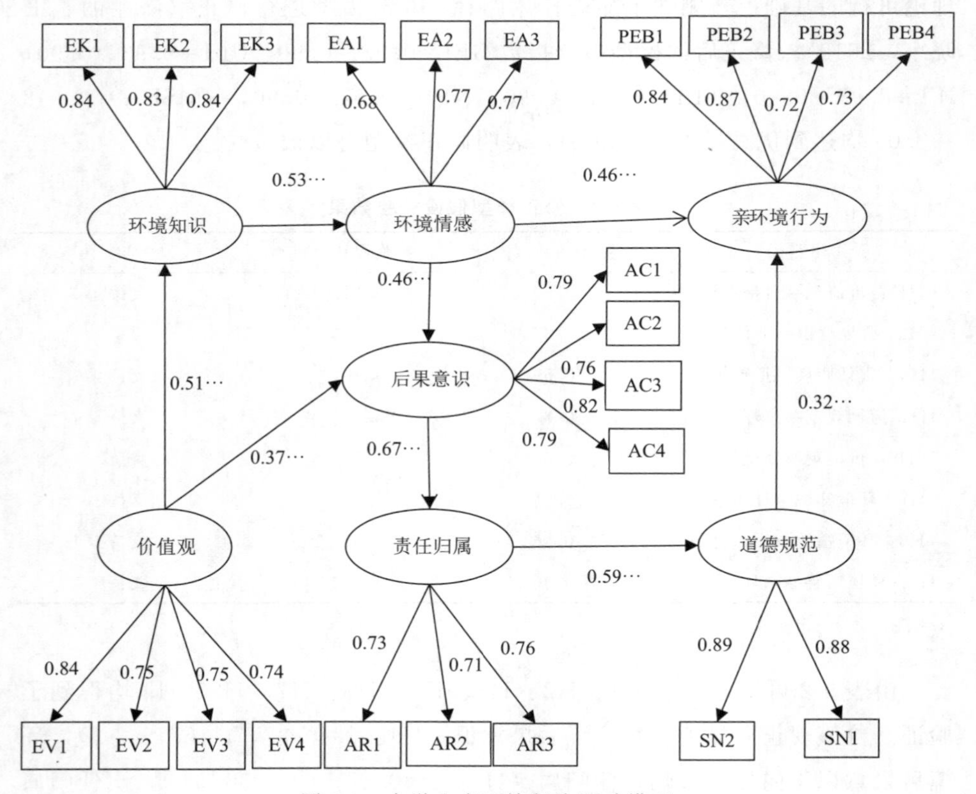

图9-3　大学生亲环境行为驱动模型

识、环境情感、后果意识、责任归属和道德规范间接影响亲环境行为。价值观对亲环境行为的作用路径有三条：一方面，验证了 VBN 模型“价值观→后果意识→责任归属→道德规范→亲环境行为”的普适性价值，另一方面，进一步发现了“价值观→环境知识→环境情感→后果意识→责任归属→道德规范→亲环境行为”和“价值观→环境知识→环境情感→亲环境行为”作用路径的可行性；（3）环境知识是亲环境行为研究中最关键的中介变量（TE ＝ 0.28），其对亲环境行为的作用路径有两条：“环境知识→环境情感→亲环境行为”“环境知识→环境情感→后果意识→责任归属→道德规范→亲环境行为”；（4）环境情感是亲环境行为至关重要的影响因素。环境情感既可以直接作用于亲环境行为（环境情感→亲环境行为，DE＝0.46），也能通过后果意识、责任归属以及道德规范间接影响亲环境行为，即“环境情感→后果意识→责任归属→道德规范→亲环境行为”（IDE＝0.46×0.67×0.59×0.32＝0.06）。总体而言，在亲环境行为研究中，价值观是基础变量，环境情感和环境知识是关键的中介变量，道德规范是最直接的影响因素。

表 9-3 间接效应评估

间接效应	环境知识	环境情感	后果意识	责任归属	道德规范	亲环境行为
利他价值观	—	0.28***	0.13***	0.33***	0.20***	0.19***
环境知识	—	—	0.24***	0.16***	0.10***	0.27***
环境情感	—	—	—	0.31***	0.18***	0.06***
后果意识	—	—	—	—	0.40***	0.13***
责任归属	—	—	—	—	—	0.19***

第四节 结论与讨论

一、结论

本章以价值—信念—规范理论为基础，将环境知识和环境情感引入 VBN 模型，探讨大学生亲环境行为的驱动机制，结论如下：

（1）利他价值观、环境知识、后果意识和责任归属对亲环境行为不存在显著的直接影响，而是通过道德规范间接影响亲环境行为。各变量对亲环境行为的影响效应从高到低依次为环境情感、道德规范、环境知识、责任归属、价值观和后果意识；

（2）价值观是行为的基础，在亲环境行为决策中起重要作用。利他价值观显著正向影响环境后果意识，并通过责任归属与道德规范影响亲环境行为。这一发现与埃伦（2016）的研究结论一致，再次验证了 VBN 模型的理论价值；

（3）环境知识是亲环境行为最关键的中介变量。环境知识受利他价值观影响，并经环境情感、后果意识、责任归属影响亲环境行为；

（4）环境情感对亲环境行为的影响效应最大，是亲环境行为最重要的影响因素。环境情感在环境知识与亲环境行为关系中发挥完全中介效应，遵循"认知→情感→行为"的作用路径。环境情感既直接作用于亲环境行为，也可以通过后果意识、责任归属以及道德规范等变量的调控，间接影响亲环境行为；

（5）道德规范是亲环境行为最直接的影响因素。道德规范在价值观、环境知识、后果意识、责任归属与亲环境行为关系中发挥完全中介效应，在环境情感与亲环境行为关系中发挥部分中介效应。

二、讨论

1. 管理启示

本研究提出的模型具有良好的解释力，能够帮助管理人员明晰环境价值观、知识和情感等伦理因素间的交互关系及其对亲环境行为的作用路径。实证结果表明：环境价值观是基础，环境知识是中介变量，环境情感是最重要的影响因素，道德规范是最直接的影响因素。我们应重视价值观在行为决策中的基础作用，积极培育"生态中心主义"价值观念（杜声红，2017），重塑人地和谐关系；应借助制度化的教育手段和非制度化的传媒手段（李晓光、杨江华，2016）开展环境知识教育，用可持续发展理论规范自身行为；应增强环境情感熏陶，进行道德管控，强化人与自然的情感联结，引导亲环境行为实施。

2. 局限与展望

本研究实证探讨了价值观、环境知识、环境情感等因素对大学生亲环境行为的作用路径，构建的模型具有可行性，但也存在不足之处：本研究仅从利他角度分析价值观对亲环境行为的影响，在以后的研究中应增加对利己价值观的讨论；受访者数量有限，样本的代表性有待提升；环境行为的影响因素复杂，还有很多要素（如文化差异等）未能全面考虑。未来亲环境行为研究应重点关注亲环境行为影响因素的深入探讨、亲环境行为衡量指标的设定、亲环境行为理论模型的构建。

第十章　基于计划行为理论和环境伦理观的旅游者可持续旅游行为

如何协调旅游发展与环境保护的关系，寻求人地关系和谐，实现旅游资源的永续利用和旅游业可持续发展，已经成为旅游学术界普遍关注的话题。经过近30年的发展，学者们不断提出了新的研究思路与视角，如科学技术与可持续旅游（Lee，2001）、气候变化与可持续旅游（Scott，2011；Weaver，2011）、土地利用（Kytzia *et al*.，2011）、目的地营销技巧与可持续旅游（Dolnicar and Leisch，2008）等。崔和锡拉凯（2005）指出，旅游者是旅游活动的主体，倡导可持续的旅游行为对生态环境保护及旅游的可持续发展具有重要意义。随着环境伦理观念深入人心，开展旅游者可持续旅游行为研究将成为重点发展方向（Swarbrooke，1999；Robinson *et al*.，2000）。

然而，将二者结合，从环境伦理视角审视旅游者可持续旅游行为的研究少之又少。相关研究多是将“可持续旅游行为”等同于“环保行为”“环境行为”“负责任行为”进行讨论（Blamey and Braithwaite，1997；McKercher *et al*.，2002；Choi and Sirakaya，2005；Weaver and Lawton，2007；Boley and Nickerson，2013）。学界对于环境伦理各要素之间的相互关系、可持续旅游行为的概念界定及操作存在诸多争议，环境伦理对可持续旅游行为的作用路径并不明晰。

因此，本章在系统梳理环境伦理观、计划行为理论及旅游行为相关文献的基础上，对可持续旅游行为进行概念界定，并确定其衡量指标。对计划行为理论进行评价与扩展，将环境情感、环境道德、环境信念等纳入“行为态度”变量，并保留原理论中的知觉行为控制、主观规范和行为意向等变量，构建包括环境价值观、环境知识、环境信念、环境道德、环境情感、主观规范、知觉行为控制、行为意向等为结构变量的旅游者可持续旅游行为的概念模型。随后，在盐城丹顶鹤自然保护区、南京市中山陵风景区、玄武湖公园、珍珠泉风景区、老山国家森林公园五大景区进行实地调研，结合统计学方法和结构方程模型验证研究假设，并系统衡量环境伦理观各要素之间的作用关系，其对可持续旅游行为的作用路径和影响效应。最后，提出改进旅游者可持续旅游行为的对策建议，助力旅游可持续发展。

第一节　可持续旅游行为

一、可持续旅游行为的概念内涵

关于可持续旅游行为的概念内涵和衡量指标界定，在学术界一直是一个争论不断的话题。从现有为数不多的文章中我们可以看到，大部分研究的出发点依然是旅游行为可能对环境造成的影响，实质上与“亲环境行为”“负责任环境行为”“生态行为”大同小异。什么样的旅游行为才是可持续的，如何确定可持续旅游行为的衡量指标，成为摆在学者们面前的又一紧迫问题。

就旅游者的个体表现而言，可持续旅游行为是指倡导可持续发展或减少对自然资源的不合理利用行为。尤文和多尼卡（2016）明确将可持续旅游行为定义为“不会对旅游目的地的自然环境产生负面影响（甚至可能有利于环境）的旅游行为”并首次从旅游住宿选择、旅游产品和服务选择、旅游交通方式选择等方面设定了衡量指标。

可持续旅游行为必须要符合可持续旅游的发展原则和目标。所有符合可持续旅游公平性、持续性、和谐性发展准则及牵涉到旅游决策和实施过程的一系列行为，如旅游住宿、旅游交通、旅游产品和服务消费等，都应该是可持续旅游行为的研究范畴。借鉴尤文和多尼卡（2016）的研究成果，本研究将可持续旅游行为定义为“旅游者基于现有的环境价值观、环境知识、环境道德、环境信念、环境情感等，在旅游过程中主动采取的一系列有利于旅游环境长期、永续、可持续发展的行为”，并尝试从旅游交通方式选择、旅游住宿选择、旅游产品和服务选择等视角衡量旅游者的可持续旅游行为。

二、可持续旅游行为研究视角

从文献梳理的结果来看，可持续旅游行为的研究视角多是审视旅游者的交通方式选择与气候变化（Weaver，2011；Stand ford，2014）、旅游流移动（Moscardo *et al*.，2013；Guiver，2013；Peeters，2013）等。总体而言，对旅游者、旅游企业经营者、旅游目的地居民等利益相关者可持续旅游行为影响因素的讨论占据主体。

1. 旅游者可持续旅游行为研究

崔和锡拉凯（2005）指出，作为旅游活动的主体，旅游者的行为表现对目的地旅游的发展具有至关重要的作用。因此，学者们普遍热衷于利用旅游者在某旅游地的环境行为来探讨其可持续旅游行为的表现及影响因素（McKercher，2002；Boley and Nickerson，2013）。研究表明，环境态度越积极，知觉行为控制越强烈，个体实施可持续旅游行为的可能性越高（Terry，2010；Serenari *et al*.，2012）；旅游态度、社会规范会影响旅游者的消费意向和购买行为，进而影响其可持续旅游行为的实施（Ada *et al*.，2015）。

瑞姆克逊等（2013）以澳大利亚某国家公园为案例，探讨了地方情感与地方满意度和环境行为之间的关系。研究发现在可持续旅游的背景下，旅游者的地方情感越强烈，其实施亲环境行为的可能性越大，但地方满意度越高，旅游者越安于现状不愿意实施亲环境行为。换言之，地方情感仅是局限于对人与自然关系的理解，但这种理解并没有转化为可持续的旅游行为。为了追求刺激和幸福感，获得短暂的放松和愉悦，通常会引发旅游态度、日常环境友好行为和度假行为间的冲突与矛盾：部分旅游者明知自己的行为会给环境和资源造成消极后果，却拒绝改变其不合理的出游方式（Ram *et al*.，2013）。

旅游者在家中可以创造条件如选择绿色交通、废物循环利用等实施负责任环境行为，而一旦身在旅途，其亲环境行为意向便会弱化（Miller *et al*.，2015）。背包客大多是习惯性地、无意识地实施可持续旅游行为（Iaquinto，2015）。具有高度可持续行为的旅游者所花费的时间和金钱要高于普通旅游者，随之带来的金钱及时间消费的上涨将会推动目的地经济的发展和环境的改善（Nickerson *et al.*，2016）。近年来，也有学者尝试从性别和年龄视角研究旅游者的可持续旅游行为，年轻人的环境态度更积极，实施可持续旅游行为的可能性更大（Romão *et al.*，2014；Kiatkawsin and Han，2017）。

2. 目的地居民和企业经营者可持续旅游行为研究

作为旅游活动的主要参与者，目的地居民和旅游企业经营者的行为及管理措施在某种程度上决定着旅游企业的文化氛围和发展方向，影响旅游地可持续发展进程。尼古拉斯等（Nicholas *et al.*，2009）从目的地居民视角出发研究可持续旅游支持度的影响因素，强调“社区情感将会影响人们对旅游发展影响的感知和态度”。在发展中国家，由于旅游行政机构的“碎片化”管理，公共和私人领域投资欠缺、收益漏损，目的地居民“人微言轻”“无权干预”，未能从旅游发展中获利，在不同程度上削弱了其对旅游可持续发展的热情和支持度（Saufi *et al.*，2014）。企业家的年龄、性别以及公司规模、国际化程度等对其可持续旅游行为意向及可持续旅游管理措施的影响显著。公司规模较大、收入较高的年轻男性企业家实施可持续旅游行为的意向更为强烈（Sardianou *et al.*，2016；Dief and Font，2020）。

3. 旅游流：交通选择、气候变化

关于旅游流和可持续性关系的研究话题在现有文献中占据较大比例。科尔等（Coles *et al.*，2015）学者认为“旅游是一种暂时性的移动”，而在一些发达国家和地区，旅游流移动违背了可持续性的原则和评价标准（Holden，2003；Lee and Jan，2015）。旅游流移动对目的地资源和环境的破坏使得旅游者的满意度下降（Thøgersen and Ölander，2002；Dickinson and Robbins，2008）。拉姆等（Ram *et al.*，2013）甚至认为，当前的休闲流动模式是不可持续的。基于此，莫斯卡多（Moscardo *et al.*，2013）从旅游者移动、目的地居民移动、劳动力转移、旅游资本移动和交通方式选择等视角入手，探讨了旅游流移动、社区福利和可持续旅游三者之间的关系。盖弗（Guiver，2013）结合气候变化、可持续旅游和旅游行为变化等社会热议话题，就“可持续旅游是否应该乘坐飞机出游”进行了讨论。佩特斯（Peeters，2013）指出“由气候变化所引致的旅游需求及行为方式的改变将不可避免地促使我们追求并实现旅游的可持续发展”。海厄姆等（Higham *et al*.,2013）介绍了促进和抑制旅游交通行为改变的心理和社会因素。其中社会因素包括价值观、组织结构、旅游交通等，心理因素则是指个人收入、生活习惯、以往的游览经历等。斯坦福（Stanford，2014）进一步探讨了旅游者出游行为改变的限制性因素，如个人生活习惯、生活态度、主观规范、感知到的行为控制等，进而研究如何进行软管理以降低旅游者的汽车使用率，在减少自驾游交通压力的同时，确保目的地可持续发展。

三、环境伦理观与可持续旅游行为

由前述第四章可知，环境伦理观包括环境价值观、环境知识、环境道德、环境信念、环境情感等五个维度。环境伦理观作为可持续发展的哲学基础，决定着我们对待自然环境的态度和处理生态问题的方式，是促进旅游业可持续生存和发展的必然选择。旅游者的环境伦理观念支配其旅游行为，从而引导产生相应的环境结果。从内因论角度来看，人的行为受态度和价值观的影响，要想改变人们的旅游行为，必须从世界观和价值观入手，从根源上破除传统落后观念的影响。加强环境伦理观与可持续旅游行为研究，促使旅游者实施亲环境行为，做“负责任”的旅游者，是解决当前环境问题、统筹人与自然和谐发展、实现生态文明建设的战略选择。

环境伦理观是可持续发展的哲学基础，也是可持续旅游的指导思想，对可持续旅游行为具有重要的影响。西方文献中有关环境伦理观对可持续旅游行为（环境行为）的研究主要集中在环境心理学、环境社会学、环境伦理学等领域，旅游领域的研究主要集中在生态旅游者、自然旅游者的环境保护态度（Bramwell and Lane，2013）。曼宁和瓦黎葛（Manning and Valliere，1996）对美国旅游者的研究发现环境伦理观会影响人们对于荒野区管理的态度，莱特（Light，2002）、芬内尔和诺瓦切克（Fennel and Nowaczek，2010）研究发现，环境伦理观影响旅游者的环境使用态度。徐等（2014）发现环境伦理观可以直接影响人们对于旅游与环境的态度，进而影响人们对可持续旅游的态度。布拉姆韦尔等（2013）指出，人是社会习惯和社会规律的产物，人的行为是社会制度的再现，他们呼吁为了进一步推动可持续旅游的研究，迫切需要系统地探讨价值观和伦理观对可持续旅游行为的影响。

国内学者们研究发现，环境伦理观与可持续旅游行为存在明显的关联。

王建明和郑冉冉（2011）发现社会责任意识对消费者生态文明的行为存在直接效应。祁秋寅等（2009）以九寨沟为例探讨了环境道德对环境行为倾向有影响。孙岩等（2012）发现环境态度中的环境道德是影响中国城市居民环境行为的重要变量之一。邵立娟和肖贵蓉（2013）通过聚类分析将旅游者分为生态中心者、立场中立者和立场模糊者，持不同伦理观念的旅游者的环境行为之间存在差异，并以生态中心者的环境关注度最高。徐寅和耿言虎（2010）通过定性研究分析指出环境价值观对于村民环境行为有指向性影响。沈立军（2008）调查发现，环境价值观对大学生的环境行为既有直接影响，也可以通过环境态度对环境行为产生间接影响。

对可持续旅游行为具有直接影响力的是态度类因素，包括价值观、道德、信念等（Lee and Moscardo，2005；Gössling，2009；黄小乐，2009）。这一现象可以由罗森伯格和霍夫兰德的态度媒介三要素论（Rosenberg and Hovland，1960）来解释，该理论强调，行为是一种可测量的从属变量，态度是刺激（可测量的独立变量）与反应之间的媒介变量，态度对行为有着重要影响。毕尔克等（Bjerke *et al.*，2006）对挪威居民环境态度与户外娱乐兴趣之间关系的研究指出，欣赏型和消费型活动的旅游者具有显著不同的环境态度。赫德森和里奇（Hudson and Ritchie，2001）发现，旅游者的支付意愿与旅游花费、收入水平和环境意识有关，且不同文化的旅游者之间存在差异。沃尔克和张（Wolch and Zhang，2004）指出，居民的环境态度影响其在海滩旅游的时间。吕君等（2009）对内蒙古旅游者的实证研究发现，态度是影响环境意识的重要因素，可以直接或间接影响环境行为倾向。环境行为的其他影响因素包括个人影响力、社区期望、广告、政府规定、法律规定、金钱成本、个人能力和个人习惯等（McKercher *et al.*，2002）。

相对于国外日趋成熟的旅游者环境态度行为研究，国内的研究还处于起步阶段，研究内容主要集中于环境意识评价与环境意识影响因素（吴桂英，2014）。与国外研究采用的多元统计分析方法不同，国内研究方法多以简单的定量描述和主观构造评价量表为主（祁秋寅等，2009）。回归分析、因子分析、结构方程模型、荟萃分析以及多元尺度分析等是定量分析中常用的工具，访谈法、观察法、焦点小组法、日志法、实验法（包括控制组实验法）在定性分析中使用较多。相对于西方较为具体的微观研究，目前国内对于环境伦理的研究多数仍限于概念层面的阐述，研究方法以定性描述为主，定量方法相对较少；环境伦理观具体如何影响可持续发展缺乏实证，尤其对于环境伦理观从观念到行为的实证研究较少，而郑度和戴尔阜（Zheng and Dai，2012）认为在环境伦理与可持续发展研究中，实证研究必不可少。

总的来说，既有研究对可持续旅游行为的概念内涵的界定依然混乱，部分研究甚至将可持续旅游行为简单等同于环境行为、环保行为等，大量学者从公共交通方式选择与气候变化、旅游流移动等视角探讨旅游者的负责任环境行为、环境友好行为，但对于心理意识因素对可持续旅游行为的影响效应和作用路径还缺乏足够的认识。可持续旅游行为的评价指标研究仍旧处于探索阶段，研究方法以思辨、定性研究为主，研究方法创新不够；实证、定量研究缺乏，样本量多在400以下，且主要是基于某一地区或某一群体的局部性样本，可能会导致研究结果的局限性。可持续旅游行为是否等同于环境行为、生态旅游行为、负责任环境行为，尚缺乏进一步探究。对可持续旅游行为到底如何界定，值得后续研究关注。

第二节 计划行为理论

一、计划行为理论概述

在理性行为理论（Theory of Reasoned Action）的基础上，美国心理学家阿杰恩（Ajzen，1991）提出了计划行为理论（Theory of Planned Behavior，以下简称TPB)。该理论包含行为态度、主观规范、知觉行为控制、行为意向等独立的概念要素，而这些要素最终可影响行为的发生。计划行为理论被广泛应用于环境行为研究，为更好地预测旅游者行为提供了较为合理的理论框架。

二、计划行为理论内涵

计划行为理论认为，人的行为是深思熟虑的结果，行为的产生与改变有着复杂的心理过程。旅游者环境行为的内部影响因素如态度、主观规范和知觉行为控制等并不直接影响行为本身，而是通过行为意向对行为施加影响

(Ajzen，1991)。具体来说，个人对某行为的态度越积极、来自周遭的规范压力愈大、对该行为所感知到的控制越多，则个人采取该行为的意图就越强烈，采取行动的可能性越大。

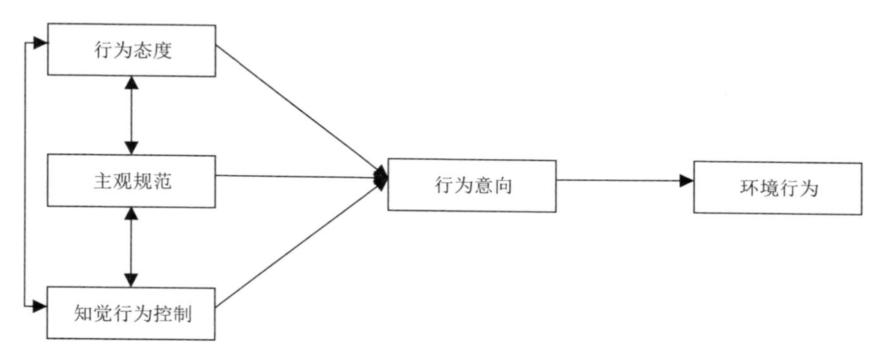

图 10-1 计划行为理论概念模型

1. 环境态度

态度是对人或事物的心理倾向，是一种观念、意见等主观性的元素。环境态度最初被认为是行为主体所持有的对环境行为的一种倾向，对预测环境行为有一定的影响。在计划行为理论中，“行为态度”通常被用作单一维度的变量进行衡量，表示行为个体对其环境行为造成后果的具体评价。

目前学术界关于环境态度的定义存在争议。有学者建议不应把态度作为一个单一维度的变量进行研究，而需要对态度进行细分，阐释其所包含的情感、信念和行为倾向等不同成分。斯特恩等认为环境态度应包含环境信念、规范以及感知到的行为成本和收益；祁秋寅等（2009）以九寨沟为案例地，将环境态度因子提取为环境情感、环境责任、环境知识和环境道德等，并证实环境情感和环境知识对环境行为意向有显著影响；余勇和钟永德（2010）则认为环境态度由环境伦理、生态关系、环境教育、环境互动和环境责任五要素构成；罗芬和钟永德（2013）把环境态度细分为环境责任、生态关系、旅游者意愿与居民福祉。综合凯泽（1999）、斯特恩（2000）、祁秋寅（2009）、余勇和钟永德（2010）、罗芬和钟永德（2013）的研究成果，本研究认为，环境态度是个体对与环境有关的活动、问题所持有的信念、情感、行为意图的集合。因此，本研究将环境伦理观中的环境道德、环境信念和环境情感三个要素统称为"环境态度"。

学者们通常借助计划行为理论、价值—信念—规范理论探讨旅游者环境态度和环境行为间的关系，结果均表明环境态度是环境行为的显著预测指标。个人环境态度越积极，越有可能实施环境友好行为（Polonsky *et al.*，2014；梁明珠，2015）。陈蔚（2017）指出，影响旅游者环境行为的重要变量之一就是旅游者所持有的环境态度。但伦蒂霍（Lentijo，2013）认为，环境态度和环境行为之间只存在微弱的相关关系；科特雷尔（Cottrell，2003）甚至提出态度与行为之间的关系是不存在的。由此可见，环境态度与行为关系的研究结果比较复杂，这也是本研究需要验证的重点。

2. 主观规范

主观规范是指个人是否采取某项特定行为时所感受到的社会压力，即能影响个体行为决策的重要他人或团体在个体行为时所发挥的影响作用。主观规范其实是一种社会和舆论压力。当周围的人均持有某种观念的时候，为了得到他们的认可和尊重，旅游者容易产生从众和模仿心理。特别是当群体压力转化为一种文化氛围和价值观念时，对受众群体的影响更为强烈。研究表明，个体的主观规范意识越强烈，越容易受到周围人的影响，最终越有可能从事可持续旅游行为。

3. 知觉行为控制

知觉行为控制是指居民对自己的环保行为能否带来效果的判断及其所感知到的具有执行某种特定行为的能力，代表其对某个问题因自己采取行动而得到解决的信心（Hines *et al.*，1986）。研究表明，当旅游者意识到自身对环境问题负有责任，认为自己有能力改善环境，帮助解决环境问题时，更愿意实施保护环境的行为（余勇、钟永德，2010）；反之，如果其觉得个人行为微不足道或者无能为力，就会放弃甚至拒绝为环保活动做出改变和贡献。由此可见，知觉行为控制是个体实施环境行为的重要变量。影响旅游者知觉行为控制的因素很多，如以往的旅游经验、社会风气以及经济刺激等。

4. 行为意向

行为意向是指个人对于采取某种特定行为几率的主观判定，它反映了个人对某一项特定行为采取的意愿（Ajzen，1991）。行为意向是诱发特定行为的主观意愿和重要预测因素，受到对该行为的知识掌握程度、道德后果认知和人地关系态度的综合作用。行为意向虽仍属于心理活动范畴，但在有利的内外部综合条件影响下极有可能转化成实际的行动，促使旅游伦理更好地转化为可持续旅游行为。不少研究证实环境行为意向能预测环境行为，两者之间存在高度相关，最少也是中等强度的相关（Kaiser *et al.*，1999）。

三、计划行为理论评价

计划行为理论在生态旅游、低碳旅游及乡村旅游中的餐饮或酒店选择分析、目的地预测分析、低碳旅游工具选择、在线旅游消费分析等旅游行为研究中经过大量的实证检验，对旅游者环境行为具有较好的预测能力。韩等（Han *et al.*，2010）对顾客绿色酒店选择倾向及行为进行研究，并重构计划行为理论变量之间的作用关系，发现计划行为理论对旅游者酒店选择行为有很强的解释力。拉姆和舒（Lam and Hsu，2006）运用计划行为理论，证实中国旅游者的出游行为受知觉行为控制和主观规范的影响。然而，现有研究绝大多数都着眼于旅游需求而非旅游供给，停留在解释和预测行为意向上，很少利用计划行为理论实施相关的行为干预。计划行为理论将“行为态度”视为单一维度的因素，忽略了态度的多维性。现有文献也多是一般性地讨论环境态度对环境行为的影响，并未将情感因素纳入理论模型中，部分研究将情感的作用抽象掉，使得该模型的解释能力大打折扣，其实用性受到质疑。

长期以来，学者们也在不断尝试优化或重构计划行为理论模型。在计划行为理论的基础上，海因斯（Hines）和马西科夫斯基（Marcikowski）等分别在其研究中证实，除了知觉行为控制和主观规范等因素外，环境情感、环境信念与环境行为之间也存在正相关关系且对旅游者的环境行为有一定的预测能力。学者们对于环境情感和行为之间关系的研究结论渐趋一致，即环境情感对旅游者行为实施有着显著影响。因此，本研究将环境情感、环境信念和环境道德等因素统称为“环境态度”，与环境价值观、环境知识并称为“环境伦理观”，再将“环境态度”作为主要变量引入计划行为理论，并保留知觉行为控制、主观规范、行为意向等变量，对计划行为理论模型进行扩展。随后构建环境伦理观与旅游者可持续旅游行为的概念模型，并结合有关统计学方法验证相关假设，对可持续旅游行为进行研究。

第三节 概念模型与研究设计

一、研究假设与概念模型

1. 研究假设

价值观是个体采取行动的原则和标准，是环境态度与行为形成的内在动因（Chan，2001）。价值取向会影响旅游者对于环境问题及资源利用的看法，进而促使其反思对环境破坏和污染问题的责任归属。持有不同环境价值观念的旅游者对于环境问题的感知各不相同，利他的生态价值观念更容易激发旅游者对环境的同情与关心，对自身环境行为进行反思，强化生态中心主义的环境信念（程绍文等，2010）。价值观对个体的行为模式有着深远的影响，它可以解释不同旅游者为什么对同样的环境问题会有不同的认知、情感、态度或表现。简言之，环境价值观显著影响旅游者的环境情感、环境道德和环境信念（Han，2015）。但是，价值观作为一种主观意识，对于环境行为的直接作用比较微弱，价值观是否能最终转化为实际行动，还需要借助态度与行为意向等中介变量的刺激，进而间接影响旅游者的旅游行为（Lee *et al.*，2013）。因此，本研究提出如下假设：

假设 1（H1）：环境价值观对旅游者的行为意向存在直接显著正向影响，间接影响可持续旅游行为；

假设 2（H2）：环境价值观显著正向影响旅游者的环境知识；

假设 3（H3）：环境价值观显著正向影响旅游者的环境道德；

假设 4（H4）：环境价值观显著正向影响旅游者的环境情感；

假设 5（H5）：环境价值观显著正向影响旅游者的环境信念。

环境知识反映个体对环境问题的关注和认知程度。从心理学的角度来说，旅游者对环境污染和可持续发展的了解越深入，相关的知识储备越丰富，越容易产生对大自然及生态环境的同情和关心；其对自然环境的道德责任感更明确，对环境问题及其可能产生的后果更为关注，保护环境的行为意向也就越强烈（黄静波等，2017）。陈（Chen，2011）、米勒（2015）、夏凌云（2016）等学者的研究表明，环境知识与环境态度及行为之间存在较强的关联性。环境知识的增加可以激发甚至改善人们积极的环境态度，加强旅游者的环境情感和环境道德感，导致环境信念和行为意向的转变，促使环境友好行为的实施。基于此，本研究提出如下假设：

假设6（H6）：环境知识显著正向影响旅游者的环境道德；

假设7（H7）：环境知识显著正向影响旅游者的环境情感；

假设8（H8）：环境知识显著正向影响旅游者的环境信念；

假设9（H9）：环境知识对行为意向存在直接正向显著影响，间接影响可持续旅游行为。

个体实施环境行为时所表现出的责任感和道德感是影响旅游者行为的最为基础和关键的变量，旅游者的环境行为很大程度上取决于其自身的道德规范和约束。海因斯等（1986）认为具备强烈道德责任感的旅游者往往更愿意反思其个人行为对环境造成的影响和危害，关注人类生存的生态环境的变化，对环境中存在的危机问题和可能产生的后果认识更加深刻，保护环境的意向更为强烈，更容易实施可持续的旅游行为。因此，本研究提出如下假设：

假设10（H10）：环境道德对行为意向存在直接正向的显著影响，间接影响可持续旅游行为。

旅游者对环境问题的关注会唤醒其对自然环境的情感，对自然物种产生喜爱和同情，对人类破坏环境行为感到羞愧，激发其深刻的社会责任和道德感知，他们会为了追求自身与自然环境的和谐关系迫切希望采取行动保护环境，减少对环境的污染（Williams and Roggenbuck，1989；范莉娜等，2014）。因此，本研究提出如下假设：

假设11（H11）：环境情感对行为意向存在直接正向的显著影响，间接影响可持续旅游行为；

假设12（H12）：环境情感显著正向影响旅游者的环境道德。

旅游过度膨胀造成生态危机，对资源和环境带来不可逆转的损害。触目惊心的环境事故和灾难，激发人们对物种的同情和关心。芬内尔（2010）指出生态中心主义持有者强调自然界的内在价值，主张尊重生物多样性及动物权利。罗艳菊等（2012）借助“新生态范式”量表衡量海口市居民的环境态度，结果表明持“近生态中心主义”观念的居民对自然环境有着更为深刻的情感归属，更倾向于实施环境友好行为。因此，本研究提出如下假设：

假设 13（H13）：环境信念显著影响旅游者的环境情感；

假设 14（H14）：环境信念对行为意向存在直接正向的显著影响，间接影响可持续旅游行为。

计划行为理论经过大量的实证检验，具有可靠的信度和效度。依据原有理论，保留主观规范与知觉行为控制对旅游者行为的作用路径，提出如下假设：

假设 15（H15）：知觉行为控制对行为意向存在直接正向的显著影响，间接影响可持续旅游行为；

假设 16（H16）：主观规范对行为意向存在直接正向的显著影响，间接影响可持续旅游行为；

假设 17（H17）：行为意向对可持续旅游行为存在直接显著的正向影响。

2. 概念模型

在计划行为理论中，主观规范、知觉行为控制等因素对行为意向及环境行为的作用路径已经非常明确，本研究在构建概念模型时保留并沿用原理论中的作用途径。同时依据文献梳理的结果，引入环境价值观、环境知识、环境情感、环境道德、环境信念等新解释变量，对行为意向及可持续旅游行为的可能作用路径进行分析。各个变量之间存在复杂的交互作用，但基本形成一条清晰的逻辑主线，即环境价值观和环境知识是环境态度的源泉（Holden，2003），环境态度是行为意向的基础（Ajzen，1991），行为意向最终影响可持续旅游行为（Thøgersen and Ölander，2002）。在环境态度三要素中，环境信念影响环境情感，环境情感影响环境道德。本研究在系统分析环境价值观、知识、道德、情感、信念及其内在相互作用关系的基础上，基于“环境伦理观→行为意向→可持续旅游行为”的研究主线，构建环境伦理观与可持续旅游行为之间的因果关系模型。（图 10-2）

二、研究设计

1. 研究步骤

第一步，以计划行为理论和可持续发展原则为基础，对环境伦理观、可

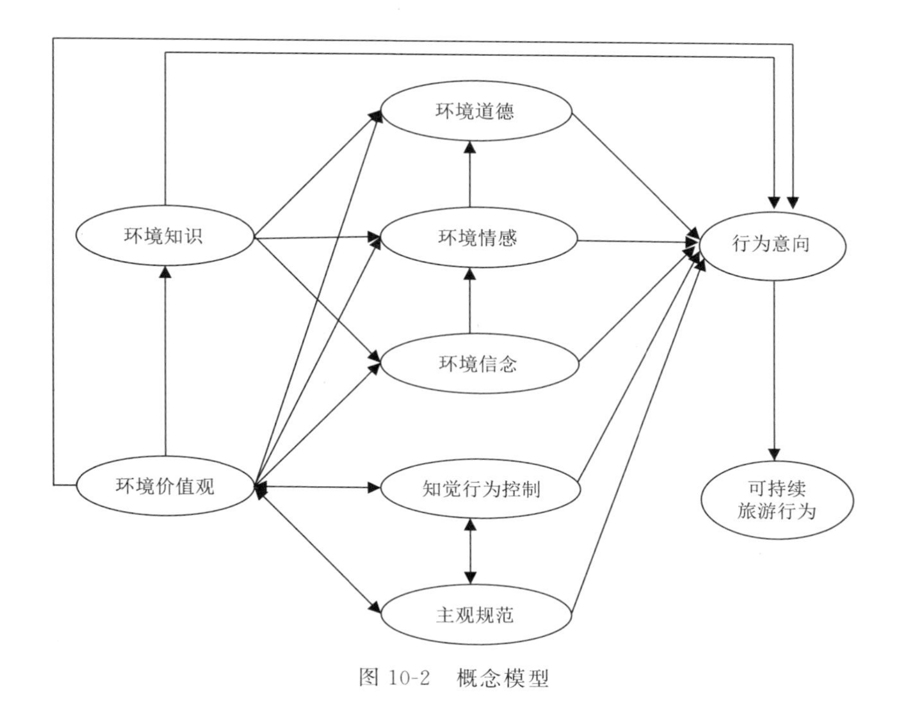

图 10-2　概念模型

持续旅游行为等相关研究进行总结，设计调查问卷，构建旅游者环境伦理观与可持续旅游行为的假设模型；第二步，分别选取不同类型的旅游地发放问卷，利用 SPSS23.0 软件进行描述性分析和探索性因子分析；第三步，对模型进行整体拟合度检验，以检验假设模型与调研数据的适配性；第四步，模型修正。对构建的初始模型进行适配修正处理，验证研究假设。

2. 变量测量

本研究基于计划行为理论及旅游可持续发展准则设计问卷，这可以更好地解释环境伦理观对旅游者可持续旅游行为的作用机制，提供较为合理的理论基础。为了保证潜在变量的维度划分及测量题项的科学性与合理性，本研究通过两个步骤设计调查问卷：第一，文献资料分析。系统梳理国内外与环境伦理观、计划行为理论及可持续旅游相关的学术期刊，从中挑选备用题项，设计调查问卷初稿；第二，德尔菲打分。邀请南京大学、东南大学、中山大学、南京师范大学、宁波大学等高校相关领域的 13 位专家进行反复征询和反馈，对问卷初稿中的题目进行删减和修改以确定观测指标和测量题项。本研究所使用的调查问卷由两部分构成：第一部分是旅游者的社会经济基本特征，包括性别、年龄、职业、受教育程度、平均月收入、偏好的出游方式等；第二部分为问卷的主体，包括对环境伦理观及可持续旅游行为的测量。其中，对环境价值观的测量参考凯泽（1999）、斯特恩（2000）、韩（Han，2015）、凯塔卡辛和韩（2017）的研究成果，共设计“Q1 人是自然界的一部分，人类应该尊重自然，与之和谐相处”“Q2 所有生物（微生物、动植物和人类）彼此之间相互依存”“Q3 大自然的多样性必须得到尊重和保护”“Q4 动物的生存发展权利应该得到尊重和保护”“Q5 地球本身是富有价值的”等五个测量题目；对环境道德的衡量参考施瓦茨（1977）、多尼卡（Dolnicar，2010）和哈思（Harth，2013）的研究成果，设计出“Q6 破坏环境是不道德的”“Q7 人类有责任和义务保护自然环境、解决环境问题”“Q8 违背环保准则的人应该受到道德的谴责和批判”“Q9 圈养小动物是不道德的”等四个测量题项；对环境知识的测量借鉴哈顿等（Harton *et al.*，2005）、章和吴（Cheng and Wu，2015）的成果，共设计“Q10 对环境的了解越多，越有利于我们保护环境”“Q11 为了子孙后代的利益，我们应该保护旅游地的环境和资源”“Q12 维持物种的多样性将有利于生态平衡，促进旅游的可持续发展”“Q13 过度的娱乐活动将损害旅游地的自然环境”“Q14 汽车和摩托车排放的二氧化碳等废气会污染环境”“Q15 过度发展旅游业会牺牲自然资源和环境”“Q16 在旅途中，使用绿色餐具将减少对环境的破坏”等七个测量题目；对旅游者环境情感的测量借鉴徐（2014）、多尼卡（2010）、古迪（Goudie，2013）和米勒等（Miller *et al.*，2015）的研究成果，共设计“Q28 大自然是宁静的”“Q29 大自然是美丽迷人的”“Q30 大自然是强大的”“Q31 我敬畏大自然”“Q32 我很同情只能在自然保护区内生存的小动物”“Q33 看到旅游地环境被破坏，我非常气愤”“Q34 媒体报道的环境破坏行为让我感到惭愧/愧疚”“Q35 自然环境一旦受到破坏，即使有再多的金钱也无法补救”“Q36 环境污染让我感到忧虑、心痛”等九个题项；主观规范维度借鉴凯泽（1999）和韩（2015）的研究成果，共设计“Q37 如果同行的旅游者积极保护环境，我也会这么做”“Q38 为了得到同行者或其他人的尊重和认可，我会积极保护景区环境”“Q39 作为旅游者，我们必须对旅行过程中造成的环境问题负责”“Q40 无论其他人怎么做，我必须以环保的方式行事”和“Q41 我认为旅游行应该实施环保行为，尽可能减少对目的地环境的危害”等五个测量题目；对知觉行为控制的衡量参考凯泽（1999）和韩（2015）的研究成果，共设计“Q42 对我而言，保护环境并不是很困难”“Q43 我觉得保护环境不会占用我太多的时间”“Q44 我认为，我有足够的时间、金钱去保护环境”等三个题目；对行为意向的测量参考米勒（2015）、多尼卡（2010）、特雷西和罗宾斯（Tracy and Robins，2007）、赫尔潘尼（Halpenny，2010）和巴兰坦等（Ballantyne *et al*.，2011）的成果，共设计“Q45 为了子孙后代利益，我会主动采取措施减少对旅游地环境的破坏”“Q46 旅行过程中，我愿意借助高科技（如使用环保车辆）来保护环境”“Q47 当旅游地自然环境被破坏需要休整时，我会自觉减少或放弃游览”“Q48 在旅行过程中，我会自觉保护动植物的栖息地和生长环境”“Q49 在旅行过程中，我会尽量不干扰保护区内的动植物”“Q50 我会合理处置旅行过程中的废弃物”等六个题目；对可持续旅游行为的衡量参考李和简（2015）、塔兰特和科德尔（Tarrant and Cordell，1997）、斯特劳恩和罗伯特（Straughan and Robert，2013）等诸位学者的研究成果，共设计“Q51 在旅行过程中，我优先选择乘坐公共交通，减少自驾”“Q52 在旅行过程中，我尽可能地骑行（如租用摩拜单车等）以保护环境”“Q53 在旅行过程中，短途的行程我选择步行来代替坐车”“Q54 在旅行过程中，我选择有生态标签的住宿方式” “Q55 在旅行过程中，我选择有绿色证书的住宿方式”“Q56 在旅行过程中，我选择当地民宿而不是连锁型酒店”“Q57 在旅行过程中，我总是有意识地购买低污染的旅游产品和服务”“Q58 在旅行过程中，我经常购买环保型的旅游产品”“Q59 在旅行过程中，我倾向于购买可回收和可降解的旅游产品”等九个测量题目；对于环境信念的衡量，借鉴邓拉普（2000）等人修正过的“新生态范式量表”并结合伊姆兰等（Imran *et al*.，2014）、徐（2014）等学者的研究成果，保留“Q17 人类生来就是要驾驭自然的”“Q18 人类有权改变自然环境来满足自己生存发展的需要”“Q19 人类的智慧可确保地球不断提供人类生存发展的条件”“Q20 大自然的自我平衡能力足以应付现代工业发展所造成的影响”“Q21 动植物和人类拥有同等的生存权利”“Q22 人类虽有能力，仍需受自然规律的支配”“Q23 大自然的平衡能力十分脆弱易被破坏” “Q24 人类对自然的破坏往往会造成灾难性的后果”“Q25 人类正在滥用资源、破坏环境”“Q26 我们正在接近地球能够承受的增长极限”“Q27 如果继续不顾环境搞发展，我们将很快遭受严重的生态灾难”等十一个测量题目。在三轮德尔菲征询过程中，专家们普遍认为“Q17—20”

和“Q21—27”是从相对的立场考察人们对待环境的看法，保留其一即可。因此，后续分析中删除Q17—20等4个测量题项。最终，调查问卷共包含55个测量题项。所有题项均采用五分制Likert量表，1—5分别表示旅游者对每一个问题的认可程度：1＝“非常不同意”、2＝“不太同意”、3＝“中立”、4＝“基本同意”、5＝“非常同意”。

3. 数据收集

借助定点便利抽样法，于2017年5—8月在盐城丹顶鹤自然保护区、南京市老山国家森林公园、南京市珍珠泉风景区、南京市玄武湖风景区及南京市中山陵风景区进行正式调研。之所以选择这五个景点，是因为它们分别代表自然保护区、森林公园、旅游度假区、城市公园和文化景点等不同旅游地类型，同时也处于不同旅游发展阶段的景区，能够吸引不同类型的旅游者群体。为了保证调研质量，调研人员为经过专业培训的四名旅游管理专业研究生和八名本科生，采用便利抽样法，共发放问卷901份，回收893份。剔除相关选项缺失、明显乱答、漏答的问卷后，共得到有效问卷718份，有效回收率79.7％。

第四节　实证分析与假设检验

一、描述性分析

运用SPSS23.0软件对受访者的性别、年龄等进行样本社会人口特征描述性分析，结果如表10-1所示：（1）性别方面，参与调研的男性（51.9％）数量稍多于女性（48.1％），总体比例分布较为均匀；受教育程度以本科/大专为主（62.7％），初中及以下、高中/中专、硕士、博士比例相对较小，分别为6.8％、18.2％、10.6％、1.7％；（2）由于选取的案例地多为免门票或低门票景区，对学生和低收入群体的吸引力较大。加之学生和年轻人更加热心，愿意花费时间和精力帮助调研人员填写问卷，中老年人受到教育水平和身体状况（视力弱）的限制，外出旅游人数较少。最终也较为合理地呈现出职业以学生（34.8％）和公司员工（20.9％）为主的特点，年龄大多集中在

18—25 岁（39%）及 26—35 岁（28.4%），平均月收入多在 1 550 元以下（24.9%）和 3 001—5 000 元（24.8%），年出游总次数集中在 5 次左右（48.3%），且更倾向于周末（39.3%）或者法定节假日（28.1%）与亲友一起出游（49.4%）。这说明，随着生活水平的提高，人们开始更加注重旅游休闲。但是迫于时间和经济条件限制，出游机会有限，倾向于节假日及周末时与亲人、朋友一起出游。

表 10-1　社会人口特征分析

人口特征	属性	人数	比例（%）	人口特征	属性	人数	比例（%）
年龄	18 岁以下	44	6.1	出游方式	跟团游	84	11.7
	18—25 岁	280	39.0		和亲友出游	355	49.4
	26—35 岁	204	28.4		自助游	279	38.9
	36—45 岁	94	13.1	出游时间	周末	282	39.3
	46—55 岁	52	7.2		非周末	106	14.8
	56—65 岁	30	4.2		寒/暑假	128	17.8
	65 岁以上	14	1.9		法定节假日	202	28.1
性别	男	373	51.9	教育程度	初中及以下	49	6.8
	女	345	48.1		高中/中专	131	18.2
婚姻状况	已婚	326	45.4		本科/大专	450	62.7
	未婚	257	35.8		硕士	76	10.6
	其他	135	18.8		博士	12	1.7
年出游次数	2 次以下	229	31.9	职业	学生	250	34.8
	3—5 次	347	48.3		文教技术人员	56	7.8
	6—10 次	99	13.8		公务员	51	7.1
	10 次以上	43	6.0		服务销售商贸	54	7.5
月均收入（元）	1 550 以下	179	24.9		军人	7	1.0
	1 551—3 000	125	17.4		公司职员	150	20.9
	3 001—5 000	178	24.8		农民	10	1.4
	5 001—8 000	168	23.4		离退休人员	39	5.4
	8 001—12 500	47	6.5		其他	101	14.1
	12 501 以上	21	2.9				

二、信度和效度分析

1. 信度分析

信度检验的作用是测量各变量与问卷的一致性或可靠性程度。信度越高，说明研究结果越可信。根据农纳利（Nunnally，1978）提出的信度标准，如果系数值小于0.35，表明量表的信度低，0.5—0.7表示信度尚可，0.7—0.9则属于高信度。运用SPSS23.0进行可靠性分析，发现测量量表的克朗巴哈信度系数为0.961，表明问卷具有较好的内部一致性，信度相当好。

2. 效度分析

效度是衡量问卷题项能否真实地测出所需测量事物的指标，能够很好地反映问卷的准确性。针对效度的测量方法主要采用的是因子分析法，在此之前需要检验样本数据是否符合因子分析的要求。通过文献梳理发现，多数研究均采用KMO值和Bartlett检验来验证原始样本数据是否适合做下一步分析。一般情况下，KMO值越大（KMO＞0.7），Bartlett球形检验的显著程度越接近0，则说明样本越适合做因子分析。在SPSS23.0软件中，对收集到的原始数据进行降维分析。结果显示，样本总体的KMO值为0.955，代表Bartlett球形检验显著程度的P值等于0，各变量间的相关系数矩阵显著区别于单位矩阵，问卷结构效度良好，适合进行因子分析。

采用主成分分析法，按照特征值大于1的原则提取公因子。分析每一个题项在各公因子上的载荷以及某题项负荷在公因子下的内容效度，发现Q16和Q21在所有公因子上的载荷值均低于0.6，因而删除；Q35同时在两个公因子上的负荷超过0.4，也予以删除；删除与负荷在某一公因子下的其他题项不具备内容效度的题项Q9和Q32。根据以上标准进行探索性因子分析，最终得到包括12个公因子在内的由50个题项构成的总量表，累积方差贡献率达到72.185%。依据负荷量较高的测量题项对提取的公因子进行命名，分别是“环境价值观”“关于可持续发展的知识”“关于环境保护的知识”“环境道德”“对自然环境的情感”“对人类环境行为的情感”“自然平衡”“生态危机”“主观规范”“知觉行为控制”“行为意向”及“可持续旅游行为”。

三、结构方程模型

1. 样本正态分布检验

样本数据服从多元常态分布是进行结构方程模型检验的前提。克利思（Kline）认为，各测量题项的偏度系数绝对值小于3，峰度系数绝对值小于10，则数据满足正态分布。本研究使用AMOS23.0软件，运用极大似然法对问卷中的测量题项进行峰度、偏度计算。结果表明，50个测量题项的偏度系数绝对值介于0.172—1.089之间，峰度系数绝对值介于0.059—1.043之间，数据满足正态分布的要求。

2. 验证性因子分析

为了检验理论模型的内在质量，需要对整体模型进行验证性因子分析。在验证性因子分析中经常使用标准化因子载荷值、组合信度值和平均方差抽取量来衡量量表的建构效度和收敛效度。其中，组合信度值反映每个潜变量中所有题目是否能一致性地解释该潜变量，平均方差抽取量则反映被潜在构念所解释的变异量有多少是来自测量误差。平均方差抽取量越大，说明观察变量被潜在变量解释的变异量百分比越大，相对的测量误差越小，观测变量对潜变量有较强的解释能力（吴明隆，2010）。一般认为，$P<0.01$，标准化因子载荷为0.5—0.95，CR>0.6，AVE>0.5，潜变量相关系数的平方小于平均方差抽取量时，表示该潜变量具有较好的建构效度和收敛效度。

表10-2　验证性因子分析

潜变量	测量题项	因子载荷值	信度系数	标准误差	组合信度值	方差贡献率（%）	平均方差抽取量
A环境价值观	Q1	0.726	0.527	0.473	0.901	6.835	0.605
	Q2	0.718	0.516	0.484			
	Q3	0.793	0.629	0.371			
	Q4	0.883	0.780	0.220			
	Q5	0.759	0.576	0.424			

续表

潜变量	测量题项	因子载荷值	信度系数	标准误差	组合信度值	方差贡献率（%）	平均方差抽取量
B 环境道德	Q6	0.835	0.697	0.303	0.851	4.540	0.656
	Q7	0.788	0.621	0.379			
	Q8	0.806	0.650	0.350			
C1 环境知识—可持续发展知识	Q10	0.842	0.709	0.291	0.873	4.883	0.696
	Q11	0.824	0.679	0.321			
	Q12	0.837	0.701	0.299			
C2 环境知识—环境保护知识	Q13	0.787	0.619	0.381	0.879	5.787	0.645
	Q14	0.815	0.664	0.336			
	Q15	0.836	0.699	0.301			
D1 环境信念-自然平衡	Q22	0.886	0.785	0.215	0.859	4.736	0.671
	Q23	0.789	0.623	0.377			
	Q24	0.778	0.605	0.395			
D2 环境信念—生态危机	Q25	0.782	0.612	0.388	0.833	4.473	0.625
	Q26	0.765	0.585	0.415			
	Q27	0.823	0.677	0.323			
E1 环境情感（对自然环境的情感）	Q28	0.833	0.694	0.306	0.877	5.532	0.566
	Q29	0.870	0.757	0.243			
	Q30	0.742	0.551	0.449			
	Q31	0.751	0.564	0.436			
E2 环境情感（对人类行为的情感）	Q33	0.866	0.750	0.250	0.855	4.697	0.663
	Q34	0.782	0.612	0.388			
	Q36	0.791	0.626	0.374			
F 主观规范	Q37	0.867	0.752	0.248	0.893	7.649	0.627
	Q38	0.774	0.599	0.401			
	Q39	0.784	0.615	0.385			
	Q40	0.788	0.621	0.379			
	Q41	0.741	0.549	0.451			
G 知觉行为控制	Q42	0.823	0.677	0.323	0.863	4.234	0.678
	Q43	0.806	0.650	0.350			
	Q44	0.840	0.706	0.294			

续表

潜变量	测量题项	因子载荷值	信度系数	标准误差	组合信度值	方差贡献率（%）	平均方差抽取量
H 行为意向	Q45	0.836	0.699	0.301	0.908	7.931	0.623
	Q46	0.782	0.612	0.388			
	Q47	0.791	0.626	0.374			
	Q48	0.783	0.613	0.387			
	Q49	0.780	0.608	0.392			
	Q50	0.763	0.582	0.418			
I 可持续旅游行为	Q51	0.702	0.493	0.507	0.911	11.888	0.533
	Q52	0.712	0.507	0.493			
	Q53	0.734	0.539	0.461			
	Q54	0.748	0.560	0.440			
	Q55	0.750	0.563	0.438			
	Q56	0.725	0.526	0.474			
	Q57	0.742	0.551	0.449			
	Q58	0.762	0.581	0.419			
	Q59	0.690	0.476	0.524			
量表 KMO 值	0.955		累计方差贡献率（%）		72.185%		

注：Q1-Q59 为问卷题项，A、B、C1、C2、D1、D2、E1、E2、F、G、H、I 为探索性因子分析后提取的公因子（主成分分析，特征值>1）。

由表 10-2 可知，各变量所对应的测量项的标准化因子负荷值都大于 0.5，参数估计值中误差均大于 0 且标准误差较小。几个潜变量的平均提取方差，均高于 0.50 的界值标准；同时潜变量的组合信度值均明显大于 0.6 的标准，各观测变量对相应的潜变量具有较强的解释力，潜变量聚合效度好。因此，研究样本具有良好的组合信度和收敛信度，模型内在质量理想。

3. 模型适配度检验

（1）拟合优度检验

模型拟合通常选用卡方（χ^2）、卡方自由度比（χ^2/df）、绝对适配度指数（GFI、AGFI、RMR、RMSEA）、增值配度指数（NFI、RFI、IFI、TLI、CFI）和简约配度指数（PGFI、PNFI、CN 值、NC 值、AIC、CAIC）

来检验。一般认为，$\chi2/df$ 小于 3，GFI、AGFI、NFI、RFI、IFI、TLI、CFI 大于 0.9，PGFI、PNFI 大于 0.5，RMSEA 小于 0.08，则说明模型的拟合程度较好。分析发现，本研究模型整体适配度指标中，显著性概率值 $P=0.000<0.05$。而田中（Tanaka，1993）和丸山（Maruyama，1998）提出，当样本量大于 200 时，P 值在所有研究中几乎都是显著的，此时应佐以其他适配度指标协助判断。因此，本研究采用极大似然法估计初始模型的拟合指数，由表 10-3 可知：$1<\chi2/df=2.01<3$，GFI＝0.892＜0.9，AGFI＝0.880＜0.9，RMSEA＝0.038＜0.05，NFI＝0.901＞0.9，RFI＝0.894＜0.9，IFI＝0.945＞0.9，TLI＝0.942＞0.9，CFI＝0.945＞0.9，PCFI＝0.889＞0.5，PNFI＝0.844＞0.5。其中，GFI、AGFI 和 RFI 略低于 0.9 的标准界值，说明模型还需要进行修正。根据初始模型的检验结果，结合修正指标及相关理论的提示，依次增加测量变量 Q30 和 Q31、Q45 和 Q47、Q52 和 Q53 之间的残差，对初始模型进行修正，得到最终的模型拟合指数如下表 10-3 所示。综合 AMOS 验证性因素分析的各项指数，修正后的假设模型拟合指数均达到标准，最终模型与数据的整体拟合程度较高，该模型可以被接受。

表 10-3　模型拟合度检验

指数	绝对适配指数			增值适配指数					简约适配指数	
	GFI	AGFI	RMSEA	NFI	RFI	IFI	TLI	CFI	PCFI	PNFI
理想界值	＞0.9	＞0.9	＜0.05	＞0.9	＞0.9	＞0.9	＞0.9	＞0.9	＞0.5	＞0.5
原始模型	0.892	0.88	0.038	0.901	0.894	0.945	0.942	0.945	0.889	0.844
修正模型	0.911	0.90	0.037	0.921	0.914	0.948	0.945	0.948	0.889	0.844

（2）路径分析与假设检验

一般认为，当临界比（critical ratio，简称 C.R.）绝对值大于 1.96，P 值小于 0.05 时，即可认为该假设路径的回归系数显著，研究假设成立。利用 AMOS23.0 软件运行模型，假设检验结果如表 10-4：假设路径 H3 和 H13 的显著性水平不满足 P 值小于 0.05 的条件，且 C.R. 绝对值小于 1.96，说明这两条路径不符合假设条件，假设 H3 和 H13 被拒绝。其余 15 条假设路径中：环境价值观对环境知识存在正向显著影响（$\beta=0.654$，$t=11.436$），环境价值观对环境情感存在直接正向显著影响（$\beta=0.253$，$t=3.484$），环境价值观对环境信念存在直接正向显著影响（$\beta=0.362$，$t=4.653$），环境知识对环境道德存在直接正向显著影响（β=0.422，t=4.214），环境知识对环境情感存在直接正向显著影响（β=0.386，t=3.769），环境知识对环境信念存在直接正向显著影响（β=0.470，t=5.005），环境情感对环境道德存在直接正向显著影响（β=0.278，t=3.205），行为意向与可持续旅游行为存在显著的正相关关系（β=0.660，t=14.642），环境价值观与行为意向存在显著的正相关关系（β=0.121，t=2.334），环境道德与行为意向存在显著的正相关关系（β=0.088，t=1.985），环境知识与行为意向存在显著的正相关关系（β=0.191，t=2.309），环境情感与行为意向存在显著的正相关关系（β=0.183，t=3.009），环境信念与行为意向存在显著的正相关关系（β=0.197，t=2.938），主观规范与行为意向存在显著的正相关关系（β=0.175，t=5.249），知觉行为控制与行为意向存在显著的正相关关系（β=0.208，t=5.968）。

表 10-4　模型假设检验结果

作用路径	路径系数	临界比	P 值	结论
H1：环境价值观→行为意向	0.121	2.334	0.020	支持
H2：环境价值观→环境知识	0.654	11.436	***	支持
H3：环境价值观→环境道德	**0.071**	**1.137**	**0.255**	**拒绝**
H4：环境价值观→环境情感	0.253	3.484	***	支持
H5：环境价值观→环境信念	0.362	4.653	***	支持
H6：环境知识→环境道德	0.422	4.214	***	支持
H7：环境知识→环境情感	0.386	3.769	***	支持
H8：环境知识→环境信念	0.470	5.005	***	支持
H9：环境知识→行为意向	0.191	2.309	0.021	支持
H10：环境道德→行为意向	0.088	1.985	0.047	支持
H11：环境情感→行为意向	0.183	3.009	0.003	支持
H12：环境情感→环境道德	0.278	3.205	0.001	支持
H13：环境信念→环境情感	**0.171**	**1.673**	**0.094**	**拒绝**
H14：环境信念→行为意向	0.197	2.938	0.003	支持
H15：知觉行为控制→行为意向	0.208	5.968	***	支持
H16：主观规范→行为意向	0.175	5.249	***	支持
H17 行为意向→可持续旅游行为	0.660	14.642	***	支持

注：*** 表示 $P<0.001$ 水平下显著

综上，假设 H3 和 H13 不成立，环境价值观与环境道德、环境信念与环境情感之间不存在显著的相关关系。假设 H2、H4、H5、H6、H7、H8、H12 均成立。环境伦理观的各构成要素内部之间相互作用，即环境价值观正向显著影响旅游者的环境知识，环境价值观正向显著影响旅游者的环境情感，环境价值观正向显著影响旅游者的环境信念，且环境价值观对环境知识的影响程度大于对环境情感和环境信念的影响；环境知识正向显著影响旅游者的环境道德，环境知识正向显著影响旅游者的环境情感，环境知识正向显著影响旅游者的环境信念，且环境知识对环境信念的影响程度略高于对环境道德和环境情感的影响；环境情感正向显著影响旅游者的环境道德。

假设 H1、H9、H10、H11、H14、H15、H16、H17 成立。行为意愿正向显著影响旅游者的可持续旅游行为，环境价值观正向影响旅游者的行为意向，环境道德正向影响旅游者的行为意向，环境知识正向影响旅游者的行为意向，环境情感正向影响旅游者的行为意向，环境信念正向影响旅游者的行为意向，主观规范正向影响旅游者的行为意向，知觉行为控制正向显著影响旅游者的行为意向。旅游者的环境价值观、环境知识、环境道德、环境情感、环境信念、主观规范、知觉行为控制对可持续旅游行为没有直接影响，但是通过行为意向的中介变量作用，间接影响可持续旅游行为。其中，知觉行为

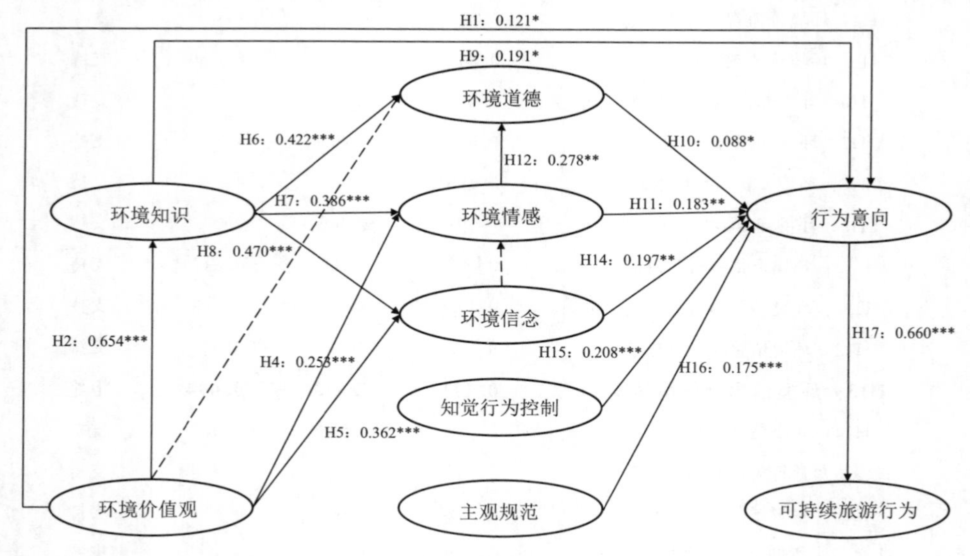

图 10-3 可持续旅游行为驱动机制

控制对行为意向的影响较为强烈（β=0.208，t=5.968）。

（3）模型修正

在模型拟合和卡方值无较大变动的前提下，删除不显著路径 H3 和 H13，修正后的模型可揭示环境价值观、环境知识、环境道德、环境情感、环境信念等伦理观念对旅游者可持续旅游行为的作用路径（图 10-3）。

第五节　结论与讨论

一、结论

本研究基于旅游者视角，在系统梳理相关文献及理论的基础上，构建了旅游者可持续旅游行为概念模型。本研究对 TPB 模型进行修正，运用定量分析方法，验证了环境价值观、环境知识、环境态度对可持续旅游行为的作用路径。得出如下结论：

（1）所有符合可持续旅游公平性、持续性、和谐性发展准则及牵涉旅游决策和实施过程的一系列行为，都应该是可持续旅游行为的研究范畴。根据尤文和多尼卡（2016）等学者的已有研究界定，本文将可持续旅游行为定义为“旅游者基于现有的环境价值观、环境知识、环境道德、环境信念、环境情感等，在旅游过程中主动采取的一系列有利于旅游环境长期、永续、可持续发展的行为”。旅游行为是否是可持续的，可以从旅游交通方式选择行为、旅游住宿选择行为、旅游产品和服务选择行为等方面进行衡量。通常情况下我们认为，选择乘坐公共交通方式出游，选择绿色酒店和具有生态标签的住宿方式以及购买可回收利用的旅游产品的一系列旅游行为符合可持续发展的原则和规范，是可持续的旅游行为。

（2）环境伦理观可分为环境价值观、环境知识和环境态度三要素，环境态度包含环境道德、环境情感和环境信念三个维度。环境价值观、知识和态度之间存在复杂的作用关系，价值观和知识显著影响环境态度，但价值观对道德的影响并不显著。这一结果与张玉玲等（2014）和罗艳菊等（2012）学者的结论大不相同。价值观作为环境态度的源泉，正向显著影响旅游者的环境知识、环境情感和环境信念，环境知识正向显著影响旅游者的环境道德、环境情感和环境信念。环境态度三个维度中，环境信念与情感和道德均不存在相关关系，但环境情感正向显著影响环境道德（β=0.313，t=3.203）。这些发现与海因斯等（1986）、余晓婷等（2015）和黄静波等（2017）的成果可以相互佐证。其中，环境价值观对环境知识（β=0.459，t=11.431）的影响大于对环境情感（β=0.205，t=3.484）和环境信念（β=0.362，t=4.648）的影响，环境知识对环境道德的影响（β=0.553，t=4.218）略高于对环境信念（β=0.517，t=5.007）和环境情感的影响（β=0.485，t=3.768）。

（3）用“环境态度”替换“行为态度”，引入价值观和环境知识变量扩展计划行为理论。研究发现环境伦理观的各要素均直接影响旅游者的行为意向，影响程度从高到低依次为环境知识（β=0.234，t=2.295）、环境信念（β=0.219，t=2.925）、环境情感（β=0.190，t=2.946）、环境价值观（β=0.103，t=2.305）和环境道德（β=0.083，t=2.005）。此外，主观规范（β=0.170，t=5.277）和知觉行为控制（β=0.186，t=5.971）正向影响行为意向，行为意向与可持续旅游行为存在显著正相关关系（β=0.722，t=14.391）。

（4）环境伦理观各要素并不直接导致旅游者可持续旅游行为的产生，价值观、知识、态度等伦理因素对旅游行为的作用路径如下。环境价值观是影响旅游者的环境知识、情感、信念和道德感的主要因素，在个体旅游的决策制定中起着决定性作用（Chan，2001）。旅游者的环境价值观和环境知识影响其对待自然环境及人类环境行为的情感、责任意识和人地关系理念，并通过行为意向间接影响其旅游交通方式选择、旅游产品和服务选择、旅游住宿选择等行为。结果表明，环境态度和行为意向是可持续旅游行为研究中最为关键的中介变量。

二、讨论

本章对国内外文献进行了系统性的梳理总结，基于环境伦理观、可持续旅游行为两大维度，首次构建了旅游者可持续旅游行为的影响因素模型。一方面，厘清了环境伦理观的概念内涵，创新性地提出环境伦理观由环境知识、环境价值观、环境道德、环境信念、环境情感等五要素构成，并设计量表对环境伦理观进行衡量。另一方面，从旅游交通方式选择、旅游住宿选择、旅游产品和服务选择等视角分析旅游者的旅游行为，界定了可持续旅游行为的概念内涵和衡量指标。通过实证分析，验证了环境价值观、环境知识、环境信念、环境情感、环境道德、知觉行为控制、主观规范、行为意向等对可持续旅游行为的作用路径，丰富了可持续旅游的研究内容和范畴，研究视角具有较大的创新性。

其次，本章将环境道德、环境情感和环境信念纳入到“环境态度”维度，同时新增“环境价值观”和“环境知识”两个变量，对计划行为理论进行了修正，将环境伦理观从观念到行为进行实证研究。改善旅游者可持续旅游行为，必须纠正“人类中心主义”等错误的思想观念，普及“生态中心主义”价值观，重塑人地和谐关系。可以借助网络、微博、微信公众号等新媒体和自媒体进行环境知识竞赛、主题教育，加强旅游者环境保护与可持续发展知识储备，强化道德责任感和情感投入，营造“全民环保”的社会氛围，提高环境治理参与意愿，用可持续发展理论规范自身行为。同时，可以通过发展智慧交通、培育生态民宿、推广绿色餐饮等形式推动供给侧结构性改革，升级旅游消费结构，为旅游者提供多元化、个性化的产品和服务，是激发旅游者可持续旅游行为、促进旅游业健康运行的重要途径。

三、局限与展望

1. 研究局限

本章以计划行为理论为基础，对环境伦理观及可持续旅游行为的相关研究成果进行总结与回顾，提出的环境伦理观与旅游者可持续旅游行为理论模型具有可行性，但同时也存在一定的不足：例如，调研过程中，采用便利抽样方法，受访群体中年轻人占比较高，覆盖人群不够精确全面；采用传统的定量分析方法，受定量研究数据限制，缺乏深度定性的观察和分析；旅游行为的影响因素复杂，可能还有很多要素（如文化差异、自媒体等）未能全面考虑；选取五个不同类型的景区采集数据，但是不同景区的不同发展阶段对旅游者行为是否产生影响分析缺乏，需要在后续研究中加以改进完善。

2. 研究展望

随着旅游者环境行为的社会性愈发明显，越来越多的研究者开始意识到文化传统、价值观念等认知和心理因素对旅游者行为的影响。但相关调查往往局限于某一时段或地区，这会影响研究结论的推广。我国针对旅游者环境行为的定量研究尚处于起步阶段，多以个案研究、理论探讨的方式进行，较少通过大规模样本的量化分析来探讨社会结构性因素对个体旅游行为的影响。在环境社会学领域，相关研究目前主要着眼于研究态度对行为的影响。心理学认为，态度与行为的关系是双向的，也就是说态度影响行为，同时行为也会影响态度。环境行为是否同样作用于环境态度？作用力多大？作用机制如何？不同文化背景下旅游者的环境伦理观念及旅游行为实施是否有差异？未来可在此基础上考虑社会文化因素的影响，引入控制组实验、观察法和深度访谈法等方法，对跨文化背景下不同群体的环境伦理观与可持续旅游行为对比研究，深入探讨环境态度与旅游者行为的双向作用关系以及不同类型旅游者的作用过程和效应规律，促进可持续旅游行为实证研究的拓展与深化。

第十一章　家—途二元情境下旅游者亲环境行为一致性

旅游发展对生态环境有重大影响（Buckley，2012）。一方面，旅游活动可以为经济发展筹集资金。另一方面，旅游活动也可能会损害生态环境。旅游不文明行为会对旅游地资源和环境造成不可逆转的破坏，威胁旅游的可持续发展（Melillo *et al.*，2014）。传统观念认为，环境问题的解决应该由政府或大型组织统一实施（Barr *et al.*，2010）。事实上，个体行为的变化可以显著减少资源消耗和温室气体排放（Ttrulove，2014；Margetts and Kashima，2017）。在美国，即使是小规模的个体行为变化也可能导致碳排放量减少7%左右（Dietz *et al.*，2009）。显然，友好型生活方式对于环境保护意义深远（Bratanova *et al.*，2012）。

随着人民生活水平的提高和旅游产业的发展，旅游逐渐成为一种重要的生活方式。了解旅游情境中的亲环境行为变得至关重要，尤其是了解旅游者在度假时是否仍坚持执行亲环境行为，非常值得关注。由于旅游活动的流动性，当旅游者离开惯常熟悉的环境，失去熟人和社会舆论的压力，是否会将日常亲环境行为带到旅游环境中？有研究表明，旅游者度假时可能是自私的，只关注于自己的娱乐享受而忽略环境保护（Barr and Gilg，2006）。在日常生活中支持环保的人也有可能在旅游中使用不环保的交通方式（Barr *et al.*，2010）。即使旅游者在家中践行亲环境行为，他们也并不觉得在旅游中仍然需要保护环境。这表明，在日常生活中实施亲环境行为的人在旅游活动中不一定会实施亲环境行为（Miller *et al.*，2007）。家—途二元情境下，旅游者亲环境行为是否存在一致性和溢出效应值得探讨。

因此，本章以中国南京市为案例地进行实地调研，构建偏最小二乘结构方程模型（PLS-SEM）探讨家—途二元情境下旅游者亲环境行为的溢出效应和一致性，研究目标包括：①家—途二元情境下个体亲环境行为是否存在一致性？②“环境认同”和“道德许可”是否对个体亲环境行为的一致性存在中介作用？③“环境情感”是否对个体的“日常亲环境行为”与“旅游亲环境行为”存在调节作用？

第一节　理论基础与研究假设

一、亲环境行为一致性与溢出效应

亲环境行为是指个人或群体促进自然资源可持续性和环境保护的行为（Ramkissoon *et al.*，2013）。从广义上讲，亲环境行为意味着“减少个体行为造成的负面环境影响”（Kollmuss and Agyeman，2002；Steg and Vlek，2009）。依据第五章亲环境行为的定义和特征，本研究将亲环境行为划分为两类：①日常亲环境行为，即个体在日常家庭生活实践中所表现出来的对环境产生积极作用并与环境直接相关的友好行为，能够直接或间接对环境产生影响。日常亲环境行为主要包括资源效率行为（如购买节能电器）、绿色消费行为（如购买有机食品）、家庭资源回收行为（如电池）、选择环境友好型公共交通行为（如乘公共汽车出行）和鼓励他人以可持续的方式行事等；②旅游亲环境行为，即个体在旅游过程中践行的可以促进环境保护，并且不会干扰目的地生态系统的行为，如选择环保的旅游出行方式、购买环保型旅游产品和服务等。可以认为，“日常亲环境行为”和“旅游亲环境行为”本质上是“不同情境下的亲环境行为”。

“溢出”是指个体所感受到的情绪、态度、行为等向其他领域发生转移的现象（Dionisi and Barling，2015）。“溢出效应”最早由美国经济学家麦克道格（MacDougal）提出，用以探讨外商投资对于该国经济和社会发展所造成的影响。斯科特（1977）首次将“溢出效应”拓展至行为研究领域，对比分析不同情境下亲环境行为之间的关系。瑟格森（Thøgersen，1999）提出，“行为溢出”是指个体执行一个行为可能会改变（增加或减少）他参与另一个行为的可能性。徐等（Xu *et al.*，2020）将“行为溢出”定义为日常发生的亲环境行为对后续未发生的旅游亲环境行为的影响和干预。通常溢出效应可以分为积极溢出、消极溢出和零溢出。积极溢出是指在不同的情境下，一个亲环境行为的实施会促进另一个亲环境行为的实施，即亲环境行为之间的正相关关系（Defra，2008；Austin *et al.*，2011）；消极溢出是指一个亲环境行为的增加会造成其他亲环境行为的减少，即亲环境行为之间的负相关关系（Weber，1997；Thøgersen and Crompton，2009）；零溢出即亲环境行为之间不存在明显的相关关系（Reams *et al.*，1996）。

在以往的研究中，通常认为"个体的亲环境行为不存在一致性"。例如，尽管个体在日常生活中经常进行回收利用，但是在旅游度假时实施回收行为的可能性却极小（Whitmarsh *et al.*，2018）。这主要是由于亲环境行为的驱动因素和背景障碍造成的。越来越多的证据表明，在某些情况下，实施一种行为会影响与同一目标一致的其他行为的实施（Nash *et al.*，2017）。这种"溢出效应"在亲环境行为、金融行为、健康行为和安全行为研究中均得到了有效验证（Nash *et al.*，2017）。溢出效应意味着鼓励亲环境行为的干预措施，可能会引致个体生活方式的变化，而不仅仅是行为目标的改变（Thøgersen，1999）。溢出效应可能会为可持续的生活方式提供一种"具有成本效益"的解决方案。但是，也有学者指出，行为干预不是必需的。他们认为，个体行为的改变既有可能是"自我导向"的，也有可能是"其他行为改变的衍生产品"。比如，选择节食而导致的其他健康行为等（Nash *et al.*，2017）。

近年来，"溢出效应"逐渐引起旅游领域内学者们的广泛关注。根据亲环境行为的增加是否会"促进"（积极溢出）或"减少"（消极溢出）或"不改变"（零溢出）另一项亲环境行为实施，行为溢出效应相应地被细分为积极溢出效应、消极溢出效应和零溢出效应。具体来讲，个体节约能源的行为可能会导致更多的节能行为（积极溢出）、更少的回收利用（消极溢出）或者行为未发生改变（零溢出）。日常亲环境行为的溢出效应是学者们讨论的焦点（Thøgersen，1999；Whitmarsh and O'Neill，2010；Lanzini and Thøgersen，2014；Truelove *et al.*，2014；Ha *et al.*，2016），发达国家日常生活与工作场所等二元情境下亲环境行为的溢出效应也逐渐被考虑在内（Whitmarsh *et al.*，2018；Verfuerth *et al.*，2019；Littleford *et al.*，2014；Frezza *et al.*，2019）。

然而，目前学术界有关亲环境行为一致性和溢出效应的研究还相当匮乏。既有研究大多是在实验室中进行的概念性分析，集中于一个领域内不同亲环境行为的关系研究，且大多关注于日常亲环境行为对于环境变化的影响，却忽略了旅游情境下亲环境行为的溢出效应和一致性。有关于行为溢出的研究大多集中在发达国家，对发展中国家的研究较少。本研究可能是对发展中国家（中国）亲环境行为一致性和溢出效应的首次研究，将重点关注日常生活和旅游情境。旅游亲环境行为只发生在旅途中，日常亲环境行为比旅游亲环境行为更频繁。本研究从“日常亲环境行为影响旅游亲环境行为”入手，提出如下假设：

H1：“日常亲环境行为”与“旅游亲环境行为”显著相关

二、环境认同及其中介效应

“认同”对行为的一致性和正向溢出效应具有较强的解释力，受到越来越多的关注和支持（Truelove *et al.*，2014；Lanzini and Thøgersen，2014；Verfuerth *et al.*，2019；Frezza *et al.*，2019）。认同可以细分为“社会认同”“自我认同”“环境自我认同”三类。通常情况下，“社会认同”和“自我认同”会影响个体的言行举止和行为倾向。具体而言，在环境保护领域，环保主义者的身份认知即“环境自我认同”会影响个体的亲环境行为实施。有研究表明，“认同”在行为积极溢出中常常发挥着中介或调节作用（Cornelissen *et al.*，2008；Whitmarsh and O'Neill，2010；Poortinga *et al.*，2013）。埃伦等（Ellen *et al.*，2013）研究发现，以亲环境的方式行事可以激发个体的“环保主义者”身份认同，并进一步激励其执行其他亲环境行为，从而产生积极的溢出效应。同样地，拉卡斯（Lacasse，2016）发现，“环保主义者”的身份标签会促使个体实施更多的亲环境行为。这两个发现都符合“自我知觉”和“认知失调”理论（Festinger，1957），即个体从自身的行为中推断出他们的身份要素，并被驱使着与“自我形象”保持一致的行动，如若不然，便会导致“精神上的不适”（Trulove *et al.*，2014；Verfuerth *et al.*，2019）。基于此，我们假设：

H2：“环境自我认同”对个体“日常亲环境行为”和“旅游亲环境行为”存在中介作用；

H2a：“日常亲环境行为”与“环境自我认同”呈显著正相关；

H2b：“环境自我认同”与“旅游亲环境行为”呈显著正相关。

三、道德许可及其中介效应

消极溢出效应归因于反弹效应、单一行为偏差和道德许可效应（Thøgersen and Crompton，2009；Mazar and Zhong，2010；Thøgersen and Noblet，2012；Tiefenbeck *et al.*，2013；Truelove *et al.*，2014）。在这些因素中，道德许可效应最受关注和支持。“道德许可”效应是指执行亲环境行为有时会产生相反的效果，使人们觉得没有义务执行其他的亲环境行为，即“个体先前执行的道德行为允许其后续不道德行为的实施”。从另一个角度来说，许多人将亲环境行为的执行视为伦理贡献的一部分，而不视为义务。一旦执行了一项亲环境行为，便会觉得自己有足够的理由减少其他亲环境行为，甚至觉得未来他们“不再有义务”从事任何其他亲环境行为，甚至被“许可”有资格从事破坏生态环境的行为（Miller and Effron，2010；Merritt *et al.*，2010；Blanken *et al.*，2015）。这些人可能会以过去已经执行了亲环境行为为借口，从而拒绝执行其他难度更大的亲环境行为（Diekmann and Preisendorfer，1998）。“道德许可效应”认为个体的行为受到“自我道德意向”的影响，即个体在执行亲环境行为之后“自我道德感上升”，就会认为“自己的道德水平达到了一定高度”，从而有理由可以在后续做出“违背自我道德的行为”时不需要承担责任（Klöckner *et al.*，2013）。道德许可已被证明会导致更少的亲环境行为和道德行为（Mazar and Zhong，2010），尽管这种效应尚没有被广泛复制（Urban *et al.*，2019）。萨赫德瓦等（Sachdeva *et al.*，2009）指出，“自我意识”的增加可能会相应地导致较少的“伦理选择”和更多的“自我选择”，进而引发消极溢出效应。随着研究的深入，已有学者尝试使用“道德许可”概念来解释亲环境行为的消极溢出效应（Capstick *et al.*，2019；Kaklamanou *et al.*，2015）。基于此，本研究假设：

H3：“道德许可”对个体“日常亲环境行为”和“旅游亲环境行为”存在中介作用；

H3a：“日常亲环境行为”与“道德许可”呈显著负相关；

H3b：“道德许可”与“旅游亲环境行为”呈显著正负相关。

四、环境情感及其调节效应

环境情感主要是指个体欣赏自然环境时的情感属性和引导个体认识环境内在价值的情感特质，表现为个体对环境的欣赏、同情和内疚等（Hungerford *et al.*，1980；Goudie，2013）。在没有具体情境约束的情况下，环境情感往往对个体的亲环境行为具有较强的解释力和预测作用（Stern *et al.*,1999；Steg *et al.*，2005）。凯泽等（Kaiser *et al.*，1999）认为，环境情感在个体的亲环境行为中起着至关重要的作用。梅内塞斯（2010）和坎查纳皮布尔等（2014）也指出，环境情感影响旅游者的亲环境行为实施。福克斯和徐（Fox and Xu，2016）研究发现，环境情感及个体对自然环境的感知能够显著影响其对环境行为和可持续旅游的态度。惠特伯恩等（Whitburn *et al.*,2019）对37篇论文进行元荟萃分析，发现与自然更亲近的人实施亲环境行为的意愿更强烈。斯坎内尔和吉福德（Scannell and Gifford，2010）指出，环境依恋程度较高的人更有可能实施亲环境行为。作为一种强大的先验情感动机，环境情感可能是亲环境行为跨情境溢出的必要因素（Tonge *et al.*,2015）。换句话说，拥有较高环境情感的人可能会更努力地促使自己在不同情境中采取亲环境行为。因此，我们假设：

H4："环境情感"对个体"日常亲环境行为"与"旅游亲环境行为"存在调节作用。

第二节　研究方法

一、问卷设计

本研究采用定量分析方法，探讨变量之间的作用关系。借鉴前人的研究成果设计问卷，问卷包括两个部分。首先，询问受访者的社会人口特征如性别、年龄、受教育程度和收入水平等。其次，设计题项对受访者的日常亲环境行为、旅游亲环境行为、环境认同、道德许可和环境情感等进行测量。题项采用5分制Likert量表，1表示"完全不同意"，2表示"不太同意"，3表示“中立”，4 表示“基本同意”，5 表示“完全同意”。借鉴斯特劳恩和罗伯特（2013）、尤文和多尼卡（2016）等学者的研究成果，本研究将“亲环境行为”划分为“私人领域的亲环境行为”和“公共领域的亲环境行为”两个维度，并将“日常亲环境行为”和“旅游亲环境行为”进行匹配，便于进行后续分析。在回答“日常亲环境行为”和“旅游亲环境行为”的相关问题时，受访者会被提醒“现在请结合您在旅途中的实际行为进行回答”和“接下来，请回忆您在日常生活中的环境行为并进行回答”。“环境认同”变量参考了惠特马什和奥尼尔（Whitmarsh and O'Neill，2010）、埃伦等（2013）的题目进行测量，“道德许可”借助“补偿信念量表”（Capstick *et al.*，2019）进行衡量，“环境情感”测量题项选自福克斯和徐（2016）设计的调查问卷。

二、数据收集

首先，在 20 名旅游者中进行预调研，以检验问卷测量题项的准确性。根据调研反馈意见和问卷整理结果，对题目的措辞进行修改、完善。随后，采用定点便利抽样法，于 2017 年 5—8 月先后在江苏省南京市五个不同类型的旅游景区（如自然保护区、森林公园、旅游度假区、城市公园和文化景区等）进行实地调研。本次调研共发放问卷 901 份，回收问卷 893 份。剔除乱答、漏答问卷，得到有效问卷 717 份，有效回收率 80.3%。对受访者的性别、年龄等人口特征进行分析，发现（表 11-1）性别方面，男性占比 51.9%，女性占比 48.1%，总体比例较为均衡；年龄上，16—65 岁各年龄段均有受访者参与，但集中在 18—35 岁之间；受教育程度以本科/大专为主，占比达到 62.7%（这与目前大众的文化水平普遍较高有关），高中及以下占比仅 25%，硕士及以上占比 12.3%；各行业均有受访者，调研对象多元化且以学生居多（34.8%），其次为公司职员（20.9%）；平均月收入“8 000 元以下”居多（90.6%），出游时间和方式多选择“周末”（39.3%）或“法定节假日”（28.1%）“与亲友一起出游”（49.4%）。

表 11-1 社会人口特征分析

人口特征	属性	人数	比例（%）	人口特征	属性	人数	比例（%）
年龄	18 岁以下	44	6.1	出游方式	跟团游	84	11.7
	18—25 岁	280	39.0		和亲友出游	355	49.4
	26—35 岁	204	28.4		自助游	279	38.9
	36—45 岁	94	13.1	出游时间	周末	282	39.3
	46—55 岁	52	7.2		非周末	106	14.8
	56—65 岁	30	4.2		寒/暑假	128	17.8
	65 岁以上	14	1.9		法定节假日	202	28.1
性别	男	373	51.9	教育程度	初中及以下	49	6.8
	女	345	48.1		高中/中专	131	18.2
婚姻状况	已婚	326	45.4		本科/大专	450	62.7
	未婚	257	35.8		硕士	76	10.6
	其他	135	18.8		博士	12	1.7
年出游次数	2 次以下	229	31.9	职业	学生	250	34.8
	3—5 次	347	48.3		文教技术人员	56	7.8
	6—10 次	99	13.8		公务员	51	7.1
	10 次以上	43	6.0		服务销售商贸	54	7.5
月均收入（元）	1 550 以下	179	24.9		军人	7	1.0
	1 551—3 000	125	17.4		公司职员	150	20.9
	3 001—5 000	178	24.8		农民	10	1.4
	5 001—8 000	168	23.4		离退休人员	39	5.4
	8 001—12 500	47	6.5		其他	101	14.1
	12 501 以上	21	2.9				

本研究借助 SPSS23 和 Smart PLS3 软件偏最小二乘结构方程模型（PLS-SEM）进行数据转换和分析（Caldeira and Kastenholz，2018）。PLS-SEM 通过主成分分析和普通最小二乘回归对结构模型进行估计，是常规 CB-SEM 方法的有效替代。CB-SEM（通常由 Lisrel 或 AMOS 软件执行）基于数据的协方差矩阵，仅考虑共同方差来估计模型参数（Jöreskog，1973；Hair *et al*.，2019）；相比之下，PLS-SEM 是一种基于方差的 SEM 技术，使用总方差进行参数估计（Hair *et al*.，2019），PLS-SEM 允许研究人员在不对数据进行分布假设的情况下估计复杂模型（Chin，1998），是专门用于路径分析和假设检验的新型研究工

具（Nitzl *et al.*，2016；Hair *et al.*，2018）。PLS-SEM 被广泛应用于各种领域，如旅游及酒店的市场营销和管理研究等（Nitzl *et al.*，2016；Ali *et al.*，2018；Han *et al.*，2018）。海尔等（Hair *et al.*，2014）提出“两步处理法”来确保PLS-SEM 的有效性和可靠性。首先应对测量（外部）模型的相关概念及衡量指标之间的关系进行评估；随后应对结构（内部）模型进行评估，并验证理论模型中各构念之间的假设关系（Caldeira and Kastenholz，2018）。每种假设关系都与结构模型中各构念的因果路径相关联，标准化路径系数和显著性水平为结构模型质量提供参考（Henseler and Fassott，2009），其中 *t* 值通过 Bootstrap（5 000个样本）获得（Caldeira and Kastenholz，2018）。

第三节　实证分析与假设检验

一、信度和效度检验

对问卷信度、内部一致性和收敛效度等进行检验（表 11-2）。在指标信度方面，除了“我敬畏大自然”（删除）以外，其他变量的因子荷载均达到 0.6 常用标准。此外，各潜变量的平均方差抽取量（AVE）均高于 0.5，CR 值均超过 0.7，这说明问卷的内部一致性较好，各维度的收敛效度、区分效度较高（Fornell and Larcker，1981）。随后，采用主成分分析法提取公因子，分别命名为“日常亲环境行为”“旅游亲环境行为”“环境认同”“道德许可”和“环境情感”等。

表 11-2　验证性因子分析

潜变量	测量题项	因子载荷值	组合信度值	平均方差抽取量	*t* 值	克隆巴赫系数
旅游亲环境行为（TPEB）	TPEB1 我经常购买环保型产品和服务	0.810	0.845	0.525	46.979	0.770
	TPEB2 我选择有生态标签的住宿方式	0.742			30.688	
	TPEB3 短途行程我选择步行来代替坐车	0.673			21.202	
	TPEB4 我会捡起其他旅游者丢下的垃圾	0.759			32.886	
	TPEB5 我号召他人共同参与环境保护	0.622			17.348	

续表

潜变量	测量题项	因子载荷值	组合信度值	平均方差抽取量	t 值	克隆巴赫系数
日常亲环境行为(DPEB)	DPEB1 我经常购买环境友好产品	0.799	0.918	0.692	49.369	0.889
	DPEB2 我经常购买贴有生态标签的产品	0.842			75.166	
	DPEB3 我经常步行而不是开车	0.878			101.795	
	DPEB4 我会捡起别人丢下的垃圾	0.805			38.672	
	DPEB5 我劝说别人来保护自然环境	0.834			44.911	
道德许可(ML)	ML1 做对环境有意义的事情意味着我可以做另外一些环境不友好的事	0.785	0.913	0.677	37.309	0.881
	ML2 节约用电（如关灯）意味着我可以以其他方式利用这一资源（如用空调）	0.814			45.278	
	ML3 坐飞机旅游对环境造成的影响可以通过日常生活中减少自驾来弥补	0.841			49.962	
	ML4 如果一个人购买绿色生态食品，可以弥补他开车所造成的环境污染	0.812			40.436	
	ML5 减少我在家里的环境破坏可以弥补我工作中对环境造成的不良影响	0.860			66.650	
环境情感(EA)	EA1 大自然是宁静的	0.898	0.924	0.710	107.396	0.898
	EA2 大自然是美丽迷人的	0.872			78.864	
	EA3 大自然是强大的	0.831			42.985	
	EA5 我对自然型的旅游目的地很感兴趣	0.805			41.286	
	EA6 我在自然环境中感到轻松和快乐	0.803			36.205	
环境认同(ID)	ID1 我愿意被描述成环保主义者	0.926	0.917	0.786	149.006	0.864
	ID2 我想让家人或朋友认为我是一个关心环境问题的人	0.862			51.933	
	ID3 我认为自己是一个环境友好的人	0.870			52.677	

二、路径分析和假设检验

在外部模型有效性和可靠性检验后，我们对内部模型进行了共线性检查，以确保回归结果不存在偏差（Hair *et al.*，2019）。本研究对内生模型的解释性方差系数（R^2）进行了检验（Henseler and Fassott，2009）：R^2 表示模型在样本中的解释能力。日常亲环境行为、旅游亲环境行为、环境认同、道德许可的 R^2 值分别为 0.237、0.362、0.195、0.192，日常亲环境行为和旅游亲环境行为符合 $R^2>0.2$ 的常用标准（Hair *et al.*，2014）。参考埃斯凡迪亚尔等（Esfandiar *et al.*，2020））的结论，“环境认同”和“道德许可”的 R^2 值虽未达到 0.2 但已临近界值边缘，亦可被接受。当“环境情感”作为调节变量进行测试时，旅游亲环境行为（$R^2=0.491$）、环境认同（$R^2=0.244$），道德许可（$R^2=0.244$）的 R^2 值均得到改善（如图 11-1），模型具有较好的解释力。

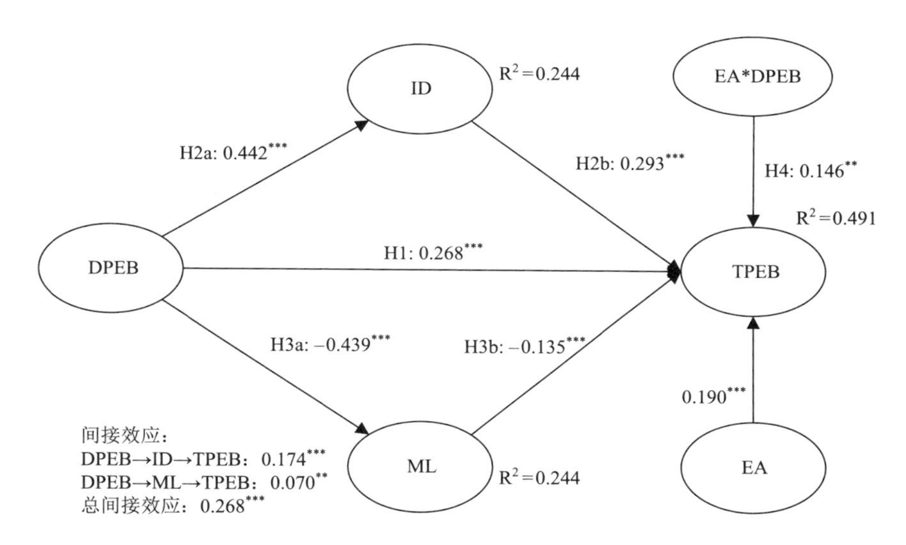

注：DPEB=日常亲环境行为，TPEB=旅游亲环境行为，ML=道德许可，EA=环境情感，ID=环境认同。
*：p<0.05，**：p<0.01，***：p<0.001。

图 11-1　PLS-SEM

三、主效应分析

路径分析显示，“日常亲环境行为”与“旅游亲环境行为”呈显著正相关（ß=0.268，p=0.000），研究假设 H1 得到验证，前因变量与中介变量、中介变量与自变量之间的相关性均具有统计学意义：DPEB-ID（ß=0.442， p=0.000);ID-TPEB(ß=0.293，p=0.000)；DPEB-ML（ß=－0.439，p=0.000)；ML-TPEB（ß=－0.135，p=0.000)。其中，“环境认同（ID）”与“亲环境行为”的关联是积极的，“道德许可（ML）”与“亲环境行为”的关联是消极的。因此，假设H2a、H2b、H3a和H3b都得到了充分支持。PLS-SEM的研究结果表明“环境情感（EA）”与“日常亲环境行为（DPEB）”（ß=0.486，p=0.000)、“环境情感”与“旅游亲环境行为（TPEB）”之间的作用路径具有显著的统计学意义（ß=0.109，p=0.023)。总体而言，“环境情感”和“环境认同”对“亲环境行为的一致性”具有显著的正向影响，而“道德许可”对“亲环境行为的一致性”具有显著的负向影响。

四、环境认同和道德许可的中介效应

紧接着，利用Smart PLS3软件测试“环境认同”和“道德许可”对“亲环境行为”的中介效应。Bootstrap（5 000个样本）统计结果显示，所有间接路径均具有显著的统计学意义。DPEB-ID-TPEB（ß=0.174，p=0.000)、DPEB-ML-TPEB（ß=0.070，p=0.005)、DPEB-TPEB间接效应（ß= 0.268，p=0.000)。此外，DPEB-TPEB直接作用路径也具有显著的统计学意义（图11-1)。由此可见，假设H2和H3得到验证，即：“环境认同”和“道德许可”对“日常亲环境行为”和“旅游亲环境行为”存在中介作用。

“日常亲环境行为”通过“道德许可”对“旅游亲环境行为”的间接作用是正向的（ß=0.070)，表明“道德许可”对“日常亲环境行为”和“旅游亲环境行为”存在正向溢出效应，这是以往文献研究所没有预料到的。究其原因，可能是本研究采用了单时间点的调查问卷测量旅游者是否认同“道德许可”，并将其与他们的“日常亲环境行为”和“旅游亲环境行为”联系起来。如此操作虽然具有一定的局限性，然而，对于探讨不同情境下“道德许可”对个体“亲环境行为一致性”的中介效应仍然有所助益。相似的，惠特马什和奥尼尔（2010）曾采用单时间点调查法，论证了心理变量（如身份认同）在不同情境下对个体亲环境行为的影响。

五、环境情感的调节效应

环境情感的调节效应采用二阶段 Bootstrapping 方法（5 000 个样本）和 Smart PLS3 进行（Henseler，2010；Hair *et al.*，2017）。由图 10-1 可知，交互作用项对“旅游亲环境行为”具有显著的正向影响（0.146），而“环境情感”对“旅游亲环境行为”的简单影响为 0.268。结果表明在平均水平下，“日常亲环境行为”与“旅游亲环境行为”的路径系数为 0.268。而在较高水平上（例如，“环境情感”增加一个标准差单位）、“日常亲环境行为”与“旅游亲环境行为”的路径系数随交互项的增大而增大（0.268－0.146＝0.414）。当“环境情感”水平较低时（如 EA 降低一个标准差单位），“日常亲环境行为”与“旅游亲环境行为”之间的作用关系会减弱（0.268-0.146＝0.122）。

由三条直线的正斜率可知（图 11-2），“日常亲环境行为”与“旅游亲环境行为”之间的作用关系是正向的。因此，较高的 DPEB 水平与较高的 TPEB 水平显著相关。线条斜率陡峭，代表更高水平的“环境情感”，而线条平坦，代表更低水平的“环境情感”。简单斜率图验证了之前关于正面交互作用项的讨论：较高的“环境情感”水平意味着“日常亲环境行为”与“旅游亲环境行为”之间的作用关系更强烈。反之亦然。

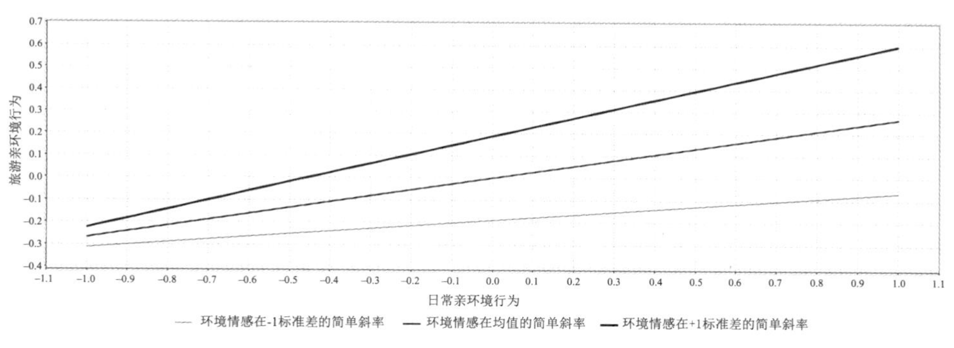

图 11-2　简单斜率分析

接下来，在 Smart PLS 软件中使用 Bootstrap 评估交互项的重要度（Chiu *et al.*，2012）。连接相互作用项和“旅游亲环境行为”路径的 *P* 值为 0.003，95%置信区间为（0.086，0.326），不包括 0。因此，这种效应是显著的。进一步分析调节变量的 f^2，交互项的 f^2 效应为 0.033。参考肯尼（Kenny，2016）的研究结论，该值表示中等效应。迫于最小二乘法（PLS）的局限性，使用 Dawson excel 表格生成双向交互图 11-3（Dawson，2014）。结果与最小二乘法（PLS）相似，证实了上述关于"环境情感"对"日常亲环境行为"和"旅游亲环境行为"具有调节作用的讨论。因此，假设 H4 得到了验证，"环境情感"对"日常亲环境行为"和"旅游亲环境行为"存在调节作用。在日常生活中实施亲环境行为的个体对自然环境富有更强烈的情感依恋，在旅途中也会更为积极地执行亲环境行为。

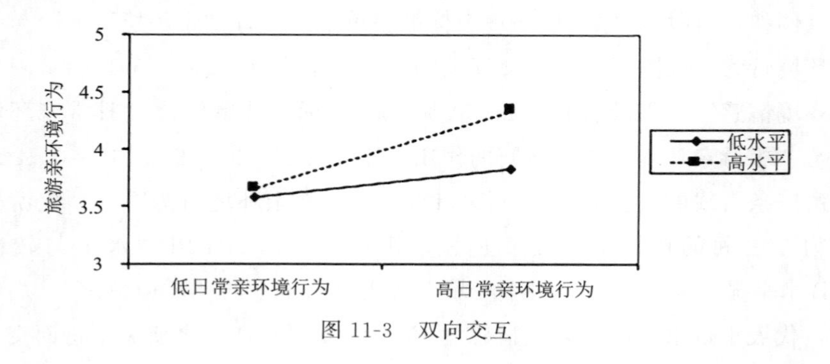

图 11-3　双向交互

第四节　结论与讨论

一、结论

本章基于心理学中的"行为一致性"和"行为溢出效应"理论，以中国南京市为案例地进行实地调研，设置了两个潜在中介变量（"环境认同"和"道德许可"）和一个调节变量（"环境情感"），并构建了偏最小二乘结构方程模型（PLS-SEM）探讨家一途二元情境下旅游者亲环境行为的一致性和溢出效应。得出如下结论：

（1）"日常亲环境行为"与"旅游亲环境行为"正相关。个体在一个情境中环境行为的改变可能会影响到另一个情境中环境行为的改变。总体来说，个体的"日常亲环境行为"通常会促使"旅游亲环境行为"的实施，环境行为的溢出效应存在于情境之间以及情境内部（Whitmarsh and O'Neill，2010；

Evans *et al.*，2013；Truelove *et al.*，2014；Lanzini and Thøgersen，2014；Verfuerth *et al.*，2019）；

（2）“日常亲环境行为”和“旅游亲环境行为”均与“环境认同”“环境情感”呈正相关，而与“道德许可”呈负相关。因此无论是个体“亲环境身份认同”或“环境情感”增加，还是“道德许可信念”减少，都有可能促使家庭和旅途中持续的亲环境行为实施；

（3）“亲环境认同”和“道德许可信念”对旅游者的“日常亲环境行为”与“旅游亲环境行为”存在中介作用。这表明，二元情境下，亲环境行为的一致性在一定程度上取决于个体是否具有强烈的“环境认同”。调查结果再次验证了先前的研究，解释了“环境认同”对“亲环境行为”的积极溢出效应（Thøgersen and Crompton，2009；Thøgersen and Noblet，2012；Lanzini and Thøgersen，2014）。“道德许可”与“亲环境行为一致性”负相关，即对于那些在日常生活中经常执行亲环境行为但认为自己在道德上已经做得足够多的人来说，其在旅游时的亲环境行为会更少（Diekmann and Preisendorfer，1998；Khan and Dhar，2006；Thøgersen and Crompton，2009；Mazar and Zhong，2010）。这可能是对提倡亲环境行为的实际价值的限制：如果每个人只满足于一个（可能更容易）亲环境行为，将很可能会导致无法通过改变个体行为来实现环境保护的目标；

（4）“日常亲环境行为”与“旅游亲环境行为”的关联强度受到“环境情感”变量的调节，“环境情感”在家—途二元情境中个体“亲环境行为一致性”中发挥着重要的调节作用（Sivek and Hungerford，1990；Schultz *et al.*，2004）。这一发现意味着，强烈的环境情感动机建设是必要的。对自然环境的依恋可能会促使个体更广泛地采用可持续的生活方式。研究结果还表明，“日常亲环境行为”与“旅游亲环境行为”的一致性存在于“高环境情感”和“低环境情感”之间，“较高的环境情感”会增加“日常环境行为”与“旅游环境行为”之间的关联强度。“环境情感”是亲环境行为的重要驱动因素，对环境富有情感和依恋的个体更倾向于跨情境（离开家庭）实施亲环境行为。

总体来说，这些发现弥补了之前研究的空白，并验证了亲环境行为领域“积极溢出效应”（Thøgersen and Crompton，2009；Thøgersen and Noblet，2012；Lanzini and Thøgersen，2014）和“消极溢出效应”的存在

(Thøgersen and Crompton，2009；Barr *et al.*，2010；Tiefenbeck *et al.*，2013)。“道德许可”对“亲环境行为”的“消极溢出”丰富了亲环境行为研究领域的文献(Capstick *et al.*，2019；Kaklamanou *et al.*，2015)，并深化了我们对“道德许可”的认知，“道德许可”是跨情境中“亲环境行为一致性”问题的来源。

二、讨论

1. 理论贡献

本研究丰富了亲环境行为一致性和溢出效应的研究成果，提供了如何改进旅游者行为变化的见解(Font and McCabe，2017)。在本研究中，个体在家庭和旅途中的亲环境行为一致性是明显的，揭示了亲环境行为的溢出效应(Whitmarsh and O'Neill，2010；Evans *et al.*，2013；Truelove *et al.*，2014；Lanzini and Thøgersen，2014；Whitmarsh *et al.*，2018)。同时，本研究还对行为溢出理论的发展作出了重要贡献。本章引入环境心理学中的相关理论成果和研究方法，借助心理学中的“行为溢出理论”比较旅游者“日常亲环境行为”和“旅游亲环境行为”之间的联系与差异，探索了积极溢出、消极溢出和零溢出影响机制，最终目的在于“如何促进旅游者在旅游过程中执行更多的亲环境行为”。现有研究中关于不同领域亲环境行为关系的研究较少，将“溢出效应”应用到亲环境行为领域的研究更是几乎一片空白。“溢出效应”是一个十分成熟的理论，将其运用到亲环境行为研究中具有充分的合理性，可以更好地解释不同情境下亲环境行为之间的关系。另外，不同领域之间的行为溢出研究，对于丰富现有理论具有重要意义。有证据表明，亲环境行为在情境间的一致性部分取决于环境情感。环境情感越强烈，亲环境行为在情境间的关联就越紧密。环境情感是亲环境行为的关键影响因素，情境溢出有时甚至可能会取决于环境情感(Groot and Steg，2007；Cornelissen *et al.*，2008)。

2. 管理启示

(1) 考虑到个体的“日常亲环境行为”可能会影响他们的“旅游亲环境

行为”，因此政策制定者应该鼓励其在家中开展更多有利于环境保护的活动。例如，应鼓励个体参与与旅游相关的社交媒体来讨论环境问题、增加与大自然的接触、体验大自然的美好，以此强化旅游者的环境情感并促使其执行更多的亲环境行为；可提高旅游者的环境身份认同，在旅游者执行了亲环境行为之后，政府或相关单位应该给予其“绿色旅游者”称号或绿色身份标签。提高旅游者“环保主义者”自我感知和身份认同，能够有效地激励其实施亲环境行为，以此增加消费者采取亲环境行为的机会，使得亲环境行为的选择变得更加具有吸引力；亲环境行为不是孤立的，政府应制定侧重于具体的亲环境行为的政策和沟通策略，从而有效地说服人们采取更多的亲环境行为，产生积极的溢出效应，促进环境保护；

（2）消极溢出受道德许可效应的影响，这个结论也为如何促进积极溢出提供了参考。人们很可能因为之前的亲环境行为而做出非亲环境行为，因此在对亲环境行为进行干预的时候（比如推进环境教育，倡导环保行为）需要系统地评估干预效果，考察多种亲环境行为，以减少道德许可效应的负面影响。如果只考虑单一亲环境行为，很可能会因为道德许可效应的影响而无法达到保护环境的目的。从个体角度来说，当完成一个善行之后，个体往往会忘记自己的目标，所以我们要更加关注个体的环保目标。目标承诺会表现出亲环境行为的一致性，因此需要通过提高个体对环保目标的承诺来增加亲环境行为；

（3）女性、受教育水平高、年轻、收入高的群体更愿意在旅游中执行亲环境行为。这表示一方面，要重点关注男性、受教育水平较低、年龄较长、收入较低的人群，培育其践行亲环境行为的意识，促进旅游的可持续发展。另一方面，需要结合公众特征和旅游需求进行市场细分，提供相应的旅游产品和服务，鼓励绿色环保的旅游行为。

3. 局限与展望

自述式的问卷测量受到社会期望的影响（Kormos and Gifford，2014），可能会导致同源数据方法偏差问题（Podsakoff *et al.*，2003）。本研究中，我们只评估了五种亲环境行为，而实际上，亲环境行为还有很多。未来研究应减少对环境行为的主观评价，充分考虑各种亲环境行为。此外，还可以进一步考虑情境和行为之间的溢出效应。例如，日常生活中减少私家车使用，旅游时更尊重自然栖息地；或评估其他潜在的干预因素，如与个体差异相对的环境因素等对溢出效应的影响（Nash *et al.*，2017）。需要注意的是，行为溢出通常是指个体“最初的目标行为”发生了改变，并且这个“最初的目标行为”的改变导致其他“非目标行为”的改变。溢出效应通常需要借助“实验室实验”或“实地干预”进行检验，“环境情感”“亲环境认同”和“道德许可”均有助于解释“日常亲环境行为”与“旅游亲环境行为”之间的正、负相关关系。斯特恩（1999）、惠特马什（2010）等学者也采用这种方法论证了“不同情境下各种亲环境行为可以通过特定的心理变量进行预测”，但这同时意味着应该谨慎解读我们的研究结果。未来研究应更多借助实验法论证行为的溢出效应。

第十二章　基于价值—信念—规范和环境认同理论的旅游者亲环境行为驱动机制：中越对比

随着旅游业的急速发展和旅游者破坏环境等不文明行为的实施，环境问题逐渐成为人类面临的巨大挑战。环境责任与利益的分配不公、旅游者行为失范，导致旅游地面临严重的生态危机，旅游者亲环境行为成为人地关系研究的热门话题（朱梅、汪德根，2019）。学者们围绕亲环境行为的概念（Miao and Wei，2016）和维度（Juvan and Dolnicar，2016）等展开讨论，创建了负责任环境模型（Hines *et al.*，1986）、多因素整合模型（Bamberg and Moser，2007）探讨亲环境行为的发生机制。其中，价值—信念—规范理论因其较为合理的逻辑框架，在亲环境行为领域得到广泛应用（Kiatkawsin and Han，2017；Han *et al.*，2018）。有少数学者进行了环境认同对环境行为的预测研究，认为环境认同是环境行为的重要影响因素，应当成为亲环境行为研究的重要方向（Weigeit，1997；Gatersleben *et al.*，2012；Carfpra *et al.*，2017）。

既有文献多是以公众、旅游地居民和企业为研究对象（Liu *et al.*，2020；范香花等，2019）。国内外旅游学界对环境认同的研究仍处于起步阶段，未能充分意识到环境认同尤其是环境自我认同对环境行为的影响，缺乏定量的实证分析，价值—信念—规范和环境认同理论的结合更是鲜有涉及。环境认同与价值观、道德规范之间的作用关系如何？环境认同如何促进亲环境行为？不同文化背景下旅游者亲环境行为是否存在差异？还有待深入研究。

基于此，本研究将亲环境行为划分为旅游公共交通行为、生态酒店住宿行为、绿色产品和服务消费行为三个维度，并基于价值—信念—规范和环境认同理论的双重视角构建二阶结构方程模型。随后，以中国江苏盐城国家级珍禽自然保护区和越南下龙湾景区为案例地，实证探讨环境价值观、环境信念、环境规范、环境认同等因素对旅游者亲环境行为的作用路径和影响效应。

第一节　理论基础与研究假设

一、理论基础与研究假设

1. 价值—信念—规范理论

“价值—信念—规范”理论是“价值基础理论”和“规范激活理论”的产物，是专门用于预测个体环境行为的理论模型。该理论将价值、信念、个人规范和环境行为通过因果链条的方式连接起来，为预测亲环境行为提供了较为合理的框架（Kiatkawsin and Han，2017）。

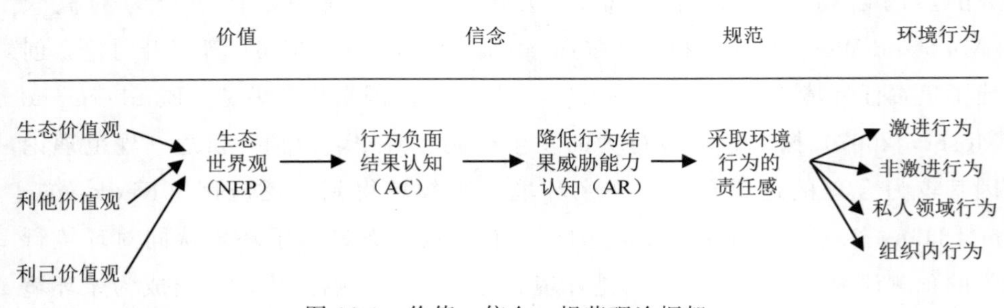

图 12-1　价值—信念—规范理论框架

价值观是指个人对环境及相关问题所感知到的价值，包括利己主义、利他主义和生物圈三种价值取向（徐菲菲、何云梦，2016）。利己主义价值观以个人利益为中心，对亲环境行为存在消极影响。利他主义和生物圈价值观强调生态系统的成本和收益，能够激发个体的亲环境行为。本研究侧重于讨论价值观对亲环境行为的积极作用，因此在后续设计中舍弃了利己主义价值观，仅保留了利他主义和生物圈价值观。

信念是指人们为解决环境问题而作出个人努力的意愿，通常可借助环境后果意识和责任归属来衡量（徐菲菲、何云梦，2016）。环境后果意识是指个体是否注意到如果实施（或不实施）某一行为会对他人或事物产生影响，责任归属是指个体对实施（或不实施）某一行为而产生结果的责任感（Ellen *et al.*，2014)。

"个人规范"是被内化的"社会规范"，是个体实施或减少某一特殊行动的"道德规范"，表现为个体在参与亲社会行为过程中所感知到的道德责任感和义务感（张玉玲等，2014)。责任归属、个人规范和道德规范存在高度一致性，可以互换使用，但道德规范的范畴更为广泛（胡兵等，2014)。道德规范建立在关心他人幸福和利益的价值观之上，对环境行为具有较强的约束作用（Hines *et al.*，1986)。具有道德规范的个体通常会实施负责任的环境行为（Thøgersen，1996；Tanner，1999)。当个体意识到破坏环境会给他人带来危害，并且将环境破坏的责任归咎于自身时，其对亲环境行为的道德规范趋于强烈，更倾向于实施亲环境行为（Fornara *et al.*，2016)。因此，我们假设：

假设1（H1)：环境价值观显著正向影响环境后果意识；

假设2（H2)：环境后果意识显著正向影响道德规范；

假设3（H3)：道德规范显著正向影响亲环境行为。

2. 环境认同理论

环境认同理论又称环境身份理论，由美国学者维吉特（Weigeit，1997）提出，旨在通过身份的重塑来改变个体的不良环境行为，解决环境问题和生态危机（刘立波，2017)。在人与自然环境的互动关系中，环境认同是个体在自我的定义中包含的与自然环境相关联的一种意识（Clayton，2003)。行为主体依据外界对自己的评价进行自我归类，形成环境身份，并经由自我认同与强化过程对环境行为产生影响（Stets and Biga，2003)。当行为主体把自己归于某一社会类别或群体后，会促使自己积极保持信念、态度等与该群体相似，并通过群内互利或群间冲突强化环境认同，最终作用于个体的环境行为（刘立波，2017)。在研究过程中，学者们提出了"环境自我认同"的概念，即"个体在多大程度上愿意将自己描述成环保主义者或亲近环境的人"（Gatersleben *et al.*，2012)。价值观和行为准则是个体形成环境自我认同的前提，而环境自我认同是价值观和道德规范的中介变量（Fornara *et al.*，2016)。在没有外部奖励的情况下，环境自我认同可能是亲环境行为的重要影响因素（Ellen *et al.*，2014)。在特定的旅游情境中，内化的环境价值观将激活个体的环保主义身份认知，并经由后果意识和道德规范促进亲环境行为

(Wang *et al*., 2015)。利他主义价值观和生物圈价值观越强烈，环境的自我认同感就越强（Ellen *et al*., 2014)。环境自我认同越强烈，环境后果意识和道德规范越清晰，就越有可能实施亲环境行为（Ellen and Steg，2016)。因此，我们假设：

假设 4（H4)：环境价值观显著正向影响环境自我认同；

假设 5（H5)：环境自我认同显著正向影响环境后果意识；

假设 6（H6)：环境自我认同显著正向影响道德规范。

二、模型构建

价值—信念—规范理论为亲环境行为研究奠定了基础。但是，它忽略了各因素之间的相互作用，可能无法将亲环境行为复杂的心理驱动机制解释到令人满意的水平（Han *et al*., 2018)。国外学者就环境认同的内涵演化与测量方法等进行分析，理论成果渐趋成熟。然而国内有关环境认同与环境行为关系的研究尚显不足，未能充分意识到环境认同对亲环境行为的影响。因此，本研究尝试将价值—信念—规范理论和环境认同理论相结合，探测亲环境行为的发生机理和作用机制。遵循模型简约性原则，使用“道德规范”变量替换价值—信念—规范模型的“责任归属”和“个人规范”变量，并引入“环境自我认同”变量构建概念模型如下所示（图 12-2)：

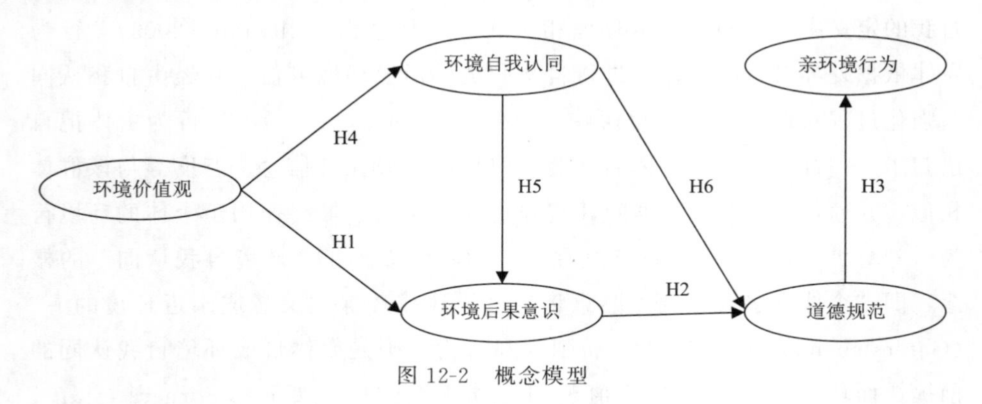

图 12-2　概念模型

第二节　研究方法

一、案例地概况

本研究选取中国盐城国家级珍禽自然保护区和越南下龙湾景区为案例地。之所以选择中国和越南为案例地，是因为同属于发展中国家，且具有同源文化和经济发展阶段的相似性。江苏盐城国家级珍禽自然保护区位于中国江苏省盐城市，区域面积 247 260 公顷，其主要保护对象为丹顶鹤等珍稀野生动物及其赖以生存的湿地生态系统。下龙湾是越南北部的一个海湾，区域面积 150 000 公顷。这两个景区均是以湿地景观和自然资源为主要吸引物的世界自然遗产地，在生态旅游和环境资源保护方面具有一定的代表性。

二、问卷设计

本研究借用卡夫普拉等（Carfpra *et al.*，2017）和埃伦（2014）的成果设计问卷。为了保证表述准确性，采用回译法并结合德尔菲意见对题目措辞进行微调。问卷包括两部分，第一部分是旅游者的基本特征（表 12-1），如性别、年龄、受教育水平等；第二部分是问卷的主体，共设计 26 个题目（表 12-2）测量旅游者的环境价值观、环境自我认同、环境后果意识、道德规范与亲环境行为。问卷采用 5 分制 Likert 量表：1 代表“完全不同意”，5 代表“完全同意”。

三、数据收集

使用定点便利抽样法，于 2017 年 5—8 月、9—10 月先后在中国江苏盐城国家级珍禽自然保护区和越南下龙湾景区进行调研。共发放问卷 800 份（中国和越南各 400 份），回收有效问卷 713 份（中国 359 份，越南 354 份）。受访者中（表 12-1），中国男性旅游者稍多（54.60%）且多为未婚（41.80%），而越南女性旅游者稍多（51.10%）且多为已婚（53.40%）；中、越旅游者年龄均集中在18—35岁（中国69.00%，越南65.50%），受教育程度以本科/大专为主（中国66.60%，越南59.30%），游客倾向于周末（中国42.90%，越南36.40%）或节假日（中国32.90%，越南24.00%）与亲友一起出游（中国51.50%，越南48.90%）或自助游（中国39.30%，越南37.60%）。

表12-1　人口特征分析

人口特征	属性	比例（%）		人口特征	属性	比例（%）	
		越南	中国			越南	中国
性别	男	48.9	54.6	出游方式	团队游	13.6	9.2
	女	51.1	45.4		和亲友一起出发	48.9	51.5
年龄	小于18岁	5.1	7.2		自助游	37.6	39.3
	18—25岁	33.6	44.8	月均收入	1 550元以下	24.9	25.3
	26—35岁	31.9	24.2		1 551—3 000元	13.8	21.2
	36—45岁	15.0	11.4		3 001—5 000元	25.1	24.0
	46—55岁	7.3	7.0		5 001—8 000元	23.7	23.4
	56—65岁	4.2	4.2		8 001—12 500元	8.8	4.2
	大于65岁	2.8	1.1		12 501元以上	3.7	1.9
婚姻状况	已婚	53.4	37.0	出游时间	周末	36.4	42.9
	未婚	29.9	41.8		非周末	18.9	9.7
	其他	16.7	21.2		寒/暑假	20.6	14.5
教育程度	初中及以下	9.0	4.5		法定节假日	24.0	32.9
	高中/中专	16.4	19.5	年出游次数	1—2次	34.2	29.0
	本科/大专	59.3	66.6		3—5次	45.2	51.8
	硕士	13.6	7.8		6—10次	14.4	13.4
	博士	1.7	1.7		10次以上	6.2	5.8
职业	学生	29.4	40.7	职业	军人	1.1	0.8
	文教技术人员	7.1	8.6		公司职员	22.0	19.8
	公务员	7.1	7.2		农民	0.8	1.9
	服务销售商贸	8.8	5.8		离退休人员	6.2	4.7
	其他	17.5	10.3				

第三节　实证分析与假设检验

一、数据正态性与同源误差检验

首先对测量题项进行偏度和峰度检验。结果显示，各指标的偏度系数在−1.79—0.13之间，峰度系数在−0.79—3.82之间，样本数据符合多元正态分布。随后，应用Harman单因素检验法进行探索性因子分析，调研数据的共同方法偏差问题不明显，数据同源误差不严重。

二、模型内在性质检验

由表12-2可知，中、越旅游者样本中，各变量的标准化因子载荷均大于0.60且在$p<0.01$水平显著。潜变量的组合信度均高于0.70，平均方差抽取量除中国旅游者“环境自我认同”和越南旅游者“环境后果意识”外均达到0.5的基本要求。作为仅有的不合格项，可以采纳（李文明等，2019）。问卷的信、效度较好，模型内在质量理想。

表12-2　模型质性检验

潜变量	题项	中国				越南			
		因子载荷	克隆巴赫信度系数	组合信度	平均方差抽取	因子载荷	克隆巴赫信度系数	组合信度	平均方差抽取
生物圈价值观	VB1	0.81	0.85	0.77	0.65	0.79	0.82	0.82	0.61
	VB2	0.83				0.78			
	VB3	0.77				0.76			
利他价值观	VA1	0.89	0.80	0.81	0.68	0.92	0.85	0.85	0.75
	VA2	0.76				0.81			
环境自我认同	ID1	0.81	0.67	0.73	0.48	0.80	0.75	0.75	0.51
	ID2	0.64				0.62			
	ID3	0.60				0.70			

续表

潜变量	题项	中国				越南			
		因子载荷	克隆巴赫信度系数	组合信度	平均方差抽取	因子载荷	克隆巴赫信度系数	组合信度	平均方差抽取
环境后果意识	AC 1	0.69	0.78	0.79	0.55	0.61	0.66	0.73	0.49
	AC2	0.81				0.84			
	AC3	0.71				0.62			
道德规范	PN1	0.66	0.83	0.80	0.50	0.72	0.85	0.82	0.53
	PN2	0.68				0.75			
	PN3	0.75				0.70			
	PN4	0.74				0.74			
生态酒店住宿行为	BA1	0.69	0.81	0.78	0.54	0.63	0.84	0.80	0.58
	BA2	0.80				0.81			
	BA3	0.72				0.82			
公共交通行为	BT1	0.69	0.76	0.80	0.51	0.73	0.82	0.81	0.52
	BT2	0.71				0.69			
	BT3	0.69				0.76			
	BT4	0.76				0.71			
绿色产品消费行为	BP1	0.58	0.84	0.81	0.51	0.73	0.85	0.80	0.50
	BP2	0.78				0.70			
	BP3	0.82				0.72			
	BP4	0.75				0.69			

注：VB1＝人是自然界的一部分，应该与自然和谐相处；VB2＝大自然的多样性必须得到尊重和保护；VB3＝动物的生存发展权利必须得到尊重和保护；VA1＝世界和平和平等很重要；VA2＝社会正义和乐于助人很重要；ID1＝我愿意被描述成环保主义者；ID2＝我愿意被家人或朋友看作是关心环境的人；ID3＝我认为自己是环境友好人士；AC1＝环境质量变差主要是人为因素造成的；AC2＝如果不采取措施很多珍稀动植物将会灭绝；AC3＝旅游业可能会造成环境污染和气候变化；PN1＝我有义务保护环境；PN2＝我们必须对旅游过程中造成的环境问题负责；PN3＝无论其他人怎么做，我必须以环保的方式行事；PN4＝我们必须实施环保行为减少对目的地环境的破坏；BA1＝旅行中，我选择有生态标签的住宿方式；BA2＝旅行中，我选择有绿色证书的住宿方式；BA3＝旅行中，我选择当地民宿而不是连锁型酒店；BT1＝旅行中，我选择乘坐公共交通减少自驾；BT2＝旅行中，我尽可能骑行（如租用单车）以保护环境；BT3＝旅行中，较短的行程我选择步行来代替坐车；BT4＝旅行中，我愿意和其他人共享单车；BP1＝旅行中，我有意识地购买低污染的产品和服务；BP2＝旅行中，我经常购买环保型旅游产品；BP3＝旅行中，我倾向于购买可回收和可降解的旅游产品；BP4＝旅行中，我劝阻亲友购买危害环境的产品。

三、模型拟合与假设检验

模型拟合通常用卡方自由度之比（$1<\chi^2/df<3$）、拟合优度指数（GFI>0.90）、相对拟合指数（CFI>0.90）、累积拟合指数（IFI>0.90）、规范拟合指数（NFI>0.90）、近似误差均方根（RMSEA<0.80）等指标检验。AMOS输出结果显示，中国旅游者数据中，$\chi^2/df=2.06$、IFI＝0.91>0.90、CFI＝0.92>0.90、RMSEA＝0.05<0.08、NFI＝0.86<0.90、RFI＝0.85<0.90、PCFI＝0.82<0.90；越南旅游者数据中，$\chi^2/df=2.10$、IFI＝0.93>0.90、CFI ＝0.93>0.90、RMSEA＝0.06<0.08，NFI＝0.87<0.90、RFI＝0.86<0.90、PCFI＝0.82<0.90。中、越旅游者数据中，NFI、RFI 和 PCFI 均未达到常用标准，说明模型有待修正。随后根据修正指数 MI 值，依次将相关观测变量的误差项设置成共变关系对模型进行修正。修正后中、越模型的卡方自由度之比降低（$\chi^2/df_{中}=1.88$，$\chi^2/df_{越}=1.86$），且 NFI（$NFI_{中}=0.90$、$NFI_{越}=0.90$）、RFI（$RFI_{中}=0.94$、$RFI_{越}=0.96$）和 PCFI（$PCFI_{中}=0.94$、$PCFI_{越}=0.95$）均达到优秀标准，表明修正模型可以被接受。

表 12-3　修正模型假设检验结果

作用路径	中国				越南			
	路径系数	临界比值	标准误差	结论	路径系数	临界比值	标准误差	结论
H1：环境价值观→环境后果意识	0.67	5.80***	0.21	支持	0.39	4.69***	0.10	支持
H2：环境后果意识→道德规范	0.58	7.83***	0.08	支持	0.47	6.48***	0.09	支持
H3：道德规范→亲环境行为	0.56	7.08***	0.06	支持	0.52	6.23***	0.06	支持
H4：环境价值观→环境自我认同	0.27	3.13**	0.21	支持	0.31	4.05***	0.18	支持
H5：环境自我认同→后果意识	0.27	3.89***	0.05	支持	0.25	3.28**	0.04	支持
H6：环境自我认同→道德规范	0.22	3.28**	0.05	支持	0.45	6.41***	0.05	支持

注：** $P<0.01$，*** $P<0.001$

在 AMOS 中使用极大似然法进行统计显著性检验，结果显示六条研究假设在中、越模型中均得到有效验证（表 12-3）。由表 12-3 和图 12-3 可知，价值—信念—规范和环境认同理论能够合理解释旅游者亲环境行为的发生机制，且中、越旅游者亲环境行为驱动模型和作用路径基本相同。两组模型均表现出“环境价值观→环境后果意识→道德规范→亲环境行为”“环境价值观→环境自我认同→环境后果意识→道德规范→亲环境行为”“环境价值观→环境自我认同→道德规范→亲环境行为”的作用路径。价值观是亲环境行为的基础变量，道德规范是亲环境行为最直接也是最重要的影响因素。但是，从路径系数和影响效应来看：“环境价值观→环境自我认同”（$\beta_{中}=0.27^{**}$，$\beta_{越}=0.31^{***}$）、“环境自我认同→道德规范”（$\beta_{中}=0.22^{**}$，$\beta_{越}=0.45^{***}$）在越南旅游者中更显著，“环境价值观→环境后果意识”（$\beta_{中}=0.67^{***}$，$\beta_{越}=0.39^{***}$）、“环境自我认同→环境后果意识”（$\beta_{中}=0.27^{***}$，$\beta_{越}=0.25^{**}$）、“环境后果意识→道德规范”（$\beta_{中}=0.58^{***}$，$\beta_{越}=0.47^{***}$）、“道德规范→亲环境行为”（$\beta_{中}=0.56^{***}$，$\beta_{越}=0.52^{***}$）在中国旅游者中更明显。因此，环境价值观、环境后果意识、道德规范对中国旅游者亲环境行为的作用强度大于越南旅游者，而环境自我认同对亲环境行为的作用强度小于越南旅游者。

此外，SPSS 均值差异性检验结果显示（表 12-4）：

（1）中、越旅游者“环境自我认同”的均值得分不存在显著差异，但“环境价值观”“环境后果意识”“道德规范”的因子均值差异显著（$t_{价值观}=4.79^{***}$，$t_{后果意识}=5.47^{***}$，$t_{道德规范}=4.65^{***}$），中国旅游者各因子均值得分高于越南旅游者。这说明，在大力倡导生态文明建设的时代背景下，中国旅游者基本树立了利他主义和生物圈价值观，在兼顾其他群体利益的同时能够关注动植物等非人类物种的权利，对自身行为可能会造成的环境影响和所负有的道德责任有着更为清晰的认知；

（2）越南旅游者“绿色产品和服务消费行为”和“生态酒店住宿行为”因子均值得分低于中国旅游者。越南旅游者“公共交通行为”因子均值得分高于中国旅游者，二者在旅游交通方式选择上存在显著差异（$t=2.29^{**}$）。相对于中国旅游者而言，越南旅游者更偏好乘坐公共交通。其原因可能是，一方面，中国的经济发展水平较高，旅游者具备较好的物质条件；另一方面，伴随着共享经济、租赁经济以及自驾游市场的兴起，中国旅游者更热衷于舒适、便捷的出游方式。

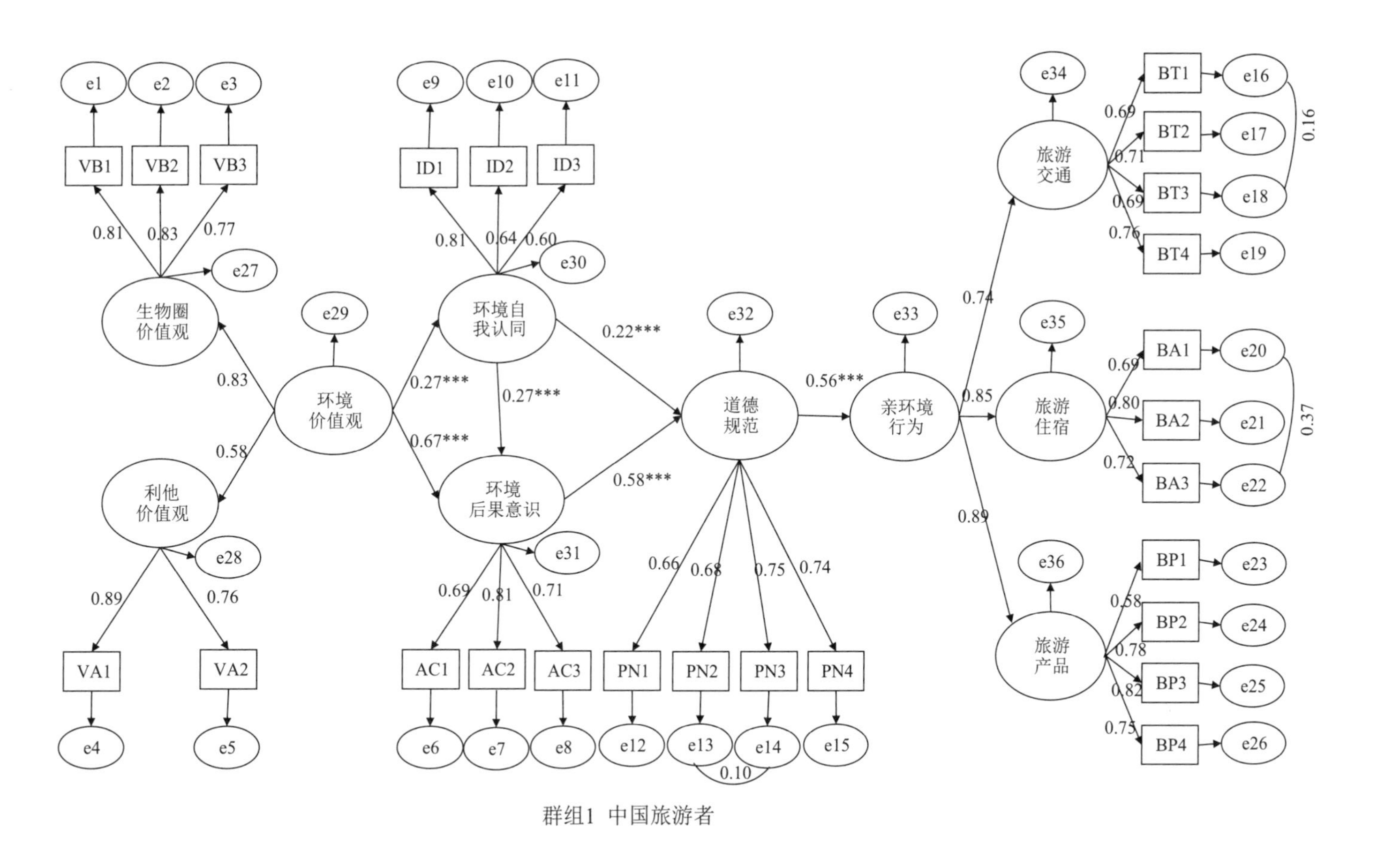
生物圈
价值观
利他
价值观
环境
价值观
环境自
我认同
环境
后果意识
道德
规范
亲环境
行为
旅游
交通
旅游
住宿
旅游
产品
VB1
VB2
VB3
VA1
VA2
ID1
ID2
ID3
AC1
AC2
AC3
PN1
PN2
PN3
PN4
BT1
BT2
BT3
BT4
BA1
BA2
BA3
BP1
BP2
BP3
BP4
0.81
0.83
0.77
0.89
0.76
0.83
0.58
0.27***
0.67***
0.27***
0.22***
0.58***
0.56***
0.74
0.85
0.89
0.81
0.64
0.60
0.69
0.81
0.71
0.66
0.68
0.75
0.74
0.10
0.69
0.71
0.69
0.76
0.16
0.69
0.80
0.72
0.37
0.58
0.78
0.82
0.75

群组1 中国旅游者

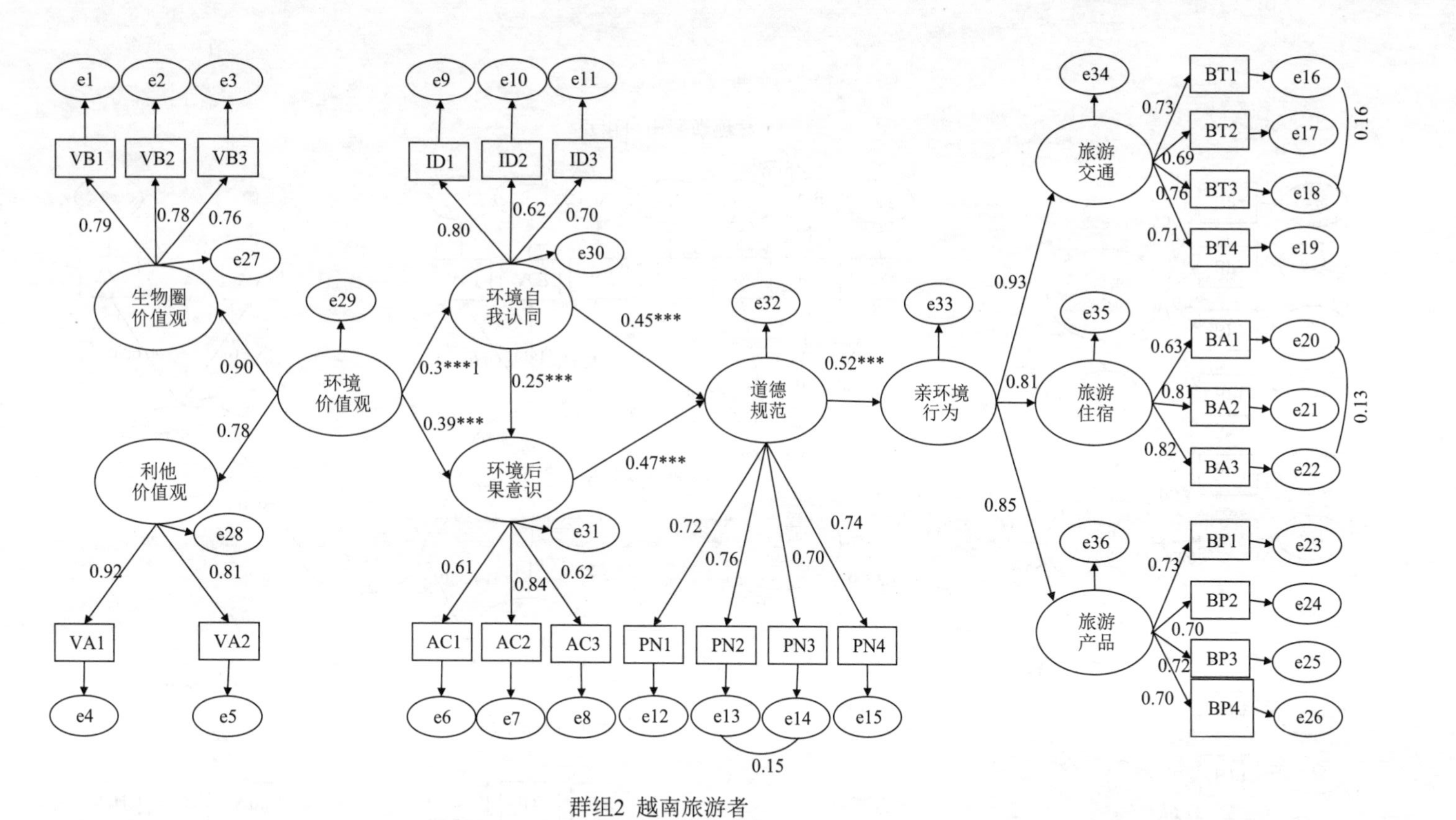

群组2 越南旅游者

图 12-3 标准化结构方程模型

表 12-4 因子均值分析

因子类型	因子	因子均值		均值差异性检验
		中国	越南	
二阶因子	价值观	4.76	4.59	4.79***
一阶因子	生物圈价值观	4.76	4.59	4.19***
一阶因子	利他价值观	4.77	4.59	4.05***
一阶因子	环境自我认同	4.09	4.04	1.04
一阶因子	环境后果意识	4.42	4.15	5.47***
一阶因子	道德规范	4.58	4.37	4.65***
二阶因子	亲环境行为	4.13	4.04	1.88
一阶因子	绿色产品和服务消费行为	4.15	4.07	1.37
一阶因子	生态酒店住宿行为	3.92	3.86	1.02
一阶因子	公共交通行为	4.15	4.26	2.29**

第四节 结论与讨论

一、结论

基于价值—信念—规范和环境认同理论探讨旅游者亲环境行为的发生机制，构建的理论模型得到有效验证，研究发现：

（1）中、越旅游者具有基本相同的亲环境行为驱动机制和作用路径。环境价值观是环境行为的基础，在亲环境行为决策中起着决定性作用。“道德规范”是亲环境行为最直接也是最重要的影响因素，对亲环境行为存在积极的促进作用。“环境自我认同”受价值观影响，并经由“环境后果意识”和“道德规范”间接影响亲环境行为，是价值观和亲环境行为的重要中介变量。在环境保护领域，环境价值观和环境自我认同会影响个体亲环境行为的执行。而在具体的旅游情境中，旅游者内化的环境价值观会激活其环保主义者的身份认知，即“环境自我认同”，导致其参与环境保护的道德义务感增强，并最终促使其参与到环境保护中来；

（2）就路径系数和影响效应来看，“环境价值观→环境自我认同”“环境自我认同→道德规范”在越南旅游者中更显著，“环境价值观→环境后果意识”“环境自我认同→环境后果意识”“环境后果意识→道德规范”“道德规范→亲环境行为”在中国旅游者中更显著。环境价值观、环境后果意识、道德规范对中国旅游者亲环境行为的作用强度大于越南旅游者，而环境自我认同对亲环境行为的作用强度小于越南旅游者；

（3）均值差异性检验结果显示，中、越旅游者在具体的亲环境行为方面存在较大差异。中国旅游者对利他主义和生物圈价值观之间的差异有着更为清晰的认知，具有更强烈的环境后果意识和道德责任感，“环境价值观”“环境自我认同”“环境后果意识”“道德规范”因子均值得分均高于越南旅游者。中、越旅游者“绿色旅游产品和服务消费行为”以及“生态酒店住宿行为”较为相似，但在“旅游交通行为”存在显著差异，越南旅游者更偏好公共交通。

二、讨论

环境价值观、环境自我认同、环境后果意识、道德规范是亲环境行为的重要影响因素，且中、越旅游者在环境价值观、环境后果意识、道德规范和旅游交通方式选择等方面存在显著差异，这启示我们：

①应重视价值观在行为决策中的基础作用，进行生态价值观培育。中国旅游者对利他价值观和生物圈价值观之间的差异有着清晰的认知，而越南旅游者对利他价值观和生物圈价值观存在认知缺陷，要重点对越南旅游者进行差异化教育，从根源上纠正“人类中心主义”等传统价值观念，促使其树立“生态中心主义”的利他价值观；②进行环境知识教育，增强环境后果意识和责任感；③重视舆论监督，强化道德管控，营造全民环保的社会风气，促使旅游者产生责任感；④推进供给侧结构性改革，升级旅游消费结构。中、越旅游者能够积极选购绿色、无污染的旅游产品，但是对生态酒店的关注较低。中国旅游者有强烈的环境价值观、环境后果意识与责任感，能够驱使其选择低碳、环保的公共交通以缓解对自然环境的压力，对公共交通服务体系的要求也更高。然而在实际的旅游过程中，旅游公共交通的便利性和可达性普遍较低。旅游需求与供给矛盾，共享/租赁经济和自驾游兴起，迫使旅游者放弃公共交通，选择更为便捷、舒适的交通方式（如自驾，租车等）。旅游管理部

门应针对不同市场特征和旅游者的行为偏好推进供给侧结构性改革，提供高质量的旅游产品和服务，推动旅游市场由“低水平供需平衡”转向“高水平供需平衡”，满足旅游者的个性化旅游需求，为亲环境行为实施创造良好的外部大环境。

三、局限与展望

本章在梳理相关文献的基础上，整合价值—信念—规范理论和身份认同理论，构建了一个包含利他价值观、生物圈价值观、环境自我认同、环境后果意识、个人道德规范和亲环境行为在内的综合模型，并借助中国和越南旅游者数据进行验证，为亲环境行为研究作出了贡献。然而，本研究也存在以下局限性：①研究仅从利他主义和生物圈主义分析环境价值观对旅游者亲环境行为的影响，在以后的研究中应增加对利己主义价值观的分析；②跨文化分析较少。未来应从多维视角关注身份认同（社会认同、集体认同）和地区差异对比；引进实验和访谈法，进一步分析文化因素对亲环境行为的影响；数据样本和案例地可扩大至其他地区甚至其他国家，构建具有普适性的模型框架，对亲环境行为背后的深层次原因、机理和影响模式进行深入探讨。

第十三章　中、英自然保护地旅游者环境行为跨文化比较

国家公园是自然保护地的重要组成部分。自1872年黄石公园成立以来，国家公园这一概念在世界范围内迅速传播，并得到全球的认可和尊重。作为自然保护地的重要组成部分，国家公园以其未被破坏的自然景观和自然生态系统为直接吸引要素，强调旅游者对自然生态的偏好和对环境资源的依赖，兼具野生动植物保护和生态观赏、休闲服务等功能，成为生态旅游过程中旅游者体验自然的重要场所（Fennel，2010）。无论是出于审美、保护、娱乐还是休闲的目的，国家公园都是受欢迎的旅游景点，为旅游者实施亲环境行为提供了理想情境（Frost and Hall，2009）。

国家公园旅游的过度发展，逐渐引发人们对自然环境和自然保护地可持续旅游的关注（Eagles，2002；Page，2010）。在一些发展中国家，旅游支出和其他相关费用的增加为国家公园的保护提供了资金扶持（Eagles *et al.*，2013）。但是，世界上许多国家公园的管理者却面临着越来越大的压力，需要更多的住宿设施投入和多样化的旅游活动满足日益增长的旅游需求（Huang *et al.*，2008）。佩奇和康奈尔（Page and Connell，2009）认为，旅游发展与自然环境之间相互依存、相互制约。一方面，旅游发展与生态环境之间可能存在"共生"关系，在这种关系中旅游产业利益和自然生态系统均不会受到损害。另一方面，旅游发展与生态环境之间也可能存在"竞争"关系，在这种关系中旅游产业不仅利用自然环境，也可能会破坏自然环境。

可持续发展融合了多学科概念，反映了更广泛的社会和政治思想。随着研究的深入，可持续旅游得到学者们的广泛认可，并成为新的研究热点（Clarke，1997；Connell *et al.*，2009；Gossling，2009；Liu and Michael，2003；Robinson，2000；Swarbrooke，1999）。可持续旅游研究主要集中于旅游影响、可持续性评估、发展、规划、旅游者态度与行为等领域（Lu and

Nepal，2009）。可持续旅游不是任何现有形式或情况的固有特征，而是旅游业必须努力实现的目标（Clarke，1997）。可持续性被认为是由经济增长、环境保护和社会进步三大支柱支撑的“大厦”，经济增长和环境质量不是相互排斥的。巴克利（2012）认为，主流旅游还“远不是可持续的”。实现可持续旅游不仅取决于行业供给方，更取决于需求方，即旅游者（Choi and Sirakaya，2005）。既有研究表明，旅游者对待自然和环境的态度会影响其对可持续旅游的支持度（Ramkissoon *et al.*，2013）。当前，旅游者的环境态度已经在学术界得到广泛讨论，而关于“环境态度如何转化为可持续旅游支持度”的研究则较为缺乏（Ryan *et al.*，2000）。因此，本章以英国新森林国家公园和中国九寨沟风景名胜区为案例地，实证探讨自然保护地旅游者环境态度，保护和旅游可持续发展之间的结构化因果关系。

第一节　概念演变与研究假设

“人与自然的关系”是环境资源管理的基础。施罗德（Schroeder，2007）指出，人们对自然环境中不同类型的人类活动可接受性的判断，往往源于一种潜在的意识，即人类是如何与非人类本性相互适应的。舒尔茨（2004）认为，人们对自然环境的态度和他们对环境问题的态度之间存在着某种联系，而一个人将自己与自然联系起来的程度与他/她发展起来的态度类型直接相关。也有人认为，个体对自然和人类在自然中的角色信仰是个人环境信念系统的基本组成部分（Dunlap *et al.*，2000）。斯特恩和迪茨（1994）的价值基础理论认为，个人对环境的感知和价值观之间存在因果关系。霍尔登（2008）指出，个人对环境的看法可能会对可持续旅游的支持度产生重大影响。瑟格森和奥兰德（2002）在可持续消费方面测试了价值观和行为之间的因果关系，发现价值观优先次序对于可持续消费是非常重要的，这就意味着某种特定形式的消费，例如旅游业也可能受到类似影响。户外娱乐领域相关研究表明我们赋予自然环境意义的方式是一种动态的、多面性的现象（Jackson，1986；King and Church，2013；Macnaghten，1998）。

在“人与自然的关系”研究中，逐渐形成两大派别（Milfont and Duckitt，2004）。一种是人类中心主义（Campbell，1983），一种是生态中心主义（Page and Connell，2009）。人类中心主义认为，人类是最重要的生命形式，其他生命形式只有在它们可以被利用的范围内才有价值和意义（Kortenkamp，2001；Page and Connell，2009）。相比之下，生态中心主义则认为“自然必须因其内在价值而被保护”。正如芬内尔和诺瓦切克（2010）所说，“生态中心主义形成了一个以自然为中心的价值体系”。无论是“生态中心主义者”还是“人类中心主义者”，都可以表达对环境问题的积极态度（Thompson and Barton，1994；Schultz and Zelezny，1999）。人类中心主义者支持环保主义，主要是考虑到其可能会给人类发展带来的好处，而生态中心主义者支持环保事业，主要是出于“以自然为中心的”目的。简言之，个体对自然环境的态度在一定程度上会影响其对环境资源的使用（Bruun，1995；Holden，2003；Schultz *et al.*，2005）。因此，如果国家公园发展以及随之而来的环境问题是由人们对自然环境的态度所决定的，那么我们就应该深入探索“人类是如何感知自然的”。

一、对自然环境的态度

几个世纪以来，人们对自然的态度发生了很大的变化。态度是由社会和文化建构的，往往与社会特征、宗教信仰、文化和伦理背景、集体压力、法律和条例以及媒体报道等因素息息相关（Cairncross，1991；Duerden and Witt，2010；Gössling，2002；Pearce and Turner，1990；Rokeach，1973）。个人对人类在自然界所扮演角色的信仰是环境信念体系的基本组成部分，人们对自然的态度和他们对环境问题的态度之间存在联系（Dunlap *et al.*，2000）。个体将自己与自然联系在一起的程度直接与他/她的态度类型有关（Schultz *et al.*，2004）。佩奇和道林（Page and Dowling，2002）也认为，由于世界观不同，人们对资源使用和环境问题的态度会存在显著差异。因此，理解人们如何看待自然对于理解他们的环境态度具有关键作用。

个体对自然的态度可以划分为“人类中心主义”和“生态中心主义”（Thompson and Barton，1994）。人类中心主义者将自然视为一种可供开发的资源，他们承认自然具有提高生活质量的工具性价值（Smith，1979），认为经济增长是人类发展的必要条件（Page and Dowling，2002）。正如康德和笛卡尔（Eckersley，1992）所暗示的那样，人与自然是分离的，对自然拥有绝对的统治权（Pointing，1992）。学者们认为，人类中心主义是环境危机产生的主要原因（Gaston，2005）。在现代环境主义发展之前，它是西方文化传统上的主导观念（Holden，2003）。后来，利奥波德（Leopold，1949）和哈丁（Hardin，1968）逐渐意识到人类与自然世界的互动需要伦理道德上的改变，进而提出"生态中心主义"思想。生态中心主义者承认自然界的内在价值（Page and Dowling，2002），主张"人是自然界的一部分，人与自然具有同等重要的价值"（Wearing，2009）。人类应该满足其简单的物质需求（Page and Dowling，2002），并承认"某些形式的经济增长对环境是有益的"，与此同时"某些其他形式的经济增长对环境是有害的"（Yeoman，2000）。

无论是人类中心主义者还是生态中心主义者都可以表达其对环境问题的积极态度（Schultz and Zelezny，1999；Thompson and Barton，1994）。不同的是人类中心主义者支持环境保护，更多的是考虑到它可能给人类社会发展带来的好处；而生态中心主义者支持环境保护的动机则是以自然为中心的（Hernandez *et al.*，2000）。这一观点与 Stokols（1990）的观点相呼应。米尔丰特和达基特（Milfont and Duckitt，2004）认为，自然保护存在两个不同的维度，随后米勒和斯波尔曼（Miller and Spoolman，2008）的研究也证实了这一点。例如，人类中心主义者之所以反对破坏雨林，主要是因为它有潜在的木材、娱乐和旅游资源，而生态中心主义者反对破坏雨林，则是基于他们相信"人与自然是和谐的"。关于这两种态度之间差异的研究主要是由环境心理学家进行的，例如，邓拉普和利尔（Dunlap and Liere，1978）首次将"人类中心主义"和"生态中心主义"纳入"新环境范式"量表，并据此衡量了个体的亲环境态度。

二、对国家公园保护及可持续发展的态度

布罗金顿等（Brockington *et al.*，2008）认为，"保护"暗示了一种思想、价值和实践的统一，而这种统一是根本找不到的，个体对待保护的态度也各不相同。然而，保护和维持能力都与生态中心主义有关（Page and Dowling，2002）。这种对环境和保护的关注可以从世界范围内保护区数量的迅速增加中看出，特别是国家公园的蓬勃发展。世界上第一个国家公园黄石公园，建立于 1872 年。随着国家公园概念的传播，它逐渐适应了当地的各种

物质、政治和社会环境。例如在英格兰，国家公园有着强烈的娱乐重心，许多私人土地所有者维持在公园内的生活，它们被称为“生活景观”（Eagles，2002）。20世纪50年代，英国逐渐意识到环境保护的必要性，并率先建立国家公园体系（Thompson，2005）。世界各国国家公园的发展大致可划分为三个阶段。最初，一种以人类为中心的自然观在美国和新西兰盛行；随后，一种更注重生态学和本土物种的生态中心主义日渐兴起（Hall，2009），对当地社区和区域发展的关注是该阶段国家公园发展的重要因素；最后，正如莫泽（Moser，2007）所言，国家公园正面临着新的转变，需要一种更综合的管理模式。

鲍里等（Borrie *et al.*，2002）的研究发现，不同的价值取向会影响黄石国家公园冬季旅游者对管理行动的支持程度。例如，30%的雪地摩托车主支持对雪地摩托进行适当限制。霍克兰等（Haukeland *et al.*，2010）发现，在挪威国家公园引入更多的基础设施和服务得到了外国观光客的支持，但却遭到了本地游憩者的拒绝。在奥地利，约三分之一的旅游者被认为具有较高的国家公园亲和力，对国家公园管理持有更积极的态度（Arnberger，2012）。在黄石国家公园，人们对保护狼的态度进行了调查研究（Duffield *et al.*，2008），发现狼的重新引入导致旅游者数量增长。德国国家公园的旅游者对国家公园有较高的亲和力，他们支持控制树皮甲虫以减少侵扰（Müller，2009）。马丁洛佩斯和蒙茨（Martín-López and Montes，2007）指出，旅游者对特定物种的态度与其为保护该物种而支付费用的意愿之间存在相关性。

三、对旅游和环境的态度

从大众旅游向可持续旅游、生态旅游和绿色旅游的转变可以看出，旅游发展受需求和供给两方面环境态度的影响（Holden，2003；Sharpley，2009）。从那些漠不关心的人到绿色人士、生态旅游支持者，他们对环境的承诺从低到高不等。

已经有相关研究测量了旅游者对环境的关心程度（Milfont and Duckitt，2010）。例如沃尔辛格和约翰森（Wurzinger and Johansson，2006）在瑞典旅游者中进行的研究表明，生态旅游者比自然旅游者表达了更普遍的环境信念，而自然旅游者又比城市旅游者表达了更亲环境的信念；即使在生态旅游领域，也存在着各种各样的变化。新环境范式将不同类型的生态旅游者分为“硬径”和“软径”生态旅游者（Fennel，2007），或“深径”和“浅径”生态旅游者（Acott *et al*.，1998）。每个群体都有不同的环境关注，例如硬径生态旅游者是那些在不理想的条件下仍然花大量时间在野外的旅游者，而软径生态旅游者通常寻找一般的、休闲的体验，更偏好舒适地停留。因此，每个群体在旅游设施和活动方面都有不同的要求。在一项野生动物旅游研究中，伯恩斯等（2011）发现，生态中心价值观通过认可野生动物的内在价值和野生动物旅游体验背后的道德推理，可以影响野生动物旅游管理，对人类和野生动物产生积极的结果。

虽然对生态旅游和野生动物旅游的研究表明了人们对环境的态度不同，但这些态度是否可能以及如何影响他们对可持续旅游的支持尚不清楚。作为国家公园旅游的一种替代形式，可持续旅游受到广泛关注（Landorf，2009）。博伊德（Boyd，2000）列举了在国家公园内进行的一系列活动，包括野生动物保护、旅游、研究和解说。黄（Huang *et al*.，2008）对国家公园的可持续活动进行研究，试图根据其可持续性水平来定义不同类型的旅游活动。他们认为，被动的活动（例如，观看野生动物、摄影和徒步旅行）是适合在国家公园开展的；一些消费活动会适度使用自然资源，如捕鱼和收集天然食用产品、野餐和非机动化活动；机动化、城市相关和资源消耗活动不适合于国家公园。不同国家的国家公园所承担的责任各不相同，这表明当地的社会文化因素不容忽视。正如马等（Ma *et al*.，2009）所指出的那样，荒野的概念在当代中国文化背景下几乎是不存在的，公园边界存在高度的城市化，以满足居住、可达性需求以及人为的对自然的美化。但是在加拿大，公园总是包含大片的荒野，与之对应的，是只有非常有限的旅游和娱乐用途（Boyd，2009）。舒尔茨等（Schultz *et al*.，2004）对这些差异的原因进行了解释，认为不同文化背景的人可能会有不同的环境态度，从而在对环境资源的利用上产生差异。

通过上述分析与讨论，本研究构建理论模型（图 13-1）并提出研究假设：

假设 1：人类中心主义态度对旅游和环境存在显著的积极影响；

假设 2：生态中心主义态度对旅游和环境存在显著的负面影响；

假设 3：个体的旅游和环境态度显著影响其国家公园保护态度；

假设 4：个体的旅游和环境态度显著影响其对国家公园可持续发展的态度；

假设 5：人类中心主义显著影响个体对国家公园保护的态度；

假设 6：生态中心主义显著影响个体对国家公园保护的态度；

假设 7：人类中心主义显著影响个体对国家公园可持续旅游态度；

假设 8：生态中心主义显著影响个体对国家公园可持续旅游态度。

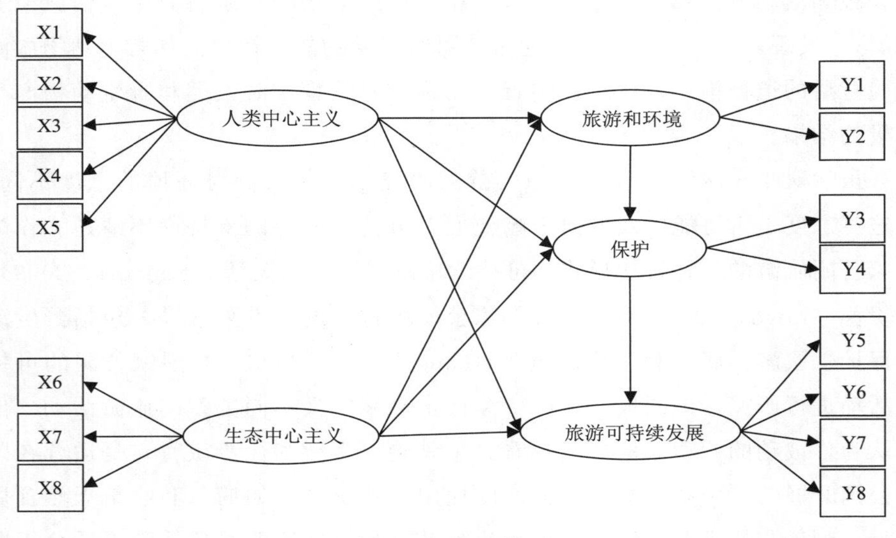

图 13-1　理论模型

第二节　研究方法

一、案例地概况

之所以选择中国和英国这两个国家为案例地，是因为它们的社会、经济和文化背景存在显著不同，旅游者对有关“自然”的看法存在较大差异(Sofield，2007；Ye and Xue，2008)。中国拥有基于东方传统的自然价值观(Ye and Xue，2008)，而英国深受西方基督教文化影响（Kay，1989)。在中国，道家学派主张“天人合一”，儒家实用主义号召“要么服从自然并保护它，要么改造自然并利用它”（Ye and Xue，2008)。而在西方文化中，传统基督教则认为“上帝赋予了人类统治自然的权力”（Kay，1989）。

英国新森林国家公园位于英格兰南部，是欧洲最大的低地荒地，每年可吸引约300万旅游者（新森林区议会，2012）；中国九寨沟国家风景名胜区是世界自然遗产，每年吸引约260万旅游者（Cheng *et al.*，2009）。英国新森林国家公园和中国九寨沟国家风景名胜区存在类似的区域，并具有相似的自然和文化景观特征（见表13-1）。其区别在于，英国新森林国家公园是一个相对成熟的自然旅游目的地，中国九寨沟是伴随着旅游需求的不断增长而出现的新兴市场，可以为本研究提供两种不同的案例（Yin，2008），并以此来测试结构模型的普适性。

表13-1　中国九寨沟国家风景名胜区和英国新森林国家公园对比

类别	中国九寨沟风景名胜区	英国新森林国家公园
大小和位置	中国西部，728.3平方公里	英国南部，570平方公里
成立日期及目的	1978年，反砍伐、恢复景观	2005年，保护自然遗产、康养娱乐
自然景观	湖泊、瀑布、山脉和原始森林	林地、低地荒地、沿海沼泽和古树
标志性动物	大熊猫	新森林小马
文化景区	西藏少数民族半农半牧制度	传统牧区制度
指定区域	保护区面积588平方公里、特别保护区2平方公里、联合国教科文组织和世界生物圈保护区世界遗产	保护区面积310平方公里、特别保护区面积326平方公里
可持续发展	区域景观保护与区域发展	保护自然景观，提供娱乐机会
当地居民	公园内旅游接待区超1 000人	英国人口最密集的国家公园（34 000人）
旅游开发	自然旅游的发展阶段，中国旅游者以包价旅游为主。2012年，吸引360多万旅游者，门票收入6.54亿人民币（约6 500万英镑）	自然旅游高级阶段，一日游为主。2008年吸引300万旅游者。旅游成为当地经济的重要部分，500家旅游企业，旅游直接收益15 000万英镑，提供2 500个工作岗位

数据来源：英国新森林国家公园，2012；九寨沟国家风景名胜区，2013；英国国家公园，2013。

二、变量测量

在中、英调查中使用同样的问题。问卷第一部分包含“旅游者访问国家公园的频率和动机”，第二和第三部分包括“可持续发展”和“人地关系”衡量指标。借鉴Boyd（2000）有关国家公园活动可持续性的衡量指标设计问卷。其中，二个测量指标以保育为基础（自然/风景保育及野生动物保育），四个测量指标与旅游可持续发展有关（教育/解说、休闲与旅游、科学研究、社区发展）。基于佩奇和道林（2002）和汤普森（1994）的观点，共设计八个题项测量“人类中心主义”和“生态中心主义”。最后，参考斯特恩和迪茨（1994）的研究成果，设计两个题项，强调旅游发展对环境的价值和重要性。采用5分制李克特量表，1代表“非常同意”，5代表“非常不同意”。问卷还包括关于人口统计变量的封闭式问题，如性别、年龄和国籍等。问卷测量题项均是用英文设计的，反向翻译成中文以确保语言表述的准确性。

三、数据收集与处理

正式调研之前，首先对20名大学生（10名来自中国，10名来自英国）进行了试点调研，以检测题目表述的准确性。根据调研反馈的结果，对题目措辞进行修改形成最终问卷。随后，采用定点便利抽样法，于2008年5月在英国新森林国家公园和中国九寨沟风景名胜区各发放600份问卷。在中国共回收有效问卷597份，在英国共回收有效问卷368份。采用SPSS 20软件进行人口统计特征分析，中、英旅游者在性别和年龄分布上是相似的，但前往保护区的旅行模式不同。中国样本中男性旅游者稍多（59.6%），主要集中在26—45岁（61.1%），倾向于跟团旅游（69.3%）。英国样本男性旅游者占比为60.3%，年龄集中在36—55岁（50.1%），更偏好独自前往（98.2%）。

探索性因子分析结果显示，潜变量的克隆巴赫系数处于0.717—0.831之间，所有得分均超过0.70的界值标准（Nunnally，1994），表明问卷内部一致性较好（Hair *et al.*，2002）。对于验证性因子分析和结构方程模型分析，显性变量应该在区间尺度上进行测量，并显示单变量和多变量的正态性。由于本研究采用离散序数变量，不满足连续性假设的严格要求，因此，需要对单变量和多变量的正态性进行评估，并对异常值的可能性进行检验（Byrne，2009）。结果表明，单变量的正态性相当令人满意（最大观测峰度值为4.4），未观察到“非常大的”异常值Mahalanobis D^2。数据存在偏离多元正态性（多元峰度值为71.9，CR=46.6），且至少有100份样本数据不符合多元正态性假设（$p^2 < 0.001$）。尽管这些假设违反存在潜在风险，但可以使用极大似然估计（ML）计算拔靴似然估计和贝叶斯估计，以评估非正态性和离散性

可能影响极大似然估计的程度。这种方法表明，极大似然估计是可靠的，足以证明后续分析作出的推论。

模型拟合通常借助卡方值（χ^2）、卡方自由度比（χ^2/df）、拟合优度指数（GFI>0.9）、相对拟合指数（CFI）及近似误差均方根（RMSEA）来检验（Huang and Hsu，2009；Hosany and Witham，2010）。由于本研究样本量较大（n=965），可能会影响 χ^2 值（McDonald，2002），因此采用 χ^2/df 进行检验。通常情况下，$\chi^2/df<5$ 时表示模型可以被接受（Lee，2013）。本研究总样本量（965）与指标之比为60，样本量与估计参数之比为16，适合进行结构方程模型分析（Westland，2010）。

第三节　实证分析与假设检验

一、测量模型

CFA假设潜变量是观察变量的“原因”，它允许测量和评估这些潜变量的有效性（Byrne，2009）。最初的CFA未能提供一个可接受的匹配模型，因此删除题项“天然药物比人造药物更有效”，以期获得一个可接受的模型。在模型适配度统计量中，卡方值（χ^2）为300.748，自由度为94（$p<0.05$），$\chi^2/df=3.19<5$，统计量均达到模型适配标准，表明模型可以被接受。由表13-2和表13-3可知，各测量变量的标准化因子载荷均大于0.5，潜变量的组合信度均大于0.7，平均方差抽取量均大于0.5，问卷的信、效度较好，潜变量内部一致性高，模型的内在质量理想。

表13-2　测量模型因子载荷

潜变量	因子载荷	克隆巴赫信度系数
人类中心主义		0.764
X1 人类生来就是要控制自然的	0.64	
X2 自然地是很危险的	0.53	

续表

潜变量	因子载荷	克隆巴赫信度系数
X3 人类能够修复其对环境造成的破坏	0.67	
X4 自然应该有益于经济	0.58	
X5 上帝赋予人类对自然的控制权	0.71	
生态中心主义		0.758
X6 人类生存依附于自然环境	0.64	
X7 保护自然对于子孙后代很重要	0.78	
X8 人是自然的一部分	0.74	
旅游和环境		0.799
Y1 旅游发展所获得的经济效益比保护自然所获得的环境效益重要	0.84	
Y2 旅游发展所获得的经济效益比保护自然所获得的经济效益重要	0.79	
保护		0.831
Y3 国家公园应该重视自然环境保护	0.91	
Y4 国家公园应重视野生动物保护	0.78	
可持续旅游		0.717
Y5 国家公园应举办教育类活动	0.51	
Y6 国家公园应开展休闲和旅游活动	0.67	
Y7 国家公园应开展科学研究	0.62	
Y8 国家公园应重视地方社区发展	0.73	

表 13-3 旋转矩阵、平均方差抽取量和组合信度

潜变量	人类中心	生态中心	旅游和环境	保护	可持续旅游	组合信度
人类中心主义	0.396[a]					0.764
生态中心主义	<0.001[b]	0.522				0.765
旅游和环境	0.448	0.007	0.665			0.799
保护	0.034	0.118	0.033	0.718		0.853
可持续旅游	0.007	0.072	0.003	0.293	0.407	0.729

二、结构模型

根据理论模型将测量模型转化为结构模型，并检验其对聚类样本的拟合效果。除了旅游和环境→保护、旅游和环境→可持续旅游外，所有参数均显著，而结构模型与测量模型拟合不存在显著差异。对中、英旅游者进行多群组分析后，图 13-2 显示了英国样本的非标准化参数估计和总体拟合优度，结果表明，至少一组中的所有参数估计值都是显著的（协方差矩阵、标准化残余协方差矩阵、中国和英国样本临界比及其他拟合指数统计量详见附录 A-D）。人类中心主义→可持续旅游、生态中心主义→可持续旅游、旅游和环境→可持续旅游回归路径不显著，在模型中删除（表 13-4）。在考虑所有模型的情况下，通过极大似然估计、拔靴估计和贝叶斯估计评估违反假设的影响（附录 E）。

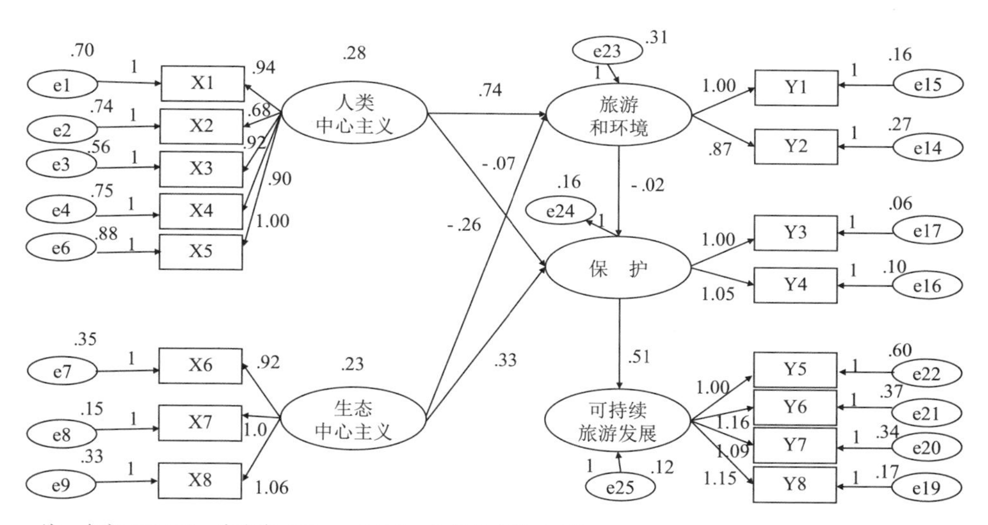

注：卡方=382.028，自由度=212，p=0.000，卡方/自由度=1.802，RMSEA=0.029，CFI=0.961。

图 13-2　结构模型非标准化路径图（英国）

表 13-4　修正模型对比

模型	卡方值	自由度	卡方值差异	自由度差异	*P*	CFI	ΔCFI	PCFI	ΔPCFI
1	333.9	190			0.00	0.967		0.766	
2	359.5	196	25.6	6	0.264	0.963	0.004	0.786	0.02

三、组间结构比较

本研究采用嵌套模型对中国和英国旅游者样本进行结构模型恒等性检验。发现在中、英旅游者样本模型中设定测量系数相等，初始无参数限制模型（表 13-5 中的模型 1）和后设参数限制模型（模型 2）的卡方值差异显著性 p 值达到显著水平（$p<0.05$），这表明后设参数限制模型与初始无参数限制模型存在显著差异。释放组间差异最大的测量系数（保护→Y4）（模型 3）并将之与无参数限制模型（模型 1）进行比较，模型 3 和模型 1 的卡方值差异显著性 p 值未达显著水平（$p>0.05$），表明模型 3 与模型 1 可视为相等模型。随后，设定测量系数相等、结构系数相等（模型 4）并将之与模型 3 进行比较，模型 4 和模型 3 的卡方值差异显著性 p 值亦未达显著水平（$p>0.05$），模型 4 与模型 3 具有恒等性。

表 13-5　中、英样本测量参数和结构参数分组比较

模型	卡方值	自由度	卡方值差异	自由度差异	P	CFI	ΔCFI
1	359.5	196				0.963	
2	383.3	207	23.8	11	0.014	0.960	0.003
3	371.1	206	11.6	10	0.313	0.962	0.001
4	382	212	10.9	6	0.092	0.961	0.001

研究发现，除了“保护→Y4”以外（未标准化极大似然估计：英国＝1.05、标准误 SE＝0.086，中国＝ 0.76、标准误 SE ＝ 0.05；拔靴（1 000 次），极大似然估计：英国＝1.053、标准误 SE＝0.097、95％置信区间（0.893：1.205），中国＝0.760、标准误 SE＝0.063、95％置信区间（0.655：0.861），中、英旅游者样本具有测量系数不变性和结构系数不变性。虽然极大似然估计、拔靴—极大似然估计和贝叶斯估计证实了“保护→Y4”测量系数差异的真实性，但从本质上来讲，这种差异是微不足道的，中、英旅游者群体结构模型具有稳定性。

第四节　结论与讨论

一、结论

本研究通过对英国新森林国家公园和中国九寨沟国家风景名胜区旅游者环境行为的跨文化比较，探讨了旅游者对自然保护地旅游可持续发展的支持度。统计显著性检验结果显示（表13-6）：

表13-6　假设检验结果

研究假设	结论
假设1：人类中心主义态度对旅游和环境存在显著的积极影响	支持
假设2：生态中心主义态度对旅游和环境存在显著的负面影响	支持
假设3：个体对旅游和环境的态度显著影响其对国家公园保护的态度	支持
假设4：个体对旅游和环境的态度显著影响其对国家公园可持续发展的态度	部分支持
假设5：人类中心主义显著影响个体对国家公园保护的态度	支持
假设6：生态中心主义显著影响个体对国家公园保护的态度	支持
假设7：人类中心主义显著影响个体对国家公园可持续旅游的态度	部分支持
假设8：生态中心主义显著影响个体对国家公园可持续旅游的态度	部分支持

（1）假设H1和H2得到验证。表明人类中心主义价值观对受访者的旅游和环境态度存在显著的积极影响。也就是说，人类中心主义者认为“旅游的经济利益比自然的环境利益更重要”。而生态中心主义价值观对受访者的旅游和环境态度存在显著的负面影响。他们既不认为“旅游业的经济利益比自然环境利益更重要”，也不同意“旅游业的经济利益比自然的经济利益更重要”。因此，对自然的态度可以预测人们对旅游和环境的态度。这一发现再次验证了伯恩斯（2011）、米尔丰特和达基特（2010）、沃尔辛格和约翰森（2006）等学者的结论。

（2）假设H3被接受。在中、英旅游者样本中，受访者对旅游和环境的态度显著影响其对国家公园保护的态度。也就是说，那些同意“旅游比环境更重要”的旅游者不太可能支持保护类活动。

（3）假设H4被部分接受。这说明受访者对旅游与环境的态度对其可持续旅游态度不存在直接显著影响，而可持续旅游态度直接、显著地受到保护态度的影响，即支持保护的人也会支持可持续旅游。这一发现强调了“保护”在可持续旅游中的作用，可持续旅游受到越来越多的关注，保护作为关键因素之一，有助于旅游可持续发展（Connell *et al.*，2009）。

（4）假设H5和H6被接受。说明人类中心主义态度对保护态度存在显著的负面影响，而生态中心主义态度对生态保护态度存在显著的正向影响。这一结果呼应了汤普森和巴顿（1994）关于人类中心主义和生态中心主义与一般生态行为关系的研究。伯恩斯等（2011）报告了生态中心主义价值观在影响野生动物管理方面的重要性，而该研究进一步提供了关于生态中心主义价值观如何影响保护的经验数据。人们对自然的态度可以用来预测对保护的不同态度，这与舒尔茨等（Schultz *et al.*，2004）研究结果相一致，即个体对自然的态度影响其对环境问题的态度，人们对自然保护的态度取决于其对自然价值的认知（Bramwell and Lane，2013）。

（5）假设H7和H8均被部分接受。结果显示，人类中心主义价值观和生态中心主义价值观对个体的国家公园可持续发展态度均不存在直接显著影响，但都经由“保护”直接显著影响“可持续旅游态度”。生态中心主义发挥积极作用，而人类中心主义起着消极作用。生态中心主义旅游者更有可能鼓励在国家公园进行保护活动，从而促进旅游可持续发展。这一结果验证了斯特恩和迪茨（1994）的价值基础理论，即个体对自然的态度影响其对资源使用的态度。

二、讨论

本研究构建了一个包含自然、态度、保护等变量在内的可持续发展态度新模型，论证了“人类中心主义和生态中心主义可能会导致个体对国家公园旅游可持续性的态度差异”以及斯特恩和迪茨（1994）价值基础理论在旅游业中的应用，有助于旅游可持续发展理论的推进，创新点体现在以下方面：

（1）个体对自然的态度和其对旅游和相关活动的态度之间存在强烈的因果关系，再次提供了实证数据验证斯特恩和迪茨（1994）的价值基础理论，即个体对自然的态度影响其对资源使用的态度。就旅游而言，人们对可持续旅游的态度在很大程度上取决于他们“如何看待自然”。在心理层面上，一个人看待自然的方式与其利用自然的态度密切相关。人类中心主义者更重视旅游开发和自然资源利用，而生态中心主义者则把环境放在首位。这一差异主要表现为生态中心主义者对自然保护地及国家公园保护活动的支持度以及对可持续旅游的支持度明显高于人类中心主义者。本研究也证实了“个体对可持续旅游的态度取决于其如何看待自然”。正如纳什（Nash，1989）所言，人与自然的关系对人类社会的未来发展至关重要。环境伦理观受个体忠诚度、情感和信念的影响（Leopold，1949），这也许可以解释“为什么有时环境政策并不能改变个体行为”。

（2）个体对自然的态度可以用来预测其对旅游和环境的态度，这支持了舒尔茨等（Schultz *et al.*，2004）的研究结论。本研究验证了旅游背景下，环境伦理观对自然利用的影响，即在旅游中，人们如何看待“人与自然的关系”。研究发现在国家公园背景下，个体对可持续发展的态度受到环境态度的显著影响，从而支持了布拉姆韦尔和莱恩（2013）关于“重新审视价值观和社会实践以使其更具可持续性”的建议。为了实现旅游可持续发展，旅游目的地管理者和利益相关者需要持续关注人与自然之间的平衡。

（3）本研究对国家公园管理具有重要意义。研究发现，个体的“保护”态度在“对待自然的态度”和“可持续旅游支持度”之间具有中介效应。因此，自然保护地管理者应该关注旅游者的保护态度，在国家公园里开展自然和野生动物保护活动。其次，公园管理者应积极听取生态中心主义者的意见，培育生态中心主义价值观，在国家公园内开展以生态为中心的旅游活动，如生态旅游和野生动物旅游。

（4）研究方法创新。本研究构建了结构方程模型进行跨文化对比分析。国家公园是国家身份的象征（Frost and Hall，2009），而文化是影响可持续性原则的关键因素（Hawkes，2001）。因此，基于跨文化视角进行研究是必要的。然而，正如弗罗斯特和霍尔（Frost and Hall，2009）所说，既有研究大都是基于一个单一的国家，跨国界、跨文化研究极为匮乏。本研究以中国和英国旅游者为研究对象，强调文化在国家公园及自然保护地可持续旅游中的作用，并构建结构方程模型进行跨文化对比分析，无疑是一种方法上的创新和进步。

三、局限与展望

研究局限：首先，案例样本为英国新森林国家公园和中国九寨沟国家风景名胜区的旅游者。选择参观自然保护地的行为本身就展示了一种特定的人文社会景观，这种景观在一个国家的整体人口中可能并不普遍。其次，其他因素如年龄、性别等也可能会影响个体对可持续旅游的态度。未来研究可以深入比较年龄、性别等因素在态度形成过程中的重要性，并将案例地扩展至其他国家，以增强模型的普适性。由于案例研究时，中国尚未建立自己的国家公园体系，因此我们采用了中国特有的一种保护地类型——风景名胜区进行案例研究。

研究展望：中国的自然保护地旅游才刚刚起步，未来值得关注和研究的方向还有很多。除了对旅游者行为进行关注外，对自然保护地旅游治理模式的研究也是关系到自然资源可持续利用的重要问题，科学的治理理念、治理体系和治理模式是自然保护地旅游可持续发展的关键。如何探索多元化的自然保护地治理模式，让不同区域实行不同的治理模式？采取何种资金来源模式才能使自然保护地真正做到生态趋利而不仅仅是经济趋利？什么样的业态项目可以做特许经营，如何确保经营者支持并推动自然保护地生态环境保护？中国的社区特别是老少边穷社区，如何参与自然保护地开发和管理，并促进区域经济发展？这些问题还有待深入探讨。

第十四章　结语

生态环境是旅游可持续发展的前提。过去几十年来，中国旅游业的高速发展，在促进目的地经济、社会发展方面取得了一定的成效，但同时也给部分地区的生态环境造成了破坏。作为旅游活动的核心利益相关者，旅游者对自然环境的关注与亲环境行为的实施对旅游地生态环境保护至关重要。以生态文明建设"绿水青山就是金山银山"为契机，运用道德的约束力，引导旅游者落实亲环境行为，是解决环境污染、重塑人—地和谐关系，促进旅游创新、协调、绿色发展的必然选择。

本书通过十三个章节，系统探讨了生态文明、旅游可持续发展、环境伦理、旅游者亲环境行为等理论，并通过中西方不同旅游者的实践调查，深入探讨了生态文明视域下旅游者的亲环境行为。全书理论与实践并重，主要研究结论如下：

(1) 生态文明建设与旅游产业发展是相辅相成、互为条件的，具有天然的耦合性。生态文明理念是旅游产业可持续发展的基础，旅游可持续发展是生态文明建设的重要途径。生态文明强调以人为本、重视生态伦理，这对旅游产业发展提出更高的要求。旅游业作为重要的民生幸福产业和国民经济的战略性支柱产业，是落实"两山理论"、实现美丽中国目标的重要载体和依托。

以"可持续环境伦理"为指导，贯彻落实"可持续发展"和"绿色发展"理念，构建以国内大循环为主体、国内—国际"双循环"相互促进的新格局，大力提倡可持续旅游、生态旅游、负责任旅游、绿色旅游，是党中央顺应国内国际形势所作出的重大战略决策，也是生态文明建设背景下实现旅游高质量发展的有效路径。

(2) 可持续旅游已经成为旅游研究的热门话题，美国、澳大利亚、中国、英国等是可持续旅游研究的主导力量。对可持续旅游的研究热点包括管理措施、政策工具和技术，政府、当地居民和旅游者等视角的不同利益相关者在可持续旅游中的作用等。学者们普遍认为，科学合理的旅游规划、政府的有效治理和监督、社区的自愿参与是实现旅游可持续管理的重要保障。此外，日益发达的科学技术有助于节能、减排，有助于减少资源消耗和废物排放，也是实现可持续管理的重要举措。

旅游管理和政策工具、旅游目的地和替代旅游、环境关心和旅游者行为、旅游影响和气候变化也是学者们关注的重点。从可持续旅游研究的演变中可以看出，当前的研究正遵循着“生态足迹—气候变化—旅游影响—道德责任—计划行为—环境保护”的演化路径。可以看到，旅游可持续发展的研究从宽泛走向具体，从宏观走向微观，个体的社会责任和旅游行为正逐渐成为研究热点。

（3）环境伦理观是可持续旅游的基础，是指导人类实践活动的行为规范。环境伦理观是对人与自然之间道德关系的认知，它强调对生态环境价值的肯定，主张人与自然共融互进，对旅游可持续发展有着重要的指导作用。通过确立新的环境伦理观，可以更好地调整人们的思维理念，形成人与自然和谐相处的生活方式。人是社会环境的产物，社会文化氛围、环境政策、价值观、教育水平等是个体环境伦理观形成的主要因素。个体的环境伦理和环境态度对环境行为有着重要的影响。

（4）旅游者作为旅游活动的关键主体之一，其亲环境行为的实施是促进旅游可持续发展的重要推手。亲环境行为从维护人类社会长远发展的角度出发对个体行为进行规范和约束，是个体消费模式和消费观念的创新。亲环境行为的主体是具有环保意识、绿色意识的个体，其目的是谋求人与自然和谐，追求生态、经济、社会、文化协调发展。

（5）提升旅游者环境素养，是保护生态环境、实现生态文明建设和旅游可持续发展的有效途径。道德认知与判断是行为实践的基础，个体的环境行为受环境素养制约，环境素养及环境行为会对旅游生态文明建设产生重大影响。本书第六至八章全面梳理了旅游者的环境道德状况和生态伦理水平，剖析旅游地环境问题产生的根源，具有重要的实践意义。

从问卷调研的结果来看，我国旅游者的环境素养基本上处于中等偏上水平，已经具备较为充分的环境知识和利他价值观，对环境问题和自身责任有着较为清晰的认知，但环境情感和环境信念淡薄。女性旅游者的环境素养高于男性，年长旅游者的环境素养高于年轻旅游者，教育水平越高环境素养越好。旅游者逐渐意识到自身对生态环境问题所应承担的责任，文明出游理念明显提升。但是，受“人类利益高于一切”观念的影响，对“生态危机”和“自然平衡”的认同度不高。在旅游过程中，为了追求享乐和刺激，乱涂乱画、随地吐痰、违规攀爬。这导致景区生态系统退化、环境质量下降、旅游资源屡遭破坏，旅游发展与生态环境保护矛盾加剧。

因此，普及生态价值观，强化环境情感熏陶和道德管控，推行环境保护和可持续发展教育，激活个体的环境责任感和后果意识，是推行旅游者亲环境行为的关键。

（6）本书第九至十二章分别以大学生旅游者，中国、越南不同文化背景的旅游者，不同情境中的旅游者为研究对象，借助价值—信念—规范理论、计划行为理论、行为一致性理论、溢出效应理论和环境认同理论等，构建结构方程模型，实证探讨旅游者亲环境行为的驱动机制。

环境价值、环境知识、环境情感、环境信念、环境道德等环境伦理观以及环境认同、道德规范和知觉行为控制等是亲环境行为的重要影响因素。价值观是个体行为的基础，在亲环境行为决策中起着重要作用。利他价值观正向显著影响环境知识、环境后果意识、环境自我认同等，并经由责任归属与道德规范等间接影响旅游者的亲环境行为。此外，不同文化背景下，旅游者的亲环境行为也存在较大差异。

家—途二元情境下，旅游者亲环境行为具有一致性，亲环境行为存在溢出效应。总体来说，个体的“日常亲环境行为”通常会促使“旅游亲环境行为”的实施，环境行为的溢出效应存在于情境之间以及情境内部。旅游者在一个情境中环境行为的改变可能会影响到另一个情境中环境行为的改变。

（7）本书第十三章，以英国新森林国家公园和中国九寨沟国家级风景名胜区为案例地，探讨了中、英旅游者对大自然、生态环境以及旅游可持续发展的态度。研究发现，人类中心主义者认为，“相较于环境利益而言，旅游发展的经济利益更重要”。而生态中心主义者既不认为“旅游业的经济利益比环境利益更重要”，也不同意“旅游业的环境利益比经济利益更重要”。

可见，个体对自然的态度影响其资源使用态度，进而影响其对旅游发展和环境保护的态度。人类中心主义者更重视旅游开发和自然资源利用，而生态中心主义者则把环境保护放在首位。个体的“保护”态度在“对待自然的态度”和“可持续旅游支持度”之间具有中介效应。因此，自然保护地管理者应积极了解旅游者的态度，在国家公园内适度开展以生态为中心的休闲和游憩活动，如生态旅游和野生动物旅游。

总体说来，本书通过系统梳理生态文明、旅游可持续发展、环境伦理观、旅游者亲环境行为等相关概念体系和理论框架，综合运用旅游地理学、行为地理学、环境心理学、环境伦理学、环境社会学等相关理论，通过理论研究和实证研究相结合、定性和定量方法相结合，借助质性分析、数理统计分析、文献计量等方法，选取多个案例地，进行了跨文化、跨情境、跨学科的系列研究，通过系列案例的实践调查，深入剖析生态文明视域下旅游者亲环境行为及其驱动机制，以期从根本上推动生态文明理念从概念到行为、从宏观到微观、从行业到个体，助力旅游者亲环境行为实践，推动我国旅游产业持续、高质量发展。

当然，限于内容、篇幅的限制，同时也由于作者水平有限，本书也仅仅做了一些初步探索，未来可以在以下方面开展进一步研究：

（1）拓展旅游亲环境行为研究的对象，对旅游业的其他核心利益相关者如当地社区、旅游从业人员、旅行社、旅游运营商、旅游目的地管理者（DMO）等进行研究，探讨生态文明理念如何在其他核心利益相关者的实践；

（2）旅游行为是日常行为的延伸，对旅游亲环境行为的研究不能割裂行为者所处的日常环境。未来可以加强旅游情境与日常情境的联系，探讨如何推动环境友好型生活方式，并推动环境友好型旅游方式；

（3）建设以国家公园为主体的自然保护地体系，是贯彻习近平生态文明思想的重要举措，是党的十九大提出的重大改革任务。以国家公园为代表的自然保护地体系在我国生态建设中具有核心载体的作用，在保护我国生物多样性、自然遗产和国家生态安全方面处于重要地位。因此，未来还应特别加强对国家公园、自然保护区、自然公园等类型的目的地研究，探讨生态文明理念在这些类型目的地的实践；

（4）本书虽然进行了一些理论探讨和案例实践的研究，但仍然基于传统问卷调研、访谈的基础上。在大数据时代，未来研究可以借鉴、运用大数据挖掘、分析以及数字技术等新型研究方法，对生态文明理念下旅游者的亲环境行为从理论到实践进行有益的探索。

参考文献

Abrahamse W., Steg L., 2011. Factors Related to Household Energy Use and Intention to Reduce It: The Role of Psychological and Socio-demographic Variables. *Human Ecology Review*, 18 (1): 30-40.

Acott T. G., Trobe H. L. L., Howard S. H., 1998. An Evaluation of Deep Ecotourism and Shallow Ecotourism. *Journal of Sustainable Tourism*, 6 (3): 238-253.

Ada L., Qu H. L., Chen R., 2015. A Theoretical Model of the Impact of a Bundle of Determinants on Tourists' Visiting and Shopping Intentions: A Case of Mainland Chinese Tourists. *Journal of Retailing & Consumer Services*, 22: 231-243.

Ajzen I., Fishbein M., 1980. *Understanding Attitudes and Predicting Social Behavior*. Prentice-Hall.

Ajzen I., 1991. The Theory of Planned Behavior. *Organizational Behavior and Human Decision Processes*, 50 (2): 179-211.

Alford C. F., 2003. Freedom and Borderline Experience. *Political Psychology*, 24 (1): 151-173.

Ali F., Rasoolimanesh S. M., Sarstedt M., *et al.*, 2018. An Assessment of the Use of Partial Least Squares Structural Equation Modeling (PLS-SEM) in Hospitality Research. *International Journal of Contemporary Hospitality Management*, 30 (1): 514-538.

Ante M., 2019. Nature-based Solutions for Sustainable Tourism Development in Protected Natural Areas: A review. *Environment Systems and Decisions*, 39 (3): 249-268.

Austin A., Cox J., Barnett J., *et al.*, 2011. *Exploring Catalyst Behaviors: Executive Summary. A research report completed for the Department for Environment, Food.* Climate Research Brook Lyndhurst for Defra.

Ballantyne R., Packer J., Falk J., 2011. Visitors' Learning for Environmental Sustainability: Testing Short- and Long-term Impacts of Wildlife Tourism Experiences. *Tourism Management*, 32 (6): 1243-1252.

Bamberg S., Moser G., 2007. Twenty Years after Hines, Hungerford and Tomera: A New Meta-Analysis of Psycho-social Determinants of Pro-environmental Behavior. *Journal of Environmental Psychology*, 27 (1): 14-25.

Barr S., Gilg A. W., 2006. Sustainable Lifestyles: Framing Environmental Action in and around the Home. *Geoforum*, 37 (6): 906-920.

Barr S., Shaw G., Coles T., *et al.*, 2010. "A holiday is a Holiday": Practicing Sustainability, Home and Away. *Journal of Transport Geography*, 18 (3): 474-481.

Baum T., 2018. Sustainable Human Resource Management as a Driver in Tourism Policy and Planning: A Serious Sin of Omission. *Journal of Sustainable Tourism*, 26 (6): 873-889.

Bhati A., Pearce P., 2016. Vandalism and Tourism Settings: An Integrative Review. *Tourism Management*, 57: 91-105.

Bjerke T., Thrane C., Kleiven J., 2006. Outdoor Recreation Interests and Environmental Attitudes in Norway. *Managing Leisure*, 11 (2): 116-128.

Black J. S., Stern P. C., Elworth J. T., 1985. Personal and Contextual Influences on Household Energy Adaptations. *Journal of Applied Psychology*, 70 (1): 3-21.

Blamey R. K., Braithwaite V. A., 1997. A Social Values Segmentation of the Potential Ecotourism Market. *Journal of Sustainable Tourism*, 5 (1): 29-45.

Blanken I., Van D. V. N., Zeelenberg M., 2015. A Meta-analytic Review of Moral Licensing. *Pers Soc Psychol Bull*, 41 (4): 540-558.

Boley B. B., Nickerson N. P., 2012. Profiling Geotravelers: A Priori Segmentation Identifying and Defining Sustainable Travelers Using the Geotraveler Tendency Scale (GTS). *Journal of Sustainable Tourism*, 21 (2): 1-17.

Borrie T., Freimund W. A., Davenport M. A., 2002. Winter Visitors to Yellow-stone National Park, Their Value Orientations and Support for Management Actions. *Human Ecology Review*, 9 (2): 41-48.

Boyd S. W., Butler R. W., 2009. *National parks and tourism: International perspectives on development, histories and change*. Routledge.

Boyd S., 2000. *Tourism and national parks: issues and implications*. John Wiley & Sons Ltd.

Bramwell B., Lane B., 2013. Getting from Here to There: Systems Change, Behavioral Change and Sustainable Tourism. *Journal of Sustainable Tourism*, 21 (1): 1-4.

Bratanova B., Loughnan S., Gatersleben B., 2012. The Moral Circle as a Common Motivational Cause of Cross-situational Pro-environmentalism. *European Journal of Social Psychology*, 42 (5): 539-545.

Brockington D., Duffy R., Igoe J., 2008. *Nature unbound: Conservation, capitalism and the future of protected areas*. Earthscan.

Brown T. J., Ham S. H., Hughes M., 2010. Picking up Litter: An Application of Theory-based Communication to Influence Tourist Behavior in Protected Areas. *Journal of Sustainable Tourism*, 18 (7): 879-900.

Bruun O., Kalland A., 1995. *Asian Perceptions of Nature: A Critical Approach*. Curzon Press.

Buckley R.，2008. Climate Change：Tourism Destination Dynamics. *Tourism Recreation Research*，33（3）：354-355.

Buckley R.，2012. Sustainable Tourism：Research and Reality. *Annals of Tourism Research*，39（2）：528-546.

Burns G. L.，MacBeth J.，Moore S.，2011. Should Dingoes die? Principles for Engaging Eccentric Ethics in Wildlife Tourism Management. *Journal of Ecotourism*，10（3）：179-196.

Butler R. W.，1991. Tourism，Environment，and Sustainable Development. *Environmental Conservation*，18（3）：201-209.

Byrne B. M.，2009. *Structural Equation Modelling with AMOS：Basic Concepts，Applications and Programming*（*2nd ed.*）. Routledge.

BEFRA. *A Framework for Pro-environmental Behaviors*. 2008.

Caldeira A. M.，Kastenholz E.，2018. It's So Hot：Predicting Climate Change Effects on Urban Tourists' Time-space Experience. *Journal of Sustainable Tourism*，26（9）：1516-1542.

Campbell E. K.，1983. Beyond Anthropocentrism. *Journal of the History and Behavioral Science*，19：54-67.

Canavan B.，2014. Sustainable Tourism：Development，Decline and De-growth Management Issues from the Isle of Man. *Journal of Sustainable Tourism*，22（1）：127-147.

Capstick S.，Whitmarsh L.，Nash N.，*et al.*，2019. Compensatory and Catalyzing Beliefs：Their Relationship to Pro-environmental Behavior and Behavioral Spillover in Seven Countries. *Frontiers in Psychology*，102963.

Carfpra V.，Caso D.，Sparks P.，*et al.*，2017. Moderating Effects of Pro-Environmental Self-identity on Pro-environmental Intentions and Behavior：A Multi-behavior Study. *Journal of Environmental Psychology*，53：92-99.

Castellani V.，Sala S.，2010. Sustainable Performance Index for Tourism Policy Development. *Tourism Management*，31（6）：871-880.

Chan R. Y. K.，2001. Determinants of Chinese Consumers' Green Purchase Behavior. *Psychology & Marketing*，18（4）：389-413.

Chen C.，2013. "The Structure and Dynamics of Scientific Knowledge" in *Mapping Scientific Frontiers*. B. Ford，and B. Bishop eds. Springer.

Chen C.，2004. Searching for Intellectual Turning Points：Progressive Knowledge Domain Visualization. *Proceedings of the National Academy of Sciences*，101：5303-5310.

Chen H. S.，Phelan K. V.，Chang H. J.，2016. The Hunt for Online Hotel Deals：How Online Travelers' Cognition and Affection Influence Their Booking Intentions. *Journal of Quality Assurance in Hospitality & Tourism*，17（3）：1-18.

Chen Y.，Chen C. M.，Liu Z. Y.，*et al.*，2015. The Methodology Function of CiteSpace Mapping Knowledge Domains. *Studies in Science of Science*，33（2）：242-253.

Cheng S.，Xu F.，Zhang J.，2009. Comparison of Natural Tourism Planning Administration Modes Between Chinese Famous Scenic Sites and British National Parks-taking Chinese

Jiuzhaigou Scenic Sites and British New Forest National Park as Examples. *Chinese Landscape Architecture*, 7: 43-48.

Cheng T. M., Wu H. C., 2015. How do Environmental Knowledge, Environmental Sensitivity, and Place Attachment Affect Environmentally Responsible Behavior? An Integrated Approach for Sustainable Island Tourism. *Journal of Sustainable Tourism*, 23 (4): 557-576.

Chin W. W., 1998. The Partial Least Squares Approach to Structural Equation Modelling. In G. A. Marcoulides (Ed.), *Modern methods for business research*. Lawrence Erlbaum Associates.

Chiu C., Hsu M., Lai H., *et al.*, 2012. Reexamining the Influence of Trust on Online Repeat Purchase Intention: The Moderating Role of Habit and Its Antecedents. *Decision Support Systems*, 53: 835-845.

Choi H. C., Sirakaya E., 2005. Measuring Residents' Attitude Toward Sustainable Tourism: Development of Sustainable Tourism Attitude Scale. *Journal of Travel Research*, 43: 380-394.

Clayton S., 2003. Environmental Identity: A Conceptual and an Operational Definition. In Clayton S., Opotow S. (Ed.), *Identity and the natural environment: The psychological significance of nature*. Mit Press.

Cohen J., 1988. *Statistical Power Analysis for the Behavioral Sciences*. Erlbaum, Hillsdale.

Coles T., Dinan C., Warren N., 2015. Climate Change Mitigation and the Age of Tourism Accommodation Buildings: A UK Perspective. *Journal of Sustainable Tourism*, 23 (6): 900-921.

Connell J., Page S. J., Bentley T., 2009. Towards Sustainable Tourism Planning in New Zealand: Monitoring Local Government Planning Under the Resource Management Act. *Tourism Management*, 30 (6): 867-877.

Cornelissen G., Pandelaere M., Warlop L., et al., 2008. Positive Cueing: Promoting Sustainable Consumer Behavior by Cueing Common Environmental Behaviors as Environmental. *International Journal of Research in Marketing*, 25 (1): 46-55.

Cottrell S., 2003. Influence of Socio Demographics and Environmental Attitudes on General Responsible Environmental Behavior Among Recreational Boaters. *Environment and behavior*, 35 (3): 347-375.

Curtin S., 2005. Nature, Wild Animals and Tourism: An Experiential View. *Journal of Ecotourism*, 4 (1): 1-15.

Daunt K. L., Greer D. A., 2015. Unpacking the Perceived Opportunity to Misbehave: The Influence of Spatiotemporal and Social Dimensions on Consumer Theft. *European Journal of Marketing*, 49: 1505-1526.

Dawson J. F., 2014. Moderation in Management Research: What, Why, When and How. *Journal of Business and Psychology*, 29: 1-19.

Delgado T. A., Francesc L. P., 2012. The Growth and Spread of the Concept of

Sustainable Tourism: The Contribution of Institutional Initiatives to Tourism Policy. *Tourism Management Perspectives*, 4: 1-10.

Dickinson J. E., Robbins D., 2008. Representations of Tourism Transport Problems in a Rural Destination. *Tourism Management*, 29 (6) : 1110-1121.

Dief M. E., Font X., 2010. The Determinants of Hotels' Marketing Managers' Green Marketing Behavior. *Journal of Sustainable Tourism*, 18 (2) : 157-174.

Diekmann A., Preisendorfer P., 1998. Environmental Behavior: Discrepancies Between Aspirations and Reality. *Rationality and Society*, 10: 79-102.

Dietz T., Gardner G. T., Gilligan J., *et al*, 2009. Household Actions Can Provide a Behavioral Wedge to Rapidly Reduce US Carbon Emissions. *Proceedings of the National Academy of Sciences of the United States of America*, 106 (44) : 18452-18456.

Dimitriou C. K., 2017. The Quest for a Practical Approach to Morality and the Tourism Industry. *Journal of Hospitality and Tourism Management*, 31: 45-51.

Dinica V., 2009. Governance for Sustainable Tourism: A Comparison of International and Dutch Visions. *Journal of Sustainable Tourism*, 17 (5) : 583-603.

Dionisi A. M., Barling J., 2015. Spillover and Crossover of Sex-based Harassment from Work to Home: Supervisor Gender Harassment Affects Romantic Relationship Functioning via Targets' Anger. *Journal of Organizational Behavior*, 36 (2) : 196-215.

Dolnicar S., 2010. Identifying Tourists with Smaller Environmental Footprints. *Journal of Sustainable Tourism*, 18 (6): 717-734.

Dredge D., Jamal T., 2013. Mobilities on the Gold Coast, Australia: Implications for Destination Governance and Sustainable Tourism. *Journal of Sustainable Tourism*, 21 (4) : 557-579.

Duerden M. D., Witt P. A., 2010. The Impact of Direct and Indirect Experiences on the Development of Environmental Knowledge, Attitudes, and Behavior. *Journal of Environmental Psychology*, 30 (4) : 379-392.

Duffield J. W., Neher C. J., Patterson D. A., 2008. Wolf Recovery in Yellowstone: Park Visitor Attitudes, Expenditures, and Economic Impacts. *Yellowstone Science*, 25 (1) : 13-19.

Dunlap R. E., Liere K. V., 1978. *Environmental Concern: A Bibliography of Empirical Studies and Brief Appraisal of the Literature*. Vance Bibliographies.

Dunlap R. E., Van L., Kent D., *et al.*, 2000. Measuring Endorsement of the New Ecological Paradigm: A Revised NEP scale. *Journal of Social Issues*, 56 (3) : 425-442.

Dunlap R. E., Van L., Kent D., The New Environmental Paradigm: A Proposed Measuring Instrument and Preliminary Results. *Journal of Environmental Education*, 9: 10-19.

Eagles P. F. J., McCool S., 2002. *Tourism in National Parks and Protected Areas: Planning and Management*. CABI.

Eagles P. F. J., Romagosa F., Buteau-Duitschaever W. C., *et al.*, 2013. Good Governance in Protected Areas: An Evaluation of Stakeholders' Perceptions in British Columbia and Ontario Provincial Parks. *Journal of Sustainable Tourism*, 21 (1) :

60-79.

Eckersley R., 1992. *Environmentalism and Political Theory: Towards an Eco-centric Approach*. UCL Press Ltd.

Ellen V. D. W., Steg L., Keizer K., 2014. I Am What I Am, by Looking Past the Present: The Influence of Biospheric Values and past Behavior on Environmental Self-identity. *Environment and behavior*, 46 (5) : 626-657.

Ellen V. D. W., Steg L., 2016. The Psychology of Participation and Interest in Smart Energy Systems: Comparing the Value-belief-norm Theory and the Value-identity-personal Norm Model. *Energy research & social science*, 22: 107-114.

Ellen V., Steg L., Keizer K., 2013. It is a Moral Issue: The Relationship Between Environmental Self-identity, Obligation-based Intrinsic Motivation and Pro-environmental Behavior. *Global Environmental Change*, 23: 1258-1265.

Engel J. F., Blackwell R. D., Kollat D. T., 1978. *Consumer Behavior*. Hinsdale, Illinois.

Evans L., Maio G. R., Corner A., *et al.*, 2013. Self-interest and Pro-environmental Behaviour. *Nature Climate Change*, 3: 122-125.

Ewert A., Place G., Sibthorp J., 2005. Early-life Outdoor Experiences and an Individualps Environmental Attitudes. *Leisure Science*, 27 (3) : 225-239.

Fahlquist J. N., 2009. Moral Responsibility for Environmental Problems: Individual or Institutional. *Journal of Agricultural & Environmental Ethics*, 22 (2) : 109-124.

Fang Y., Yin J., Wu B., 2018, Climate Change and Tourism: A Scientometric Analysis Using Citespace. *Journal of Sustainable Tourism*, 26 (1): 108-126.

Farmaki A., 2015. Regional Network Governance and Sustainable Tourism. *Tourism Geographies*, 17 (3) , 385-407.

Fennel D. A., Nowaczek A., 2010. Moral and Empirical Dimensions of Human-animal Interactions in Ecotourism: Deepening an Otherwise Shallow Pool of Debate. *Journal of Ecotourism*, 9 (3) : 239-255.

Fennel D. A., 2007. *Ecotourism* (3rd ed) . Routledge.

Festinger L., 1957. *A Theory of Cognitive Dissonance*. Stanford University Press.

Font X., McCabe S., 2017. Sustainability and Marketing in Tourism: Its Contexts, Paradoxes, Approaches, Challenges and Potential. *Journal of Sustainable Tourism*, 25 (7) : 869-883.

Fornara F., Pattitoni P., Mura M., *et al.*, 2016. Predicting Intention to Improve Household Energy Efficiency: The Role of Value-belief-norm Theory, Normative and Informational Influence, and Specific Attitude. *Journal of Environmental Psychology*, 45: 1-10.

Fornell C. G., Larcker D. F., 1981. Evaluating Structural Equation Models with Unobservable Variables and Measurement Error. *Journal of Marketing Research*, 18 (1) : 39-50.

Fox D, Xu F., 2016. Social Cultural Influence on Feelings and Attitudes Towards Nature. *Asia Pacific Journal of Tourism Research*, 22 (2) : 187-199.

Frezza M., Whitmarsh L., Schäfer M., *et al.*, 2019. Spillover Effects of Sustainable Consumption: Combining Identity Process Theory and Theories of Practice. *Sustainability: Science, Practice, and Policy*, 15 (1): 15-30.

Frost W., Hall C. M., 2009. *National Parks and Tourism: International Perspectives on Development, Histories and Change*. Routledge.

Fryxell G. E., Lo C. W. H., 2003. The Influence of Environmental Knowledge and Values on Managerial Behaviors on Behalf of the Environment: An Empirical Examination of Managers in China. *Journal of Business Ethics*, 46 (1): 45-69.

Gaston K. J., 2005. Biodiversity and Extinction: Species and People. *Progress in Physical Geography*, 29 (2): 239-247.

Gatersleben B., Mirtagh N., Abrahamse W., 2012. Values, Identity and Pro-environmental Behavior. *Journal of the Academy of Social Sciences*, 1-19.

Ghosh P., Ghosh A., 2018. Is Ecotourism a Panacea? Political Ecology Perspectives from the Sundarban Biosphere Reserve, India. *Geojournal*, 83 (1): 1-22.

Golledge R. G., Stimson R. J., 1997. *Spatial Behavior: A Geographic Perspective*. Guilford Press.

Gössling S., 2009. Carbon Neutral Destinations: A Conceptual Analysis. *Journal of Sustainable Tourism*, 17 (1): 17-37.

Goudie A. S., 2013. *The Human Impact on the Natural Environment: Past, Present, and Future* (7th ed). Wiley-Blackwell.

Groot D. J. I. M., Steg L., 2007. Value Orientations to Explain Beliefs Related to Environmental Significant Behavior: How to Measure Egoistic, Altruistic, and Biospheric Value Orientations. *Environment and Behavior*, 40 (3): 330-354.

Guagnano G. A., Stern P. C., Dietz T., 1995. Influences on Attitude-behavior Relationships a Natural Experiment with Curbside Recycling. *Environment and Behavior*, 27 (5): 699-718.

Guiver J., 2013. Debate: Can Sustainable Tourism Include Flying. *Tourism Management Perspectives*, 6: 65-67.

Ha S., Kwon S. Y., 2016. Spillover from Past Recycling to Green Apparel Shopping Behavior: The Role of Environmental Concern and Anticipated Guilt. *Fashion & Textiles*, 3 (1): 1-16.

Hair J. F. J., Anderson R. E., Tatham R. L., *et al.*, 2002. *Multivariate data analysis with readings* (6th ed). Prentice-Hall.

Hair J. F., Risher J. J., Sarstedt M., *et al.*, 2019. When to Use and How to Report the Results of PLS-SEM. *European Business Review*, 31 (1): 2-24.

Hair J. F., Sarstedt M., Hopkins L., et al., 2014. Partial Least Squares Structural Equation Modeling (PLS-SEM): An Emerging Tool in Business Research. *European Business Review*, 26 (2): 106-121.

Hall C. M., Frost W., 2009. The Making of the National Parks Concept. In W. Frost, & C. M. Hall (Eds.), *National parks and tourism: International perspectives on de-*

velopment, *histories and change*. Routledge.

Hall M. C., 2011. A Typology of Governance and Its Implications for Tourism Policy Analysis. *Journal of Sustainable Tourism*, 19 (4-5): 437-457.

Hall M. C., 2011. Policy Learning and Policy Failure in Sustainable Tourism Governance: From First and Second-order to Third-order Change? *Journal of Sustainable Tourism*, 19 (4-5): 649-671.

Halpenny E. A., 2010. Pro-environmental Behaviors and Park Visitors: The Effect of Place Attachment. *Journal of Environmental Psychology*, 30 (4) : 409-421.

Han H. S., Hsu L. T., Sheu C., 2010. Application of the Theory of Planned Behavior to Green Hotel Choice: Testing the Effect of Environmentally Friendly Activities. *Tourism Management*, 31 (3) : 325-334.

Han H., Hossein G. T., Chou S., et al., 2018. Understanding Museum Vacationers' Eco-friendly Decision-making Process: Strengthening the VBN Framework. *Journal of Sustainable Tourism*, 26 (6) : 855-872.

Han H., Hwang J., Lee M. J., 2016. The Value-belief-emotion-norm Model: Investigating Customers' Eco-friendly Behavior. *Journal of Travel & Tourism Marketing*, 1-18.

Han H., Hyun S., 2017. Fostering Customers' Pro-Environmental Behavior at a Museum. *Journal of Sustainable Tourism*, 25: 1240-1256.

Han H., 2015. Travelers' Pro-environmental Behavior in a Green Lodging Context: Converging Value-belief-norm Theory and the Theory of Planned Behavior. *Tourism Management*, 47: 164-177.

Han W., McCabe S., Wang Y., et al., 2018. Evaluating User-generated Content in Social Media: An Effective Approach to Encourage Greater Pro-environmental Behavior in Tourism. *Journal of Sustainable Tourism*, 26 (4): 600-614.

Hardin G., 1968. The tragedy of the commons. *Science*, 1968 (162): 1243-1248.

Hardy A. L., Beeton R. J., 2001. Sustainable Tourism as Maintainable Tourism: Managing Resources for more than Average Outcomes. *Journal of Sustainable Tourism*, 9 (3): 168-192

Harth N. S., Leach C. W., Kessler T., 2013. Guilt, Anger, and Pride about In-group Environmental Behavior: Different Emotions Predict Distinct Intentions. *Journal of Environmental Psychology*, 34 (34): 18-26.

Harton S. A., Paim L., Yahaya N., 2005. Towards Sustainable Consumption: An Examination of Environmental Knowledge Among Malaysians. *International Journal of Consumer Studies*, 29 (5): 426-436.

Haukeland J. V., Grue B., Veisten K., 2010. Turning National Parks into Tourist Attractions: Nature Orientation and Quest for Facilities. *Scandinavian Journal of Hospitality and Tourism*, 10 (3): 248-271.

Hawkes J., 2001. *The Fourth Pillar of Sustainability: Culture's Essential Role in Public Planning*. Cultural Development Network & Common Ground Press.

Henseler J., Fassott G., 2010. Testing Moderating Effects in PLS Path Models: An Illustration of Available Procedures. in Esposito Vinzi, V., Chin W. W. , Henseler, J., *et al.* (Eds), *Handbook of Partial Least Squares: Concepts, Methods and Applications* (Springer Handbooks of Computational Statistics Series), Springer.

Hernandez B., Suarez E., Martinez-Torvisco J., et al., 2000. The Study of Environmental Beliefs by Fact Analysis: Research in the Canary Islands, Spain. *Environment and Behavior*, 32: 612-636.

Higham J., Cohen A., Peeters P., et al., 2013. Psychological and Behavioral Approaches to Understanding and Governing Sustainable Mobility. *Journal of Sustainable Tourism*, 21 (7): 949-967.

Hines J. M., Hungerford H. R., Tomera A. N., 1986. Analysis and Synthesis of Research on Responsible Environmental Behavior: A Meta-analysis. *Journal of Environmental Education*, 25 (1): 34-42.

Holden A., 2019. Environmental Ethics for Tourism-the State of the Art. *Tourism Review*, 74 (3): 694-703.

Holden A., 2003. In Need of New Environmental Ethics for Tourism? *Annals of Tourism Research*, 30 (1): 94-108.

Hosany S., Witham M., 2010. Dimensions of Cruisers' Experiences, Satisfaction and Intention to Recommend. *Journal of Travel Research*, 49 (3): 351-364.

Howell A. J., Dopko R. L., Passmore H. A., *et al.*, 2011. Nature Connectedness: Associations with Well-being and Mindfulness. *Personality and Individual Differences*, 51 (2): 166-171.

Huang P. S., Shih L. H., 2009. Effective Environmental Management Through Environmental Knowledge Management. *International Journal of Environmental Science & Technology*, 6 (1): 35-50.

Huang S., Hsu C., 2009. Effects of Travel Motivation, Past Experience, Perceived Constraint, and Attitude on Revisit Intention. *Journal of Travel Research*, 48 (1): 29-44.

Huang Y., Deng J., Li J., et al., 2008. Visitor's Attitudes Towards China's National Park Policy, Roles and Functions and Appropriate Use. *Journal of Sustainable Tourism*, 16 (1): 63-84.

Hudson S., Ritchie J. R. B., 2001. Cross-cultural Tourism Behavior: An Analysis of Tourist Attitudes Towards the Environment. *Journal of Travel & Tourism Marketing*, 10: 1-22.

Hungerford H. R., Peyton R. B., Wilke R. J., 1980. Goals for Curriculum Development in Environmental Education. *The Journal of Environmental Education*, 11 (3): 42-47.

Hunter C., Shaw J., 2007. The Ecological Footprint as a Key Indicator of Sustainable Tourism. *Tourism Management*, 21 (1): 46-57.

Hunter C., 1997. Sustainable Tourism as an Adaptive Paradigm. *Annals of Tourism Research*, 24 (4): 850-867.

Hunter L. M., Hatch A., Johnson A., 2010. Cross-national Gender Variation in Environmental Behaviors. *Social Science Quarterly*, 85 (3): 677-694.

Husted B. W., Russo M. V., Meza C. E. B., 2014. An Exploratory Study of Environmental Attitudes and the Willingness to Pay for Environmental Certification in Mexico. *Journal of Business Research*, 67 (5): 891-899.

Iaquinto B. L., 2015. "I recycel, I Turn out the Lights": Understanding the Everyday Sustainability Practices of Backpackers. *Journal of Sustainable Tourism*, 23 (4): 577-599.

Idziak W., Majewski J., ZmyoLony P., 2015. Community Participation in Sustainable Rural Tourism Experience Creation: A Long-term Appraisal and Lessons from a Thematic Villages Project in Poland. *Journal of Sustainable Tourism*, 23 (8-9): 1-22.

Imran S., Alam K., Beaumont N., 2014. Environmental Orientations and Environmental Behavior: Perceptions of Protected Area Tourism Stakeholders. *Tourism Management*, 40 (1): 290-299.

IUCN. *World Conservation Strategy*. 1980.

Jansson J., Marell A., Nordlund A., 2011. Exploring Consumer Adoption of a High Involvement Eco-innovation Using Value-belief-norm theory. *Journal of Consumer Behavior*, 10 (1): 51-60.

Jiang Y. F., Hou L. Y., Shi T. M., *et al*., 2017. A Review of Urban Planning Research for Climate Change. *Sustainability*, 9: 22-24.

Jiuzhaigou International Travel. http: //www. jiuzhai. com. cn/Article/html/680. html.

Jöreskog K. G., 1973. A General Method for Estimating a Linear Structural Equation System, In: Goldberger, A. S., Duncan, O. D. (Eds), *Structural Equation Models in the Social Sciences*, Seminar Press.

Jurowski C., Uysal M., Willams D. R., 1995. An Examinzation of Preferences and Evaluations of Visitors based on Environmental Attitudes: Biscaye Bay National Park. *Journal of Sustainable Tourism*, 3 (2): 73-86.

Juvan E., Dolnicar S., 2014. Can Tourists Easily Choose a Low Carbon Footprint Vacation? *Journal of Sustainable Tourism*, 22 (2): 175-194.

Juvan E., Dolnicar S., 2016. Measuring Environmentally Sustainable Tourist Behavior. *Annals of Tourism Research*, 2016 (59): 30-44.

Kaiser F. G., Wö lfing S., Fuhrer U., 1999. Environmental Attitude and Ecological Behavior. *Journal of Environmental Psychology*, 19 (1): 1-19.

Kaklamanou D., Jones C. R., Webb T. L., *et al*., 2015. Using Public Transport can Make up for Flying Abroad on Holiday: Compensatory Green Beliefs and Environmentally Significant Behavior. *Environment & Behavior*, 47 (2): 184-204.

Kaltenborn B. P., Bjerke T., 2002. Associations Between Environmental Value Orientations and Landscape Preferences. *Landscape & Urban Planning*, 59 (1): 1-11.

Kanchanapibul M., Lack A. E., Wang X. J., *et al*., 2014. An Empirical Investigation of Green Purchase Behavior Among the Young Generation. *Journal of Cleaner Produc-*

tion, (66): 528-536.

Kang K. H., Stein L., Heo C. Y., 2012. Consumers' Willingness to Pay for Green Initiatives of the Hotel Industry. *International Journal of Hospitality Management*, 31 (2): 564-572.

Kaplan S., 1992. Environmental Preference in a Knowledge-seeking, Knowledge-using Organism. In: J. H. Barkow, L. Cosmides, J. Tooby, (eds.) *The adapted mind*. Oxford University Press.

Kay J., 1989. Human Dominion over Nature in the Hebrew Bible. *Annals of the Association of American Geographers*, 79 (2): 214-232.

Kelly J., Haider W., Williams P. W., 2007. A Behavioral Assessment of Tourism Transportation Options for Reducing Energy Consumption and Greenhouse Gases. *Journal of Travel Research*, 45 (3): 297-309.

Khan U., Dhar R., 2006. Licensing Effect in Consumer Choice. *Journal of Marketing Research*, 43 (2): 259-266.

Kiatkawsin K., Han H., 2017. Young Travelers' Intention to Behave Pro-environmentally: Merging the Value-belief-norm Theory and the Expectancy Theory. *Tourism Management*, 2017 (59): 76-88.

Kim Y., Li H., Li S., 2014. Corporate Social Responsibility and Stock Price Crash Risk. *Journal of Banking & Finance*, 43 (1): 1-13.

King D. L., Delfabbro P. H., Kaptsis D., *et al.*, 2014. Adolescent Simulated Gambling via Digital and Social Media: An Emerging Problem. *Computers in Human Behavior*, 31: 305-313.

King K., Church A., 2013. "We don't enjoy nature like that": Youth Identity and Lifestyle in the Countryside. *Journal of Rural Studies*, 31: 67-76.

Klöckner C. A., Nayum A., Mehmetoglu M., 2013. Positive and Negative Spillover Effects From Electric Car Purchase to Car Use. *Transportation Research Part D Transport & Environment*, 21 (2): 32-38.

Kollmuss A., Agyeman J., 2002. Mind the Gap: Why do People Act Environmentally and What Are the Barriers to Pro-environmental Behavior. *Environmental Education Research*, 8 (3): 239-260.

Kormos C., Gifford R., 2014. The Validity of Self-report Measures of Pro-environmental Behavior: A Meta-analytic review. *Journal of Environmental Psychology*, 40: 359-371.

Kortenkamp K. V., Moore C. F., 2001. Ecocentrism and Anthropocentrism: Moral Reasoning About Ecological Commons Dilemmas. *Journal of Environmental Psychology*, 21: 261-272.

Krüger O., 2005. The Role of Ecotourism in Conservation: Panacea or Pandora's box. *Biodiversity & Conservation*, 14 (3): 579-600.

Kytzia S., Walz A., Wegmann M., 2011. How can Tourism Use Land More Efficiently? A Model-based Approach to Land-use Efficiency for Tourist Destinations. *Tourism Man-*

agement, 32 (3): 629-640.

Lacasse K., 2016. Don't be Satisfied, Identify! Strengthening Positive Spillover by Connecting Pro-environmental Behaviors to an "Environmentalist" Label. *Journal of Environmental Psychology*, 48: 149-158.

Lam T., Hsu H. C., 2006. Predicting Behavioral Intention of Choosing a Travel Destination. *Tourism Management*, 27 (4): 589-599.

Landorf C., 2009. Managing for Sustainable Tourism: A Review of Six Cultural World Heritage sites. *Journal of Sustainable Tourism*, 17 (1): 53-70.

Lansing P., Vries P. D., 2007. Sustainable Tourism: Ethical Alternative or Marketing Ploy. *Journal of Business Ethics*, 72 (1): 77-85.

Lanzini P., Thøgersen J., 2014. Behavioral Spillover in the Environmental Domain: An Intervention Study. *Journal of Environmental Psychology*, 40: 381-390.

Laroche M., Bergeron J., Barbaro-Forleo G., 2001. Targeting Consumers Who Are Willing to Pay More for Environmentally Friendly Products. *Journal of Consumer Marketing*, 18 (6): 503-520.

Lee K. F., 2001. Sustainable Tourism Destinations: The Importance of Cleaner Production. *Journal of Cleaner Production*, 9 (4): 313-323.

Lee T. H., Jan F. H., Yang C. C., 2013. Conceptualizing and Measuring Environmentally Responsible Behaviors from the Perspective of Community-based Tourists. *Tourism Management*, 36 (3): 454-468.

Lee T. H., Jan F. H., 2018. Ecotourism Behavior of Nature-based Tourists: An Integrative Framework. *Journal of Travel Research*, 57 (6): 792-810.

Lee T. H., Jan F. H., 2015. The Effects of Recreation Experience, Environmental Attitude and Biospheric Value on the Environmentally Responsible Behavior of Nature-based Tourists. *Environmental Management*, 56 (1): 193-208.

Lee T. H., 2013. Influence Analysis of Community Resident Support for Sustainable Tourism Development. *Tourism Management*, 34: 37-46.

Lee W. H., Moscardo G., 2005. Understanding the Impact of Eco-tourism Resort Experiences on Tourists' Environmental Attitudes and Behavioural Intentions. *Journal of Sustainable Tourism*, 13 (6): 546-565.

Lentijo G. M., 2013. Effects of a Participatory Bird Census Project on Knowledge, Attitudes and Behaviors of Coffee Farmers in Colombia. *Environmental Development & Sustainability*, 15 (1): 199-223.

Leopold A., 1949. *A sad Country Almanac*. Oxford University Press.

Li X., Ma E., Qu H., 2017. Knowledge Mapping of Hospitality Research? A Visual Analysis Using CiteSpace. *International Journal of Hospitality Management*, 60: 77-93.

Light A., 2002. Contemporary Environmental Ethics from Metaethics to Public Philosophy. *Metaphilosophy*, 33 (4): 426-449.

Lin V. S., Yang Y., Li G., 2019. Where can Tourism-led Growth and Economy-driven Tourism Growth Occur. *Journal of Travel Research*, 58 (5): 760-773.

Littleford C., Ryley T., Firth S., 2014. Context, Control and the Spillover of Energy Use Behaviours Between Office and Home Settings. *Journal of Environmental Psychology*, 40: 157-166.

Liu A., Ma E., Qu H., et al., 2020. Daily Green Behavior as an Antecedent and a Moderator for Visitors' Pro-environmental Behaviors. *Journal of Sustainable Tourism*, 28 (20): 1-19.

Liu Z., 2003. Sustainable Tourism Development: A Critique. *Journal of Sustainable Tourism*, 11 (6): 459-475.

Logar I., 2010. Sustainable Tourism Management in Crikvenica, Croatia: An Assessment of Policy Instruments. *Tourism Management*, 31 (1): 125-135.

Lu J., Nepal S. K., 2009. Sustainable Tourism Research: An Analysis of Papers Published in the Journal of Sustainable Tourism. *Journal of Sustainable Tourism*, 17 (1): 5-16.

Ma X., Ryan C., Bao J., 2009. Chinese National Parks: Differences, Resource Use and Tourism Product Portfolios. *Tourism Management*, 30 (1): 21-30.

MacKinnon B., 2007. *Ethics: Theory and Contemporary Issues* (5th ed.) . Thomson/ Wadsworth.

Macnaghten P., Urry J., 1998. *Contested natures*. Sage Publications.

Manning R. E., Valliere W. A., 1996. Environmental Values, Environmental Ethics, and Wilderness Management: An Empirical Study. *International Journal of Wilderness*, 2 (2): 27-32.

Manzoor F., Wei L. B., Asif M., et al., 2019. The Contribution of Sustainable Tourism to Economic Growth and Employment in Pakistan. *International Journal of Environmental Research & Public Health*, 16: 3785-3798.

Margetts E. A., Kashima Y., 2017. Spillover Between Pro-environmental Behaviors: The Role of Resources and Perceived Similarity. *Journal of Environmental Psychology*, 49: 30-42.

Maruyama G., 1998. *Basics of Structural Equation Modeling*. Sage.

Mayer S. F., Frantz C. M., 2004. The Connectedness to Nature Scale: A Measure of Individuals' Feeling in Community with Nature. *Journal of Environmental Psychology*, 24: 503-515.

Mazar N., Zhong C. B., 2010. Do Green Products Make Us Better People? *Psychological Science*, 21: 494-498.

McCool S. F., 2009. Constructing Partnerships for Protected Area Tourism Planning in an Era of Change and Messiness. *Journal of Sustainable Tourism*, 17 (2): 133-148.

McKercher B., Ho P., Cros H. D., *et al.*, 2002. Activities-based Segmentation of the Cultural Tourism Market. *Journal of Travel & Tourism Marketing*, 12 (1): 23-46.

Melillo J. M., Richmond T. C., Yohe G., 2014. Climate Change Impacts in the United States: The Third National Climate Assessment. Evaluation Assessment, 61 (12): 46-48.

Mellon V., Bramwell B., 2016. Protected area Policies and Sustainable Tourism:

Influences, Relationships and Co-evolution. *Journal of Sustainable Tourism*, 24 (10): 1369-1386.

Meneses G. D., 2010. Refuting Fear in Heuristics and in Recycling Promotion. *Journal of Business Research*, 63 (2): 104-110.

Merritt A. C., Effron D. A., Monin B., 2010. Moral Self-licensing: When Being Good Frees Us to be Bad. *Social and Personality Psychology Compass*, 4 (5): 344-357.

Miao L., Wei W., 2016. Consumers' Pro-environmental Behavior and its Determinants in the Lodging Segment. *Journal of Hospitality & Tourism Research*, 40 (3): 319-338.

Michailidou A. V., Vlachokostas C., Moussiopoulos N., 2016. Interactions Between Climate Change and the Tourism Sector: Multiple-criteria Decision Analysis to Assess Mitigation and Adaptation Options in Tourism Areas. *Tourism Management*, 55: 1-12.

Milfont T. L., Duckitt J., 2010. The Environmental Attitudes Inventory: A Valid and Reliable Measure to Assess the Structure of Environmental Attitudes. *Journal of Environmental Psychology*, 30: 80-94.

Milfont T. L., Duckitt J., 2004. The Structure of Environmental Attitudes: A First and Second Order Confirmatory Factor Analysis. *Journal of Environmental Psychology*, 24: 289-303.

Miller D. T., Effron D. A., 2010. Chapter Three-psychological License: When It Is Needed and How It Functions. *Advances in Experimental Social Psychology*, 43: 115-155.

Miller D., Merrilees B., Coghlan A., 2015. Sustainable Urban Tourism: Understanding and Developing Visitor Pro-environmental Behaviors. *Journal of Sustainable Tourism*, 23 (1): 26-46.

Miller G. T., Spoolman S., 2008. *Living in the Environment: Principles, Connections, and Solutions (16th ed.)*. Wadsworth Publishing.

Miller G., Rathouse K., Scarles C., et al., 2007. *Public Understanding of Sustainable Leisure and Tourism: A Research Report Completed for the Department for Environment, Food and Rural Affairs by the University of Surrey*, 1-239.

Moscardo G., Konovalov E., Murphy L., et al., 2013. Mobility, Community Well-being and Sustainable Tourism. *Journal of Sustainable Tourism*, 21 (4): 532-556.

Moser I., Weixlbaumer N., 2007. A new Paradigm for Protected Areas in Europe? In: I. Mose (Ed.), *Protected areas and regional development in Europe: Towards a new model for the 21st century*. Ashgate Publishing.

Mouthino L., 1987. Consumer Behaviour in Tourism. *European Journal of Marketing*, 21 (10): 5-7.

Nash N., Whitmarsh L., Capstick S., et al., 2017. Climate-relevant Behavioral Spillover and the Potential Contribution of Social Practice Theory. *WIREs Climate Change*, 8.

Nash R., 1989. *The rights of Nature: A History of Environmental Ethics*. The University of Wisconsin Press.

National Parks UK, 2013. http: //www. nationalparks. gov. uk/learningabout/whatisanationalpark/factsandfigures.

New Forest District Council. Tourism and travel，2013. http：//www. newforest. gov. uk/ index. cfm? articleid1/45197.

New Forest National Park. *State of the park report* 2012.

Newsome D.，Moore S. A.，Dowling R. K.，2012. *Natural Area Tourism*：*Ecology*，*Impacts and Management*（2nd ed.）. Channel View Publications.

Nicholas L. N.，Thapa B.，Ko Y. J.，2009. Residents' Perspectives of a World Heritage Site：The Pitons Management Area，St. Lucia. *Annals of Tourism Research*，36（3）：390-412.

Nickerson N. P.，Jorgenson J.，Boley B. B.，2016. Are Sustainable Tourists a Higher Spending Market. *Tourism Management*，54：170-177.

Nitzl C.，Roldan J. L.，Cepeda G.，2016. Mediation Analysis in Partial Least Squares Path Modeling：Helping Researchers Discuss More Sophisticated Models. *Industrial Management & Data Systems*，116（9）：1849-1864.

Nunnally J. C.，Bernstein I. H.，1994. *Psychometric theory*. McGraw-Hill.

Oreg S.，Gerro K. T.，2006. Predicting Proenvironmental Behavior Cross-nationally-values，the Theory of Planned Behavior，and Value-belief-norm Theory. *Environmental and Behavior*，38（4）：462-483.

Page S. J.，Connell J.，2009. *Tourism*：*A modern synthesis*（3rd ed.）. South-Western Cengage Learning.

Page S.，Dowling R. K.，2002. *Ecotourism*. Prentice Hall.

Park J. J.，Jorgensen A.，Swanwick C.，et al.，2008. Relationships Between Environmental Values and the Acceptability of Mobile Telecommunications Development in Protected Areas. *Landscape Research*，33（5）：587-604.

Paz S.，Ayalon O.，Haj A.，2013. The Potential Conflict Between Traditional Perceptions and Environmental Behavior：Compost Use by Muslim Farmers. *Environment Development & Sustainability*，15（4）：967-978.

Pearce D. W.，Turner R. K.，1990. *Economics of Natural Resources and the Environment*. Harvester Wheatsheaf.

Peattie K.，2010. Green Consumption：Behavior and Norms. *Annual Review of Environment and Resources*，35（1）：195-228.

Peeters P. M.，2013. Developing a Long-term Global Tourism Transport Model Using a Behavioral Approach：Implications for Sustainable Tourism Policy Making. *Journal of Sustainable Tourism*，21（7）：1049-1069.

Pizam A.，Sussman S.，1995. Does Nationality Effect Tourist Behavior? *Annals of Tourism Research*，22（2）：901-917.

Podsakoff P. M.，MacKenzie S. B.，Lee J. Y.，et al.，2003. Common Method Biases in Behavioral Research：A Critical Review of the Literature and Recommended Remedies. *Journal of Applied Psychology*，88（5）：879-903.

Pointing C.，1992. *A green history of the world*. Penguin.

Polonsky M. J., Vocino A., Grimmer M., et al., 2014. The Interrelationship between Temporal and Environmental Orientation and Pro-environmental Consumer Behavior. *International Journal of Consumer Studies*, 38 (6): 612-619.

Poortinga W., Whitmarsh L., Suffolk C., 2013. The Introduction of a Single-use Carrier bag Charge in Wales: Attitude Change and Behavioral Spillover Effects. *Journal of Environmental Psychology*, 36: 240-247.

Poudel S., Nyaupane G. P., Budruk M., 2016. Stakeholders' Perspectives of Sustainable Tourism Development: A New Approach to Measuring Outcomes. *Journal of Travel Research*, 55 (4): 465-480.

Ram Y., Nawijn J., Peeters P. M., 2013. Happiness and Limits to Sustainable Tourism Mobility: A new Conceptual Model. *Journal of Sustainable Tourism*, 21 (7): 1017-1035.

Ramkissoon H., Smith L. D. G., Weiler B., 2013. Relationships between Place Attachment, Place Satisfaction and Pro-environmental Behavior in an Australian National Park. *Journal of Sustainable Tourism*, 21 (3): 434-457.

Raymond C. M., Browm G., Robinson G. M., 2011. The Influence of Place Attachment and Moral and Normative Concerns on the Conservation of Native Vegetation: A Test of Two Behavioral Models. *Journal of Environmental Psychology*, 31 (4): 323-335.

Reams M. A., Geaghan J. P., Gendron R. C., 1996. The Link Between Recycling and Litter a Field Study. *Environment & Behavior*, 28 (1): 92-110.

Regan T., 1983. *The Case for Animal Rights*. Berkeley University of California Press.

Reisinger Y., Turner L., 2003. Cultural Differences between Asian Tourist Markets and Australian Hosts, Part 2. *Journal of Travel Research*, 40: 374-384.

Rico A., Martínez-Blanco Julia, Arias A., et al., 2019. Carbon Footprint of Tourism in Barcelona. *Tourism Management*, 70: 491-504.

Robinson M., Swarbrooke J., Evans N., et al., 2000. *Environmental Management and Pathways to Sustainable Tourism: Reflections on International Tourism*. Business Education Publishers Ltd.

Rokeach M., 1973. *The nature of human values*. Free Press.

Rolston H., 1988. *Environmental Ethics: Duties to and Values in the Natural World*. Temple University Press.

Romão J., Neuts B., Nijkamp P., et al., 2014. Determinants of Trip Choice, Satisfaction and Loyalty in an Eco-tourism Destination: A Modelling Study on the Shiretoko Peninsula, Japan. *Ecological Economics*, 107: 195-205.

Rosalyn, Mckewon-ice., 1999. Environmental literacy. *Tennesse Conservationist*, 65 (2).

Rosenberg M. J., Hovland C. I., 1960. Cognitive, Affective and Behavioral Components of Attitudes. In: Rosenberg, M. J., Hovland, C. I. (Eds.). *Attitude Organization and Change: An Analysis of Consistency among Attitude Components*, Yale University Press.

Roth C. E., 1992. *Environmental Literacy: Its Roots, Evolution and Direction in the*

1990*s*. ERIC clearinghouse for science, mathematics and environmental education, 17-24.

Ruhanen L., Weiler B., Moyle B. D., et al., 2015. Trends and Patterns in Sustainable Tourism Research: A 25-year Bibliometric Analysis. *Journal of Sustainable Tourism*, 23 (4): 517-535.

Ryan C., Hughes K., Chirgwin S., 2000. The Gaze, Spectacle and Ecotourism. *Annals of Tourism Research*, 27 (1): 148-163.

Saarinen J., 2006. Traditions of Sustainability in Tourism Studies. *Annals of Tourism Research*, 33 (4): 1121-1140.

Sachdeva S., Iliev R., Medin D. L., 2009. Sinning Saints and Saintly Sinners: The Paradox of Moral Self-regulation. *Psychological Science*, 20 (4): 523-528.

Sardianou E., Kostakis I., Mitoula R., et al., 2016. Understanding the Entrepreneurs' Behavioral Intentions Towards Sustainable Tourism: A Case Study from Greece. *Environmental Development Sustainability*, 18 (3): 857-879.

Saufi A., O'Brien D., Wilkins H., 2014. Inhibitors to Host Community Participation in Sustainable Tourism Development in Developing Countries. *Journal of Sustainable Tourism*, 22 (5): 801-820.

Scannell L., Gifford R., 2010. The Relations between Natural and Civic Place Attachment and Pro-environmental Behavior. *Journal of Environmental Psychology*, 30 (3): 289-297.

Scheffers B. R., De Meester L., Bridge T. C. L., et al., 2016. The Broad Footprint of Climate Change from Genes to Biomes to People. *Science*, 354 (6313): 7671-7671.

Schein E. H., 1992. *Organisational Culture and Leadership*. Jossey-Bass Inc.

Schmuck P., Schultz P., 2002. *Psychology of Sustainable Development*. Kluwer.

Schneider S. C., Barsourx J., 1997. *Managing Across Cultures*. Prentice Hall.

Schroeder H. W., 2007. Place Experience, Gestalt and the Human-nature Relationship. *Journal of Environmental Psychology*, 27: 293-309.

Schultz P. W., Gouveia V. V., Cameron L. D., et al., 2005. Values and Their Relationship to Environmental Concern and Conservation Behavior. *Journal of Cross-Cultural Psychology*, 36 (4): 457-475.

Schultz P. W., Shriver C., Tabanic J. J., et al., 2004. Implicit Connections with Nature. *Journal of Environmental Psychology*, 24: 31-42.

Schultz P., Zelezny L., 1999. Values as Predictors of Environmental Attitudes: Evidences from Consistency Across 14 Countries. *Journal of Environmental Psychology*, 19 (3): 255-265.

Schultz R. A., Okubo C. H., Goudy C. L., et al., 2004. Igneous Dikes on Mars Revealed by Mars Orbiter Laser Altimeter Topography. *Geology*, 32 (10): 889-892.

Schwartz S. H., 1977. Normative influences on altruism. In: Berkowitz L. (Eds.). *Advances in experimental social psychology*. Academic Press.

Schwartz S. H., 1992. Universals in the Content and Structure Of Values: Theoretical Advances and Empirical Tests in 20 Countries. *Advances in Experimental Social Psychology*, 25 (2): 1-65.

Scott D., 2011. Why Sustainable Tourism must Address Climate Change. *Journal of Sustainable Tourism*, 19 (1): 17-34.

Serenari C., Leung Y. F., Attarian A., et al., 2012. Understanding Environmentally Significant Behavior Among Whitewater Rafting and Trekking Guides in the Garhwal Himalaya, India. *Journal of Sustainable Tourism*, 20 (5): 757-772.

Serenari C., Peterson M. N., Wallace T., et al., 2016. Private Protected Areas, Ecotourism Development and Impacts on Local People's Well-being: A Review from Case Studies in Southern Chile. *Journal of Sustainable Tourism*, 25 (12): 1-19.

Shaheen K., Zaman K., Batool R., et al., 2019. Dynamic Linkages Between Tourism, Energy, Environment, and Economic Growth: Evidence from Top 10 Tourism-induced Countries. *Environmental Science and Pollution Research International*, 26 (30): 31273-31283.

Shahzad S. J. H., Shahbaz M., Ferrer Románn, et al., 2017. Tourism-led Growth Hypothesis in the Top Ten Tourist Destinations: New Evidence Using the Quantile-on-quantile Approach. *Tourism Management*, 60: 223-232.

Sharpley R., 2009. *Tourism development and the environment: Beyond sustainability?* Earthscan.

Sia A. P., Hungerford H. R., Tomera A. N., 1986. Selected Predictors of Responsible Environmental Behavior: An Analysis. *Journal of Environmental Education*, 17 (2): 31-40.

Singer P., 2009. *Animal Liberation: The Definitive Classic of the Animal Movement.* HarperCollins Publishers.

Sivek D. J., Hungerford H. R., 1990. Predictors of Responsible Behavior in Members of Three Wisconsin Conservation Organizations. *Journal of Environmental Education*, 21 (2): 35-40.

Sofield, Li F. M. S., 2007. China, Ecotourism and Cultural Tourism: Harmony or Dissonance? In: H. James (Ed.), Understanding a Complar Tourism Phenomenon, 368-385.

Sparks B., 2007. Planning a Wine Tourism Vacation? Factors that Help to Predict Tourist Behavioral Intentions. *Tourism Management*, 28 (5): 1180-1192.

Stanford D. J., 2014. Reducing Visitor Car Use in a Protected Area: A Market Segmentation Approach to Achieving Behavior Change. *Journal of Sustainable Tourism*, 22 (4): 666-683.

Steg L., Dreijerink L., Abrahamse W., 2005. Factors Influencing the Acceptability of Energy Policies: A test of VBN Theory. *Journal of Environmental Psychology*, 25 (4): 415-425.

Steg L., Vlek C., 2009. Encouraging Pro-environmental Behavior: An Integrative Review and Research. *Journal of Environmental Psychology*, 29 (3): 309-317.

Stern P. C., Dietz T., Abel T., et al., 1999. A Value-belief-norm Theory of Support for Social Movements: The Case Study of Environmentalism. *Human Ecology Review*, 6 (2): 81-98.

Stern P. C., Dietz T., 1994. The Value Basis of Environmental Concern. *Journal of Social Issues*, 50 (3): 407-424.

Stern P. C., 2000. New Environmental Theories: Toward a Coherent Theory of Environmentally Significant Behavior. *Journal of Social Issues*, 56 (3): 407-427.

Stets J. E., Biga C. F., 2003. Bringing Identity Theory into Environmental Sociology. *Sociological Theory*, 21 (4): 409-410.

Stokols D., 1990. Instrumental and Spiritual Views of People-environmental Relations. *American Psychologist*, 45: 641-646.

Straughan R. D., Roberts J. A., 2013. Environmental Segmentation Alternatives: A Look at Green Consumer Behavior in the New Millennium. *Journal of Consumer Marketing*, 16 (6): 558-575.

Stylos N., Bellou V., Ronikidis A., et al., 2017. Linking the Dots Among Destination Images, Place Attachment, and Revisit Intentions: A Study Among British and Russian Tourists. *Tourism Management*, 60: 15-29.

Su L., Swanson S. R., 2017. The Effect of Destination Social Responsibility on Tourist Environmentally Responsible Behavior: Compared Analysis of First-time and Repeat Tourists. *Tourism Management*, 60: 308-321.

Swarbrooke J., 1999. *Sustainable tourism management*. CABI Publishing.

Tanaka J. S., 1993. Multifaceted Conceptions of fit in Structural Equation Models. In: Bollen K. A., Long J. S. (eds.), *Testing structural equation models*. Sage.

Tanner C., 1999. Constraints on Environmental Behavior. *Journal of Environmental Psychology*, 19: 145-157.

Tarrant M. A., Cordell H. K., 1997. The Effect of Respondent Characteristics on General Environmental Attitude-behavior Correspondence. *Environment and Behavior*, 29 (5): 618-637.

Thøgersen J., Crompton T., 2009. Simple and Painless? The Limitations of Spillover in Environmental Campaigning. *Journal of Consumer Policy*, 32 (2): 141-163.

Thøgersen J., Noblet C., 2012. Does Green Consumerism Increase the Acceptance of wind Power. *Energy Policy*, 51 (6): 854-862.

Thøgersen J., Ölander F., 2002. Human Values and the Emergence of a Sustainable Consumption Pattern: A Panel Study. *Journal of Economic Psychology*, 23 (5): 605-630.

Thøgersen J., 1996. Recycling and Morality: A Critical Review of the Literature. *Environment and Behavior*, 28: 536-558.

Thøgersen J., 1999. Spillover Processes in the Development of a Sustainable Consumption Pattern. *Journal of Economic Psychology*, 20 (1): 53-81.

Thompson B. S., Gillen J., Friess D. A., 2018. Challenging the Principles of Ecotourism:

Insights from Entrepreneurs on Environmental and Economic Sustainability in Langkawi, Malaysia. *Journal of Sustainable Tourism*, 26 (1): 257-276.

Thompson N., 2005. Inter-institutional Relations in the Governance of England's National Parks: A Governmentality Perspective. *Journal of Rural Studies*, 21 (3): 323-334.

Thompson S. C. G., Barton M. A., 1994. Ecocentric and Anthropocentric Attitudes toward the Environment. *Journal of Environmental Psychology*, 14 (1): 149-157.

Tiefenbeck V., Staake T., Roth K., et al., 2013. For Better or for Worse? Empirical Evidence of Moral licensing in a Behavioral Energy Conservation Campaign. *Energy Policy*, 57 (6): 160-171.

Tikka P. M., Kuitunen M. T., Tynys S. M., 2000. Effects of Educational Background on Students' Attitudes, Activity Levels and Knowledge Concerning the Environment. *Journal of Environmental Education*, 31 (3): 12-19.

Tonge J., Ryan M. M., Moore S. A., et al., 2015. The Effect of Place Attachment on Pro-environmental Behavioral Intentions of Pro-environmental Behavioural Intentions of Visitors to Coastal Natural Area Tourist Destinations. *Journal of Travel Research*, 54 (6): 730-743.

Tosun C., 2000. Limits to Community Participation in the Tourism Development Process in Developing Countries. *Tourism Management*, 21 (6): 613-633.

Tracy J. L., Robins R. W., 2007. The Psychological Structure of Pride: A Tale of Two Facets. *Journal of Personality & social psychology*, 92 (3): 506-525.

Truelove H. B., Carrico A. R., Weber E. U., et al., 2014. Positive and Negative Spillover of Pro-environmental Behavior: An Integrative Review and Theoretical Framework. *Global Environmental Change*, 29: 127-138.

Tuan Y. F., 1974. *Topophilia: A study of environmental perception, attitudes and values*. Columbia University Press.

Urban J., Bahník Š., Kohlová M. B., 2019. Green Consumption does not Make People Cheat: Three Attempts to Replicate Moral Licensing Effect Due to Pro-environmental Behavior. *Journal of Environmental Psychology*, 63: 139-147.

Verfuerth C., Jones C. R., Smith G. D., et al., 2019. Understanding Contextual Spillover: Using Identity Process Theory as a Lens for Analyzing Behavioral Responses to a Workplace Dietary Choice Intervention. *Frontiers in Psychology*, 10: 345.

Vijayanand S., 2013. Stakeholders and Public Private Partnerships Role in Tourism Management. *International Journal of Scientific & Engineering Research*, 4 (2).

Waligo V. M., Clarke J., Hawkins R., 2013. Implementing Sustainable Tourism: A Multi-Stakeholder Involvement Management Framework. *Tourism Management*, 36 (3): 342-353.

Wall G., 1997. Forum: Is Ecotourism Sustainable. *Environmental Management*, 21 (4): 483-491.

Wang C. C., Cater C., Low T., 2016. Political Challenges in Community-based Ecotourism. *Journal of Sustainable Tourism*, 24 (3): 1-14.

Wang S., Chen J. S., Tribe J., 2015. The Influence of Place Identity on Perceived Tourism Impacts. *Annals of tourism research*, 2015 (52): 16-28.

WCED, 1987. *Report of the world commission on environment and development: our common future* (the Brundtland Report) .

Wearing S., Neil J., 2009. *Ecotourism: Impacts, Potentials and Possibilities* (2nd ed.) . Butterworth-Heinemann.

Weaver D. B., Lawton L. J., 2017. A New Visitation Paradigm for Protected areas. *Tourism Management*, 60: 140-146.

Weaver D., 2011. Can Sustainable Tourism Survive Climate Change. *Journal of Sustainable Tourism*, 19 (1): 5-15.

Weber E. U., 1997. *Perception and Expectation of Climate Change: Precondition for Economic and Technological Adaptation*, 314-341.

Weigeit A. J., 1997. *Self, Interaction, and the National Environment: Refocusing our Eyesight*. Suny Press.

Werner O., Campbell D. T., 1973. Translating, Working Through Interpreters, the Problem of Decentering. In: Naroll, Cohen (Eds.), *A handbook of method in cultural anthropology*. Columbia University Press.

Westland J. C., 2010. Lower Bounds on Sample Size in Structural Equation Modelling. *Electronic Commerce Research and Applications*, 9 (6): 476-487.

Whitburn J., Linklater W., Abrahamse W., 2019. Meta-analysis of Human Connection to Nature and Pro-enviromental Behavior. *Conservation Biology*, 34 (1): 180-193.

Whitmarsh L. E., Haggar P., Thomas M., 2018. Waste Reduction Behaviors at Home, at Work, and on Holiday: What Influences Behavioral Consistency Across Contexts. *Frontiers in Psychology*, 9.

Whitmarsh L., O'Neill S., 2010. Green Identity, Green Living? The Role of Pro-environmental Self-identity in Determining Consistency Across Diverse Pro-environmental Behaviors. *Journal of Environmental Psychology*, 30 (3): 305-314.

Williams D. R., Roggenbuck J. W., 1989. Measuring Place Attachment: Some Preliminary Results. *National Parks and Recreation*, Leisure Research Symposium, 20-22.

Wilson E. O., 1984. *Biophilia*. Harvard University Press.

Wolch J., Zhang J., 2004. Beach Recreation, Cultural Diversity and Attitude toward Nature. *Journal of Leisure Research*, 36 (3): 414-443.

World Commission on Environment and Development, 1987. *Our common future*. Oxford University Press.

Wu L. Q., 2018. The Relationships Between Environmental Sensitivity, Ecological Worldview, Personal Norms and Pro-environmental Behaviors in Chinese Children: Testing the Value-belief-norm Model with Environmental Sensitivity as an Emotional Basis. *Psychology Journal*, 7: 111-121.

Wurzinger S., Johansson M., 2006. Environmental Concern and Knowledge of Ecotourism Among Three Groups of Swedish Tourists. *Journal of Travel Research*, 45 (2):

217-226.

Xu F. F., Morgan M., Song P., 2009. Students' Travel Behavior: A Cross-cultural Comparison of UK and China. *International Journal of Tourism Research*, 11 (3): 255-268.

Xu F., Fox D., Zhang J., et al., 2014. The Institutional Sustainability of Protected Area Tourism: Case Studies of New Forest National Park, UK and Jiuzhaigou National Scenic Area, China. *Journal of China Tourism Research*, 10 (2): 121-141.

Xu F., Fox D., 2014. Modelling Attitudes to Nature, Tourism and Sustainable Development in National Parks: A Survey of Visitors in China and the UK. *Tourism Management*, 45 (1): 142-158.

Xu F., Huang L., Whitmarsh L., 2020. Home and away: Cross-contextual Consistency in Tourists' Pro-environmental Behavior. *Journal of Sustainable Tourism*, 2020 (4): 1-17.

Ye W., Xue X. M., 2008. The Differences in Ecotourism between China and the West. *Current Issues in Tourism*, 11 (6): 567-586.

Yeoman J., 2000. Achieving Sustainable Tourism: A Paradigmatic Perspective. In: M. Robinson, J. Swarbrooke, N. Evans, *et al.*, (Eds.), *Reflections on international tourism: Environmental management and pathways to sustainable tourism*. Business Education Publishers.

Yin R. K., 2008. *Case study research: Design and methods* (4th ed.). Sage Publications.

Zhang Y. L., Zhang H. L., Zhang J., *et al.*, 2014. Predicting Residents' pro-environmental Behaviors at Tourist Sites: The Role of Awareness of Disaster's Consequences, Values, and Place Attachment. *Journal of Environmental Psychology*, 40: 131-146.

Zhang Y. L., Zhang J., Zhang H. O., *et al.*, 2017. Residents' Environmental Conservation Behavior in the Mountain Tourism Destinations in China: Case Studies of Jiuzhaigou and Mount Qingcheng. *Journal of Mountain Science*, 14 (12): 2555-2567.

Zheng D., Dai E. F., 2012. Environmental Ethics and Regional Sustainable Development. *Journal of Geographical Sciences*, 22 (1): 86-92.

白凯、王晓华：《旅游伦理学》，科学出版社，2016 年。

白凯、王馨："中国旅游者行为研究述评（1987-2018）"，《旅游导刊》，2018 年第 6 期。

毕剑："'美丽中国'背景下旅游生态文明建设研究——以旅游利益相关者为视阈"，《西南民族大学学报（人文社会科学版）》，2013 年第 8 期。

卞显红、王国聘、黄震方等："评生态环境伦理学"，《生态经济》，2002 年第 2 期。

蔡萌："低碳旅游的理论与实践"（博士论文），华东师范大学，2012 年。

曾菲菲、罗艳菊、毕华等："生态旅游者：甄别与环境友好行为意向"，《经济地理》，2014 年第 6 期。

曾建平：《环境正义：发展中国家环境伦理问题探究》，山东人民出版社，2007 年。

曾昭鹏："环境素养的理论与测评研究"（博士论文），南京师范大学，2004 年。

昌晶亮、余洪："旅游法对游客不文明行为全方位制约探讨"，《求索》，2013 年第 12 期。

陈家刚："生态文明与协商民主"，《当代世界与社会主义》，2006 年第 2 期。
陈寿朋、杨立新："论生态文化及其价值观基础"，《道德与文明》，2005 年第 2 期。
陈蔚："社区参与对环境态度及环境行为的影响研究——基于结构方程模型"，《安徽师范大学学报（自然科学版）》，2017 年第 4 期。
程绍文、张捷、徐菲菲等："自然旅游地社区居民旅游发展期望与旅游影响感知对其旅游态度的影响——对中国九寨沟和英国 NF 国家公园的比较研究"，《地理研究》，2010 年第 12 期。
程绍文、张捷、徐菲菲："自然旅游地居民自然保护态度的影响因素——中国九寨沟和英国新森林国家公园的比较"，《生态学报》，2010 年第 23 期。
程占红、程锦红、张奥佳："五台山景区旅游者低碳旅游认知及影响因素研究"，《旅游学刊》，2018 年第 3 期。
仇梦嫄、张捷、、张宏磊等："基于旅游声景认知的旅游者环保行为驱动机制研究——以厦门鼓浪屿为例"，《旅游学刊》，2017 年第 11 期。
崔凤、唐国建："环境社会学：关于环境行为的社会学阐释"，《社会科学辑刊》，2010 年第 3 期。
崔永和：《走向后现代的环境伦理》，人民出版社，2011 年。
丁开杰、刘英、王勇兵："生态文明建设：伦理、经济与治理"，《马克思主义与现实》，2006 年第 4 期。
董战峰、张哲予、杜艳春等："'绿水青山就是金山银山'理念实践模式与路径探析"，《中国环境管理》，2020 年第 5 期。
范进学："论道德法律化与法律道德化"，《法学评论》，1998 年第 2 期。
范莉娜、周玲强、李秋成等："三维视域下的国外地方依恋研究述评"，《人文地理》，2014 年第 4 期。
范香花、黄静波、程励等："生态旅游者旅游涉入对环境友好行为的影响机制"，《经济地理》，2019 年第 1 期。
范香花、黄静波、程励："生态旅游地居民环境友好行为形成机制——以国家风景名胜区东江湖为例"，《经济地理》，2016 年第 12 期。
方远平、张琦、李军等："参照群体对旅游者亲环境行为的影响机制——基于广州市海珠湿地公园的旅游者群组差异分析"，《经济地理》，2020 年第 1 期。
风笑天：《社会研究方法》，中国人民大学出版社，2013 年。
高军波："区域旅游可持续发展中的环境伦理问题"，《科技与管理》，2006 年第 3 期。
谷树忠、胡咏君、周洪："生态文明建设的科学内涵与基本路径"，《资源科学》，2013 年第 1 期。
谷树忠、吴太平："中国新时代自然资源治理体系的理论构想"，《自然资源学报》，2020 年第 8 期。
郭凤志："价值、价值观念、价值观概念辨析"，《东北师大学报》，2003 年第 6 期。
郭来喜："中国生态旅游：可持续旅游的基石"，《地理科学进展》，1997 年第 4 期。
韩东屏："非人类中心主义环境伦理是否可行？"《浙江社会科学》，2001 年第 1 期。
韩雪、刘爱利："旅游感知的研究内容及测评方法"，《旅游学刊》，2019 年第 4 期。
何建民："旅游主体行为合理化的伦理机制与引导策略"，《旅游学刊》，2014 年第 11 期。

何学欢、胡东滨、粟路军："旅游地居民感知公平、关系质量与环境责任行为"，《旅游学刊》，2018 年第 9 期。
洪大用、肖晨阳："环境关心的性别差异分析"，《社会学研究》，2007 年第 2 期。
洪学婷、张宏梅、黄震方等："旅游体验前后日常环境行为对具体地点环境行为的影响——以大学生黄山旅游体验为例"，《人文地理》，2019 年第 3 期。
洪学婷、张宏梅："国外环境责任行为研究进展及对中国的启示"，《地理科学进展》，2016 年第 12 期。
胡兵、傅云新、熊元斌："旅游者参与低碳旅游意愿的驱动因素与形成机制：基于计划行为理论的解释"，《商业经济与管理》，2014 年第 8 期。
胡传东："旅游者道德弱化行为的推拉因素与形成机制"，《重庆师范大学学报（哲学社会科学版）》，2008 年第 5 期。
胡华："中国旅游者不文明行为归类及归因研究"，《生态经济》，2014 年第 7 期。
胡细涓："环境伦理学与旅游可持续发展"，《国土与自然资源研究》，2006 年第 2 期。
胡延福、姜家君："罗尔斯顿环境伦理学的生态学基础探源"，《东南学术》，2015 年第 6 期。
黄爱宝："生态文明与政治文明协调发展的理论意蕴与历史必然"，《探索》，2006 年第 1 期。
黄静波、范香花、黄卉洁："生态旅游地旅游者环境友好行为的形成机制——以莽山国家级自然保护区为例"，《地理研究》，2017 年第 12 期。
黄勤、曾元、江琴："中国推进生态文明建设的研究进展"，《中国人口·资源与环境》，2015 年第 2 期。
黄素珍、鲁洋、杨晓英等："安徽省黄山市绿色发展时空趋势研究"，《长江流域资源与环境》，2019 年第 8 期。
黄小乐："环保行为模式的研究现状及走向"，《社会心理科学》，2009 年第 6 期。
黄震方、葛军莲、储少莹："国家战略背景下旅游资源的理论内涵与科学问题"，《自然资源学报》，2000 年第 7 期。
黄震方、黄睿："基于人地关系的旅游地理学理论透视与学术创新"，《地理研究》，2015 年第 1 期。
黄震方："关于旅游业可持续发展的环境伦理学思考"，《旅游学刊》，2001 年第 2 期。
金盛华、辛志勇："中国人价值观研究的现状及发展趋势"，《北京师范大学学报（社会科学版）》，2003 年第 3 期。
李敬："国内旅游者不文明行为研究述评"，《管理学刊》，2012 年第 5 期。
李玲："城市旅游生态文明建设和可持续发展研究——以新疆乌鲁木齐为例"，《生态经济》，2020 年第 3 期。
李萌、何春萍："旅游者不文明旅游行为初探"，《北京第二外国语学院学报》，2002 年第 1 期。
李萍、周彬、Ryan C 等："基于模糊综合评价的徒步休闲满意度研究——以浙江省宁波市为例"，《旅游学刊》，2018 年第 5 期。
李秋成、周玲强："社会资本对旅游者环境友好行为意愿的影响"，《旅游学刊》，2014 年第 9 期。

李文明、殷程强、唐文跃等："观鸟旅游旅游者地方依恋与亲环境行为——以自然共情与环境教育感知为中介变量"，《经济地理》，2019 年第 1 期。
李想、马蓓蓓、闫萍："《人文地理》1986—2015 年载文分析与研究热点"，《人文地理》，2018 年第 1 期。
李晓光、杨江华："青年群体对气候变化的认知及其影响机制"，《中国青年研究》，2016 年第 8 期。
李晓菊：《环境道德教育研究》，同济大学出版社，2008 年。
李鑫："旅游中的不文明行为及法制教育策略"，《教育理论与实践》，2016 年第 30 期。
李振坤、伊志宏："大学生节能消费的决定因素及影响机制研究——以大连市为例"，《消费经济》，2017 年第 2 期。
刘俊彦："当代企业青年价值观调研报告"，《中国青年研究》，2017 年第 8 期。
刘立波："环境身份理论视域下的青年群体环境行为研究"，《中国青年研究》，2017 年第 6 期。
刘妙品、南灵、李晓庆等："环境素养对农户农田生态保护行为的影响研究——基于陕、晋、甘、皖、苏五省 1023 份农户调查数据"，《干旱区资源与环境》，2019 年第 2 期。
刘仁忠、罗军："可持续发展理论的多重内涵"，《自然辩证法研究》，2007 年第 4 期。
刘贤伟、吴建平："大学生环境价值观与亲环境行为：环境关心的中介作用"，《心理与行为研究》，2013 年第 6 期。
刘贤伟、邹洋："青少年群体生态价值观的结构、现状与特点——基于我国 10 个城市的实证研究"，《干旱区资源与环境》，2017 年第 9 期。
刘湘溶、曾晚生："绿色发展理念的生态伦理意蕴"，《伦理学研究》，2018 年第 3 期。
刘湘溶：《人与自然的道德话语：环境伦理学的进展与反思》，湖南师范大学出版社，2004 年。
刘余莉：《通往自我觉醒之路：环境伦理与生态危机及其出路》，世界知识出版社，2012 年。
龙志、曾绍伦："生态文明视角下旅游发展质量评估及高质量发展路径实证研究"，《生态经济》，2020 年第 4 期。
卢少云、孙珠峰："大众传媒与公众环保行为研究——基于中国 CGSS 2013 数据的实证分析"，《干旱区资源与环境》，2018 年第 1 期。
罗芬、钟永德："武陵源世界自然遗产地生态旅游者细分研究——基于环境态度与环境行为视角"，《经济地理》，2011 年第 2 期。
罗艳菊、黄宇、毕华等："基于环境态度的城市居民环境友好行为意向及认知差异——以海口市为例"，《人文地理》，2012 年第 5 期。
罗艳菊、张冬、黄宇："城市居民环境友好行为意向形成机制的性别差异"，《经济地理》，2012 年第 9 期。
罗中枢："论信、信念、信仰、宗教信仰的特征及意义"，《宗教学研究》，2007 年第 2 期。
吕君、陈田、刘丽梅："旅游者环境意识的调查与分析"，《地理研究》，2009 年第 1 期。
马光：《环境与可持续发展导论》，科学出版社，2014 年。
马进、韩昌跃：《当代中国社会道德热点问题研究》，中国社会科学出版社，2014 年。
马耀峰、李创新、张佑印等："不同文化群体来华旅游者认知评价的差异性研究——以六大旅游热点城市为例”，《地域研究与开发》，2008 年第 2 期。
马勇、张梦、余楚凤：“生态优先，绿色发展：乡村振兴的愿景、逻辑与路径——湖北大学博士生导师马勇教授访谈”，《社会科学家》，2019 年第 3 期。
牛文元：“可持续发展理论的内涵认知——纪念联合国里约环发大会 20 周年”，《中国人口·资源与环境》，2012 年第 5 期。
欧阳斌、袁正、陈静思：“我国城市居民环境意识、环保行为测量及影响因素分析”，《经济地理》，2015 年第 11 期。
潘东燕、吴国清：“旅游产业发展与生态文明建设耦合响应研究”，《旅游纵览（下半月）》，2015 年第 18 期。
潘丽丽、王晓宇：“基于主观心理视角的旅游者环境行为意愿影响因素研究——以西溪国家湿地公园为例”，《地理科学》，2018 年第 8 期。
潘玉君、明庆忠、李宏：“可持续发展的环境伦理”，《云南师范大学学报》，2002 年第 5 期。
潘岳：“生态文明是社会文明体系的基础”，《中国国情国力》，2006 年第 10 期。
庞素艳、于彩莲、解磊：《环境保护与可持续发展》，科学出版社，2015 年。
祁秋寅、张捷、杨旸等：“自然遗产地旅游者环境态度与环境行为倾向研究——以九寨沟为例”，《旅游学刊》，2009 年第 11 期。
祁潇潇、赵亮、胡迎春：“敬畏情绪对旅游者实施环境责任行为的影响——以地方依恋为中介”，《旅游学刊》，2018 年第 11 期。
钱易、唐孝炎：《环境保护与可持续发展》，高等教育出版社，2010 年。
邱宏亮、范钧、赵磊：“旅游者环境责任行为研究述评与展望”，《旅游学刊》，2018 年第 11 期。
邱宏亮：“基于 TPB 扩展模型的出境旅游者文明旅游行为意向影响机制研究”，《旅游学刊》，2017 年第 6 期。
邱剑英：“旅游非道德行为与新世纪的道德建设”，《长春大学学报》，2001 年第 2 期。
曲向荣：《环境保护与可持续发展》（第二版），清华大学出版社，2014 年。
曲颖、吕兴洋、沈雪瑞：“大众旅游价值导向调节下地方依恋维度的亲环境驱动效应”，《旅游学刊》，2020 年第 3 期。
任保平：“新时代中国经济从高速增长转向高质量发展：理论阐释与实践取向”，《学术月刊》，2018 年第 3 期。
任俊华、刘晓华：《环境伦理的文化阐释：中国古代生态智慧探考》，湖南师范大学出版社，2004 年。
任俊华：“建设生态文明的重要思想资源——论中国古代生态伦理文明”，《伦理学研究》，2008 年第 2 期。
任俊华：“论儒家生态伦理思想的现代价值”，《自然辩证法研究》，2006 年第 3 期。
邵立娟、肖贵蓉：“基于环境伦理的旅游者环境行为差异分析”，《中国发展》，2013 年第 5 期。
沈立军：“大学生环境价值观、环境态度和环境行为的特点及关系研究”（博士论文），山西大学，2008 年。
盛光华、解芳、曲纪同：“新消费引领下中国居民绿色购买意图形成机制”，《西安交通大学学报（社会科学版）》，2017 年第 4 期。
舒小林、黄明刚："基于生态文明理念旅游发展方式的选择研究"，《生态经济》，2015 年第 6 期。
宋瑞："生态文明制度建设背景下的可持续旅游发展研究"，《生态经济》，2018 年第 9 期。
苏永波："旅游开发与生态文明建设耦合路径研究——基于主辅嵌入视角"，《系统科学学报》，2019 年第 3 期。
孙道进：《环境伦理学的哲学困境：一个反拨》，中国社会科学出版社，2007 年。
孙鸿鹄、程先富、陈翼翔等："区域洪涝灾害恢复力时空演变研究——以巢湖流域为例"，《长江流域资源与环境》，2016 年第 9 期。
孙伟、曹诗图："旅游生态文明建设的困境、路径与对策"，《生态经济》，2020 年第 9 期。
孙岩、宋金波、宋丹荣："城市居民环境行为影响因素的实证研究"，《管理学报》，2012 年第 9 期。
谭千保："学生环境意识与环境行为问卷的建构"，《湘潭师范学院学报（自然科学版）》，2002 年第 4 期。
唐任伍、徐道明："新时代高质量旅游业发展的动力和路径"，《旅游学刊》，2018 年第 10 期。
田文富：《环境伦理与和谐生态》，郑州大学出版社，2010 年。
田勇："旅游非道德行为与旅游道德的塑造"，《旅游论坛》，1999 年第 2 期。
万基财、张捷、卢韶婧等："九寨沟地方特质与旅游者地方依恋和环保行为倾向的关系"，《地理科学进展》，2014 年第 3 期。
汪侠、甄峰、沈丽珍等："基于贫困居民视角的旅游扶贫满意度评价"，《地理研究》，2017 年第 12 期。
王从彦、刘君、周嘉伟等："生态文明建设背景下研究生生态素养探析"，《中国人口·资源与环境》，2016 年第 2 期。
王凤："公众参与环保行为影响因素的实证研究"，《中国人口·资源与环境》，2008 年第 6 期。
王国猛、黎建新、廖水香等："环境价值观与消费者绿色购买行为：环境态度的中介研究"，《大连理工大学学报：社会科学》，2010 年第 4 期。
王华、李兰："生态旅游涉入、群体规范对旅游者环境友好行为意愿的影响——以观鸟旅游者为例"，《旅游科学》，2018 年第 1 期。
王华、徐仕彦："旅游者间的"道德式"凝视及其规训意义——基于网络博文的内容分析"，《旅游学刊》，2016 年第 5 期。
王建明、郑冉冉："心理意识因素对消费者生态文明行为的影响机理"，《管理学报》，2011 年第 7 期。
王建明："环境情感的维度结构及其对消费碳减排行为的影响：情感—行为的双因素理论假说及其验证"，《管理世界》，2015 年第 12 期。
王金南、苏洁琼、万军："'绿水青山就是金山银山'的理论内涵及其实现机制创新"，《环境保护》，2017 年第 11 期。
王寿鹏、旷婷玥："从旅游者不文明行为到旅游者道德行为失范——旅游者道德行为连续体模型的构建"，《旅游研究》，2011 年第 2 期。

王寿鹏："文化视角下的旅游者不文明行为分析"，《中国旅游报》，2011年第3期。
王晓华、白凯："旅游中的道德与利益：二元对立还是一元统一"，《旅游学刊》，2014年第12期。
王正平：《环境哲学：环境伦理的跨学科研究》，上海教育出版社，2014年。
吴明隆：《结构方程模型：AMOS的操作与应用》，重庆大学出版社，2010年。
吴绍洪、戴尔阜、郑度等："2007. 区域可持续发展中的环境伦理案例分析：不同社会群体责任"，《地理研究》，2007年第6期。
习近平：《谈治国理政》，外文出版社，2014年。
夏凌云、于洪贤、王洪成等："湿地公园生态教育对旅游者环境行为倾向的影响——以哈尔滨市5个湿地公园为例"，《湿地科学》，2016年第1期。
夏赞才："生态旅游的生态伦理抉择"，《自然辩证法研究》，2006年第5期。
向宝惠："加强旅游业生态文明建设，实现美丽中国"，《旅游学刊》，2016年第10期。
肖洪根："关于旅游与伦理问题的若干思考"，《旅游学刊》，2014年第11期。
肖卉、石长波："中国公民出境旅游不文明行为分析"，《商业经济》，2008年第9期。
肖佑兴："论旅游者不文明行为及其规范"，《法制与社会》，2007年第8期。
熊若蔚："区域环境行为及其机制研究的立论思路"，《人文地理》，1996年第1期。
徐菲菲、何云梦："环境伦理观与可持续旅游行为研究进展"，《地理科学进展》，2016年第6期。
徐菲菲、何云梦："论旅游活动中的多重信任关系"，《东南大学学报（哲学社会科学版）》，2016年第18期。
徐嵩龄：《环境伦理学进展：评论与阐释》，社会科学文献出版社，1999年。
徐嵩龄："论现代环境伦理观的恰当性——从"生态中心主义"到"可持续发展"到"制度转型期""，《清华大学学报（哲学社会科学版）》，2001年第2期。
徐寅、耿言虎："城郊村落水环境恶化的社会学阐释——下石村个案研究"，《河海大学学报（哲学社会科学版）》，2010年第12期。
许黎、曹诗图、柳德才："乡村旅游开发与生态文明建设融合发展探讨"，《地理与地理信息科学》，2017年第6期。
许世璋："影响花莲环保团体积极成员其环境行动养成之重要生命经验研究"，《台湾科学教育学刊》，2003年第2期。
薛嘉欣、刘满芝、赵忠春等："亲环境行为的概念与形成机制：基于拓展的MOA模型"，《心理研究》，2019年第2期。
杨俊、王占岐、金贵等："基于AHP与模糊综合评价的土地整治项目实施后效益评价"，《长江流域资源与环境》，2013年第8期。
杨世宏：《生态伦理学探究》，群言出版社，2016年。
杨通进：《当代西方环境伦理学》，科学出版社，2017年。
杨通进："改革开放以来我国伦理学研究的十大热点问题"，《伦理学研究》，2008年第4期。
杨通进：《环境伦理：全球话语中国视野》，重庆出版社，2007年。
杨通进："环境伦理学的三个理论焦点"，《哲学动态》，2002年第5期。
杨通进："人类中心论：辩护与诘难"，《铁道师院学报》，1999年第5期。

杨通进："人类中心论与环境伦理学"，《中国人民大学学报》，1998 年第 6 期。
姚田田、方旭红、肖利斌："基于网络文本的旅游不文明行为公众认知研究"，《旅游论坛》，2018 年第 2 期。
叶红："旅游生态文明评价及提升"（博士论文），新疆大学，2019 年。
余建辉、张健华："基于经济学视角的中国旅游者不文明行为探因"，《华东经济管理》，2009 年第 10 期。
余谋昌、王耀先：《环境伦理学》，高等教育出版社，2004 年。
余谋昌：《生态伦理学：从理论走向实践》，首都师范大学出版社，1999 年。
余谋昌："生态哲学：可持续发展的哲学诠释"，《中国人口资源与环境》，2001 年第 3 期。
余谋昌："走出人类中心主义"，《自然辩证法研究》，1994 年第 7 期。
余晓婷、吴小根、张玉玲等："旅游者环境责任行为驱动因素研究——以台湾为例"，《旅游学刊》，2015 年第 7 期。
余勇、钟永德："基于环境态度的旅游者环境行为预测研究——以武陵源风景区为例"，《旅游论坛》，2010 年第 5 期。
袁红："基于层次分析和模糊评判的湖北省休闲农业区域发展潜力分析"，《中国农业资源与区划》，2019 年第 9 期。
袁晓玲、邸勍、李朝鹏："中国环境质量的时空格局及影响因素研究——基于污染和吸收两个视角"，《长江流域资源与环境》，2019 年第 9 期。
张朝枝："'十四五'"时期旅游教育基本背景及其发展路径思考"，《旅游学刊》，2020 年第 6 期。
张德昭：《深度的人文关怀：环境伦理学的内在价值范畴研究》，中国社会科学出版社，2006 年。
张海霞、汪宇明："可持续自然旅游发展的国家公园模式及其启示：以优胜美地国家公园和科里国家公园为例"，《经济地理》，2010 年第 1 期。
张宏、黄震方、琚胜利："水乡古镇旅游者低碳旅游行为影响因素分析——以昆山市周庄、锦溪、千灯古镇为例"，《旅游科学》，2017 年第 5 期。
张宏梅、陆林："入境旅游者旅游动机及其跨文化比较——以桂林、阳朔入境旅游者为例"，《地理学报》，2009 年第 8 期。
张梦、潘莉、Dogan Gursoy："景区规范类标识牌劝说效果研究——基于语言风格与颜色效价的匹配影响"，《旅游学刊》，2016 年第 3 期。
张乾柱、王彤彤、卢阳等："基于 AHP—GIS 的重庆市山洪灾害风险区划研究"，《长江流域资源与环境》，2019 年第 1 期。
张文彬、李国平："生态补偿、心理因素与居民生态保护意愿和行为研究——以秦巴生态功能区为例"，《资源科学》，2017 年第 5 期。
张文建："上海都市旅游的跨文化体验与影响"，《上海师范大学学报（哲学社会科学版）》，2004 年第 1 期。
张彦南、李全、陈工等："基于《Economic Geography》的经济地理学知识图谱分析"，《人文地理》，2017 年第 3 期。
张玉玲、郭永锐、郑春晖："旅游者价值观对环保行为的影响——基于客源市场空间距离与区域经济水平的分组探讨"，《旅游科学》，2017 年第 2 期。

张玉玲、张捷、张宏磊等：“文化与自然灾害对四川居民保护旅游地生态环境行为的影响”，《生态学报》，2014 年第 17 期。
张玉玲、张捷、赵文慧：“居民环境后果认知对保护旅游地环境行为影响研究”，《中国人口资源与环境》，2014 年第 7 期。
赵卉卉、王远、王义琛等：“南京市公众环境意识总体评价与影响因素分析”，《长江流域资源与环境》，2014 年第 4 期。
赵建昌：《旅游伦理与旅游业可持续发展》，中国社会科学出版社，2016 年。
赵建军、杨博：“‘绿水青山就是金山银山’”的哲学意蕴与时代价值”，《自然辩证法研究》，2015 年第 12 期。
赵其国、黄国勤、马艳芹：“中国生态环境状况与生态文明建设”，《生态学报》，2016 年第 19 期。
郑度：“区域可持续发展中的环境伦理问题”，《地理研究》，2005 年第 2 期。
钟林生、邓羽、陈田等：“新地域空间——国家公园体制构建方案讨论”，《中国科学院院刊》，2016 年第 1 期。
周玲强、李秋成、朱琳：“行为效能、人地情感与旅游者环境负责行为意愿：一个基于计划行为理论的改进模型．”，《浙江大学学报（人文社会科学版）》，2014 年第 2 期。
周生贤：“积极建设生态文明”，《求是》，2009 年第 22 期。
朱梅、汪德根：“旅游业环境责任解构与规制”，《旅游学刊》，2019 年第 4 期。
朱群芳、王亚平、马月华：《环境素养实证研究》，中国环境科学出版社，2009 年。
朱晓华：“关于人与自然关系的再认识——对自组织自然观、可持续发展观与环境伦理观及其关系的探讨与剖析”，《科学技术与辩证法》，2001 年第 2 期。
朱学同、张蓓蓓、刘锐等：“生态文明视阈下乡村旅游者环境责任行为研究”，《中国农业资源与区划》，2020 年第 2 期。

附　　录

附录A　中国和英国样本协方差

样本协方差（英国）																
	q6.3c	q6.4d	q6.5e	q6.6f	q6.1a	q6.2b	q14.4d	q14.5e	q13g	q13h	q13i	q13a	q13b	q13c	q13d	q13f
q6.3c	0.412															
q6.4d	0.212	0.536														
q6.5e	0.245	0.255	0.641													
q6.6f	0.179	0.175	0.271	0.760												
q6.1a	0.153	0.074	0.126	0.076	0.299											
q6.2b	0.146	0.073	0.130	0.060	0.191	0.238										
q14.4d	−0.050	0.015	−0.052	−0.013	−0.072	−0.067	0.663									

续表

样本协方差（英国）																
	q6.3c	q6.4d	q6.5e	q6.6f	q6.1a	q6.2b	q14.4d	q14.5e	q13g	q13h	q13i	q13a	q13b	q13c	q13d	q13f
q14.5e	−0.073	−0.002	−0.063	−0.021	−0.103	−0.086	0.434	0.634								
q13g	0.042	0.029	0.055	0.057	0.059	0.057	−0.068	−0.072	0.573							
q13h	0.060	0.042	0.079	0.091	0.097	0.073	−0.120	−0.116	0.239	0.402						
q13i	0.052	0.040	0.032	0.058	0.062	0.057	−0.035	−0.056	0.245	0.228	0.545					
q13a	−0.02	0.024	−0.059	−0.013	−0.042	−0.040	0.225	0.169	0.017	−0.05	−0.018	0.974				
q13b	0.027	0.028	0.090	0.004	−0.028	−0.022	0.124	0.114	−0.020	−0.044	−0.018	0.235	0.873			
q13c	−0.046	0.016	−0.029	0.019	−0.058	−0.062	0.167	0.177	−0.040	−0.106	−0.043	0.244	0.152	0.787		
q13d	−0.002	0.089	0.023	0.128	−0.005	−0.006	0.227	0.198	0.089	0.028	0.078	0.273	0.163	0.245	0.990	
q13f	−0.010	0.084	−0.005	0.010	−0.044	−0.024	0.192	0.193	0.054	−0.089	−0.006	0.283	0.216	0.255	0.182	1.145
条件数=30.560																
特征值	2.229	1.555	0.964	0.926	0.794	0.676	0.645	0.540	0.512	0.361	0.329	0.280	0.215	0.202	0.169	0.073
样本协方差矩阵行列式=0.000																

样本协方差（中国）

	q6.3c	q6.4d	q6.5e	q6.6f	q6.1a	q6.2b	q14.4d	q14.5e	q13g	q13h	q13i	q13a	q13b	q13c	q13d	q13f
q6.3c	0.462															
q6.4d	0.252	0.667														
q6.5e	0.242	0.234	0.544													
q6.6f	0.197	0.274	0.252	0.783												
q6.1a	0.102	0.073	0.098	0.081	0.233											
q6.2b	0.151	0.120	0.119	0.095	0.179	0.267										
q14.4d	0.016	0.151	−0.007	0.084	−0.034	−0.033	1.470									
q14.5e	−0.008	0.159	0.009	0.140	−0.086	−0.073	0.989	1.581								
q13g	0.101	0.108	0.058	0.077	0.051	0.079	0.050	−0.012	0.542							
q13h	0.073	0.066	0.045	0.051	0.080	0.092	−0.049	−0.113	0.245	0.417						
q13i	0.094	0.067	0.057	0.033	0.069	0.102	0	−0.075	0.229	0.280	0.432					
q13a	−0.036	0.118	0.018	0.074	−0.047	−0.047	0.400	0.541	0.019	−0.077	−0.058	1.633				
q13b	0.006	0.028	0.024	0.025	−0.041	−0.062	0.353	0.404	0.050	−0.031	−0.060	0.631	1.299			
q13c	−0.030	0.129	0.021	0.120	−0.087	−0.106	0.475	0.523	0.082	−0.047	−0.056	0.653	0.522	1.589		
q13d	−0.010	0.124	0.033	0.180	−0.074	−0.083	0.528	0.641	0.024	−0.050	−0.033	0.617	0.442	0.699	1.438	
q13f	−0.013	0.096	0.006	0.147	−0.043	−0.048	0.535	0.634	0.056	−0.039	0.005	0.775	0.516	0.768	0.715	1.467
条件数=78.374																
特征值	5.132	1.603	1.534	1.033	0.916	0.841	0.772	0.674	0.514	0.456	0.366	0.292	0.261	0.226	0.138	0.065
样本协方差矩阵行列式=0.000																

附录B 配置模型、分组数据和自由参数估计

	协方差残差（英国）															
	q6.3c	q6.4d	q6.5e	q6.6f	q6.1a	q6.2b	q14.4d	q14.5e	q13g	q13h	q13i	q13a	q13b	q13c	q13d	q13f
q6.3c	0															
q6.4d	0.003	0														
q6.5e	−0.020	0.027	0													
q6.6f	−0.016	0.007	0.058	0												
q6.1a	0.024	−0.037	−0.015	−0.028	0.001											
q6.2b	0.027	−0.030	−0.001	−0.037	0.001	0.001										
q14.4d	0.002	0.060	0.004	0.029	0.010	0.009	0.005									
q14.5e	−0.023	0.042	−0.008	0.019	−0.023	−0.012	0.005	0.005								
q13g	−0.005	−0.012	0.003	0.019	−0.015	−0.012	0.012	0.006	0							
q13h	0.013	0.002	0.028	0.053	0.022	0.004	−0.040	−0.037	−0.004	0						
q13i	0.008	0.002	−0.017	0.023	−0.008	−0.008	0.041	0.019	0.015	−0.003	0					
q13a	0.001	0.042	−0.037	0.003	−0.010	−0.010	0.022	−0.031	0.017	−0.050	−0.018	0				
q13b	0.040	0.040	0.104	0.015	−0.007	−0.002	−0.010	−0.018	−0.020	−0.044	−0.018	0.034	0			
q13c	−0.029	0.031	−0.011	0.032	−0.032	−0.037	−0.001	0.011	−0.040	−0.106	−0.043	−0.009	−0.015	0		
q13d	0.016	0.105	0.043	0.143	0.024	0.021	0.043	0.017	0.089	0.028	0.078	−0.004	−0.020	0.015	0	
q13f	0.008	0.100	0.015	0.025	−0.016	0.003	0.009	0.013	0.054	−0.089	−0.006	0.007	0.034	0.027	−0.068	0

协方差残差（中国）																
	q6.3c	q6.4d	q6.5e	q6.6f	q6.1a	q6.2b	q14.4d	q14.5e	q13g	q13h	q13i	q13a	q13b	q13c	q13d	q13f
q6.3c	0															
q6.4d	0	0														
q6.5e	−0.001	−0.010	0													
q6.6f	−0.030	0.045	0.031	0												
q6.1a	0.005	−0.024	0.004	−0.006	0.001											
q6.2b	0.021	−0.011	−0.008	−0.024	0.001	0.001										
q14.4d	0.042	0.177	0.018	0.107	0.002	0.015	0.004									
q14.5e	0.024	0.191	0.039	0.169	−0.043	−0.014	0.005	0.006								
q13g	0.058	0.064	0.016	0.038	−0.008	−0.001	0.083	0.029	0							
q13h	0.021	0.013	−0.006	0.003	0.008	−0.005	−0.009	−0.064	0.002	0						
q13i	0.044	0.017	0.009	−0.013	0.001	0.009	0.038	−0.028	−0.003	0	0					
q13a	−0.005	0.149	0.049	0.103	−0.004	0.011	−0.066	−0.030	0.019	−0.077	−0.058	0				
q13b	0.030	0.051	0.047	0.046	−0.008	−0.018	0.006	−0.022	0.050	−0.031	−0.060	0.125	0			
q13c	0.002	0.161	0.052	0.149	−0.043	−0.047	0.003	−0.057	0.082	−0.047	−0.056	−0.036	0.009	0		
q13d	0.020	0.155	0.063	0.208	−0.032	−0.026	0.074	0.085	0.024	−0.050	−0.033	−0.045	−0.051	0.028	0	
q13f	0.022	0.131	0.040	0.179	0.005	0.017	0.024	0.007	0.056	−0.039	0.005	0.029	−0.039	0.012	−0.012	0

附录C 配置模型、分组数据和自由参数估计

路径系数（英国）						
			估值	标准误差	临界比值	*P* 值
旅游和环境	<---	人类中心主义	0.724	0.133	5.430	<0.001
旅游和环境	<---	生态中心主义	−0.341	0.091	−3.757	<0.001
保护	<---	人类中心主义	−0.019	0.080	−0.231	0.817
保护	<---	生态中心主义	0.259	0.065	3.974	<0.001
保护	<---	旅游和环境	−0.123	0.059	−2.090	0.037
旅游可持续发展	<---	保护	0.545	0.088	6.187	<0.001
q13h	<---	生态中心主义	1.057	0.118	8.931	<0.001
q13g	<---	生态中心主义	1.056	0.119	8.901	<0.001
q13i	<---	生态中心主义	1			
q13b	<---	人类中心主义	0.732	0.150	4.878	<0.001
q13c	<---	人类中心主义	0.917	0.161	5.692	<0.001
q13d	<---	人类中心主义	1.006	0.179	5.633	<0.001
q13f	<---	人类中心主义	1			
q13a	<---	人类中心主义	1.110	0.188	5.893	<0.001
q14.5e	<---	旅游和环境	1			
q14.4d	<---	旅游和环境	1.018	0.104	9.747	<0.001
q6.2b	<---	保护	1			
q6.1a	<---	保护	1.075	0.089	12.044	<0.001
q6.6f	<---	旅游可持续发展	1			
q6.5e	<---	旅游可持续发展	1.358	0.190	7.146	<0.001
q6.4d	<---	旅游可持续发展	1.073	0.159	6.732	<0.001
q6.3c	<---	旅游可持续发展	1.243	0.169	7.359	<0.001

截距项（英国）				
	估计	标准误差	临界比值	P 值
q13f	3.914	0.056	69.541	<0.001
q13d	3.221	0.052	61.534	<0.001
q13c	3.981	0.047	85.289	<0.001
q13b	3.713	0.049	75.513	<0.001
q13a	3.627	0.052	69.846	<0.001
q13i	1.773	0.039	45.644	<0.001
q13h	1.384	0.033	41.473	<0.001
q13g	2.083	0.040	52.287	<0.001
q14.5e	3.704	0.042	88.819	<0.001
q14.4d	3.760	0.043	88.105	<0.001
q6.2b	1.240	0.026	48.411	<0.001
q6.1a	1.287	0.029	44.829	<0.001
q6.6f	2.246	0.046	48.971	<0.001
q6.5e	1.909	0.042	45.333	<0.001
q6.4d	1.983	0.038	51.520	<0.001
q6.3c	1.622	0.034	48.033	<0.001

方差（英国）				
	估计	标准误差	临界比值	P 值
生态中心主义	0.218	0.039	5.623	<0.001
人类中心主义	0.248	0.066	3.737	<0.001
e23	0.266	0.045	5.958	<0.001
e24	0.150	0.019	7.964	<0.001
e25	0.104	0.027	3.870	<0.001
E6	0.896	0.078	11.511	<0.001
E4	0.738	0.067	11.062	<0.001
E3	0.578	0.053	10.912	<0.001
E2	0.740	0.061	12.196	<0.001
E1	0.668	0.065	10.231	<0.001
E9	0.327	0.032	10.136	<0.001
E8	0.159	0.026	6.192	<0.001

续表

方差（英国）				
	估计	标准误差	临界比值	*P* 值
E7	0.330	0.034	9.717	<0.001
E15	0.207	0.042	4.958	<0.001
E14	0.221	0.043	5.092	<0.001
E17	0.061	0.013	4.526	<0.001
E16	0.094	0.016	5.791	<0.001
E22	0.603	0.049	12.393	<0.001
E21	0.351	0.035	9.919	<0.001
E20	0.355	0.031	11.342	<0.001
E19	0.170	0.023	7.512	<0.001

路径系数（中国）						
			估计	标准误差	临界比值	*P* 值
旅游和环境	<---	人类中心主义	0.766	0.063	12.152	<0.001
旅游和环境	<---	生态中心主义	−0.177	0.091	−1.941	0.052
保护	<---	人类中心主义	−0.085	0.035	−2.412	0.016
保护	<---	生态中心主义	0.348	0.045	7.819	<0.001
保护	<---	旅游和环境	0.009	0.029	0.317	0.751
旅游可持续发展	<---	保护	0.491	0.061	8.033	<0.001
q13h	<---	生态中心主义	1.047	0.067	15.689	<0.001
q13g	<---	生态中心主义	0.868	0.063	13.707	<0.001
q13i	<---	生态中心主义	1			
q13b	<---	人类中心主义	0.678	0.057	11.847	<0.001
q13c	<---	人类中心主义	0.923	0.064	14.415	<0.001
q13d	<---	人类中心主义	0.887	0.061	14.539	<0.001
q13f	<---	人类中心主义	1			
q13a	<---	人类中心主义	0.911	0.065	14.062	<0.001
q14.5e	<---	旅游和环境	1			
q14.4d	<---	旅游和环境	0.815	0.062	13.126	<0.001
q6.2b	<---	保护	1			
q6.1a	<---	保护	0.738	0.051	14.386	<0.001

续表

路径系数（中国）						
			估计	标准误差	临界比值	*P* 值
q6.6f	<———	旅游可持续发展	1			
q6.5e	<———	旅游可持续发展	1.068	0.106	10.070	<0.001
q6.4d	<———	旅游可持续发展	1.107	0.113	9.762	<0.001
q6.3c	<———	旅游可持续发展	1.101	0.105	10.452	<0.001

截距项（中国）				
	估计	标准误差	临界比值	*P* 值
q13f	3.104	0.049	62.882	<0.001
q13d	3.128	0.049	63.979	<0.001
q13c	3.282	0.051	63.870	<0.001
q13b	3.33	0.046	71.671	<0.001
q13a	3.154	0.052	60.55	<0.001
q13i	1.493	0.027	55.681	<0.001
q13h	1.391	0.026	52.835	<0.001
q13g	1.738	0.030	57.930	<0.001
q14.5e	3.264	0.051	63.797	<0.001
q14.4d	2.879	0.049	58.332	<0.001
q6.2b	1.328	0.021	63.202	<0.001
q6.1a	1.284	0.020	65.317	<0.001
q6.6f	2.035	0.036	56.413	<0.001
q6.5e	1.861	0.030	61.878	<0.001
q6.4d	1.861	0.033	55.896	<0.001
q6.3c	1.665	0.028	60.140	<0.001

方差（中国）				
	估计	标准误差	临界比值	*P* 值
生态中心主义	0.267	0.027	9.898	<0.001
人类中心主义	0.819	0.084	9.703	<0.001
e23	0.718	0.091	7.906	<0.001
e24	0.204	0.019	10.579	<0.001
e25	0.149	0.026	5.709	<0.001
E6	0.648	0.053	12.330	<0.001
E4	0.794	0.056	14.132	<0.001

续表

方差（中国）				
	估计	标准误差	临界比值	*P* 值
E3	0.891	0.063	14.243	<0.001
E2	0.922	0.059	15.748	<0.001
E1	0.953	0.066	14.532	<0.001
E9	0.165	0.017	9.722	<0.001
E8	0.124	0.017	7.345	<0.001
E7	0.340	0.023	15.009	<0.001
E15	0.368	0.082	4.465	<0.001
E14	0.664	0.065	10.168	<0.001
E17	0.025	0.014	1.722	0.085
E16	0.101	0.010	10.369	<0.001
E22	0.576	0.037	15.396	<0.001
E21	0.309	0.024	13.070	<0.001
E20	0.414	0.030	13.957	<0.001
E19	0.211	0.020	10.759	<0.001

附录D 配置模型、分组数据和自由参数估计

模型适配摘要

卡方值

模型	自由参数数目	卡方值	自由度	*P* 值	卡方自由度比
预设模型	108	359.529	196	<.001	1.834
饱和模型	304	0.000	0		
独立模型	64	4619.268	240	<.001	19.247

基准线比较指标值

模型	NFI	RFI	IFI	TLI	CFI
预设模型	0.922	0.905	0.963	0.954	0.963
饱和模型	1.000		1.000		1.000
独立模型	0.000	0.000	0.000	0.000	0.000

简约调整指标值

模型	PRATIO	PNFI	PCFI
预设模型	0.817	0.753	0.786
饱和模型	0.000	0.000	0.000
独立模型	1.000	0.000	0.000

NCP

模型	NCP	LO 90	HI 90
预设模型	163.529	114.202	220.686
饱和模型	0.000	0.000	0.000
独立模型	4379.268	4162.146	4603.652

最小差异值（FMIN）

模型	FMIN	F0	LO 90	HI 90
预设模型	0.373	0.170	0.119	0.229
饱和模型	0.000	0.000	0.000	0.000
独立模型	4.797	4.548	4.322	4.781

RMSEA

模型	RMSEA	LO 90	HI 90	PCLOSE
预设模型	0.029	0.025	0.034	1.000
独立模型	0.138	0.134	0.141	0.000

ECVI

模型	ECVI	LO 90	HI 90	MECVI
预设模型	0.598	0.546	0.657	0.606
饱和模型	0.631	0.631	0.631	0.656
独立模型	4.930	4.704	5.163	4.935

HOELTER

模型	HOELTER .05	HOELTER .01
预设模型	617	658
独立模型	59	63

附录E 模型参数极大似然估计、拔靴估计和贝叶斯估计

英国样本	似然估计	标准误差	临界比值	P 值	拔靴估计	标准误差	似然-拔靴估计	贝叶斯估计	标准误差	似然-贝叶斯估计
环境←人类中心主义	0.724	0.133	5.430	***	0.736	0.183	0.012	0.806	0.008	−0.716
环境←生态中心主义	−0.341	0.091	−3.757	***	−0.362	0.182	−0.021	−0.348	0.003	0.344
保护←人类中心主义	−0.019	0.08	−0.231	0.817	−0.022	0.094	−0.004	−0.028	0.004	0.023
保护←生态中心主义	0.259	0.065	3.974	***	0.279	0.117	0.021	0.271	0.002	−0.257
保护←旅游和环境	−0.123	0.059	−2.09	0.037	−0.119	0.074	0.004	−0.116	0.002	0.125
活动←保护	0.545	0.088	6.187	***	0.544	0.088	−0.001	0.527	0.005	−0.540
q13h ←生态中心主义	1.057	0.118	8.931	***	1.083	0.148	0.026	1.094	0.005	−1.052
q13g ←生态中心主义	1.056	0.119	8.901	***	1.061	0.113	0.005	1.079	0.005	−1.051
q13i ←生态中心主义					1	0	0			−1.000
q13b ←人类中心主义	0.732	0.15	4.878	***	0.734	0.153	0.002	0.814	0.009	−0.723
q13c ←人类中心主义	0.917	0.161	5.692	***	0.935	0.184	0.0J8	1.023	0.007	−0.910
q13d ←人类中心主义	1.006	0.79	5.633	***	1.024	0.251	0.018	1.134	0.010	−0.996
q13f ←人类中心主义					1	0	0			−1.000
q13a ←人类中心主义	1.110	0.188	5.893	***	1.132	0.211	0.022	1.237	0.011	−1.099
q14.5e ←旅游和环境					1	0	0			−1.000

续表

英国样本	似然估计	标准误差	临界比值	*P* 值	拔靴估计	标准误差	似然-拔靴估计	贝叶斯估计	标准误差	似然-贝叶斯估计
q14.4d ←旅游和环境	1.018	0.104	9.747	* * *	1.02	0.114	0.003	1.023	0.003	−1.015
q6.2b ←保护					1	0	0			−1.000
q6.1a ←保护	1.075	0.089	12.04	* * *	1.083	0.094	0.008	1.071	0.003	−1.072
q6.6f ←活动					1	0	0			−1.000
q6.5e ←活动	1.358	0.19	7.146	* * *	1.398	0.2	0.04	1.418	0.015	−1.343
q6.4d ←保护	1.073	0.159	6.732	* * *	1.103	0.188	0.03	1.120	0.011	−1.062
q6.3c ←活动	1.243	0.169	7.359	* * *	1.284	0.244	0.041	1.305	0.016	−1.227
中国样本	**似然估计**	**标准误差**	**临界比值**	***P* 值**	**拔靴估计**	**标准误差**	**似然-拔靴估计**	**贝叶斯估计**	**标准误差**	**似然-贝叶斯估计**
环境←人类中心主义	0.766	0.063	12.150	* * *	0.766	0.063	0	0.775	0.002	−0.764
环境←生态中心主义	−0.177	0.091	−1.941	0.052	−0.174	0.106	0.002	−0.182	0.003	0.180
保护←人类中心主义	−0.085	0.035	−2.412	0.016	−0.086	0.035	−0.001	−0.086	0.001	0.086
保护←生态中心主义	0.348	0.045	7.819	* * *	0.35	0.062	0.002	0.350	0.002	−0.846
保护←旅游和环境	0.009	0.029	0.317	0.751	0.008	0.027	−0.001	0.009	0.001	−0.008
活动←保护	0.491	0.061	8.033	* * *	0.487	0.057	−0.003	0.485	0.003	−0.488
q13h ←生态中心主义	1.047	0.067	15.690	* * *	1.051	0.081	0.003	1.056	0.002	−1.045
q13g ←生态中心主义	0.868	0.063	13.710	* * *	0.871	0.076	0.003	0.876	0.002	−0.866
q13i ←生态中心主义					1	0	0			−1.000
q13b ←人类中心主义	0.678	0.057	11.847	* * *	0.677	0.062	−0.001	0.686	0.002	−0.676
q13c ←人类中心主义	0.923	0.064	14.420	* * *	0.924	0.057	0.001	0.930	0.003	−0.920

续表

中国样本	似然估计	标准误差	临界比值	*P* 值	拔靴估计	标准误差	似然-拔靴估计	贝叶斯估计	标准误差	似然-贝叶斯估计
q13d ←人类中心主义	0.887	0.061	14.54	***	0.887	0.055	0	0.898	0.002	−0.885
q13f ←人类中心主义					1	0	0			−1.000
q13a ←人类中心主义	0.911	0.065	14.06	***	0.909	0.059	−0.002	0.923	0.002	−0.909
q14.5e ←旅游和环境					1	0	0			−1.000
q14.4d ←旅游和环境	0.815	0.062	13.13	***	0.817	0.062	0.X2	0.815	0.003	−0.812
q6.2b ←保护	1				1	0	0			−1.000
q6.1a ←保护	0.738	0.051	14.39	***	0.738	0.064	−0.001	0.741	0.002	−0.736
q6.6f ←活动					1	0	0			−1.000
q6.5e ←活动	1.068	0.106	10.07	***	1.076	0.106	0.009	1.081	0.004	−1.064
q6.4d ←保护	1.107	0.113	9.762	***	1.118	0.116	0.011	1.122	0.004	−1.103
q6.3c ←活动	1.101	0.105	10.45	***	1.114	0.15	0.014	1.119	0.005	−1.096

附录F　描述性统计

描述性统计（全样本）

	样本量	最小值	最大值	平均值	标准差
自然保护	965	1	4	1.29	0.508
野生动物保护	965	1	4	1.30	0.508
教育	965	1	4	1.65	0.666
休闲和旅游	965	1	5	1.95	0.789
科学研究	965	1	5	1.88	0.763
社区发展	965	1	5	2.11	0.886
自然的环境效益	965	1	5	3.21	1.162
自然的经济效益	965	1	5	3.43	1.128
人类应该控制自然	965	1	5	3.33	1.200
自然地是很危险的	965	1	5	3.47	1.084
人类能够修复其对环境造成的破坏	965	1	5	3.54	1.185
自然应该有益于经济	965	1	5	3.16	1.128
天然药物比人造药物更有效	965	1	5	2.52	1.002
上帝赋予人类对自然的控制权	965	1	5	3.41	1.225
人类生存依附于自然环境	965	1	5	1.87	0.763
保护自然对子孙后代很重要	965	1	5	1.39	0.642
人是自然的一部分	965	1	5	1.60	0.703
有效样本（列表法）	965	—	—	—	—

描述性统计（中国样本）

	样本量	最小值	最大值	平均值	标准差
自然保护	603	1	4	1.28	0.483
野生动物保护	603	1	4	1.33	0.517
教育	603	1	4	1.67	0.680
休闲和旅游	603	1	5	1.86	0.817
科学研究	603	1	5	1.86	0.738
社区发展	603	1	5	2.03	0.886
自然的环境效益	603	1	5	2.88	1.213
自然的经济效益	603	1	5	3.26	1.258

续表

	样本量	最小值	最大值	平均值	标准差
人类应该控制自然	603	1	5	3.15	1.279
自然地是很危险的	603	1	5	3.33	1.141
人类能够修复其对环境造成的破坏	603	1	5	3.28	1.262
自然应该有益于经济	603	1	5	3.13	1.200
天然药物比人造药物更有效	603	1	5	2.19	0.959
上帝赋予人类对自然的控制权	603	1	5	3.10	1.212
人类生存依附于自然环境	603	1	4	1.74	0.737
保护自然对子孙后代很重要	603	1	4	1.39	0.647
人是自然的一部分	603	1	4	1.49	0.658
有效样本（列表法）	603	—	—	—	—

描述性统计（英国样本）

	样本量	最小值	最大值	平均值	标准差
自然保护	362	1	4	1.29	0.547
野生动物保护	362	1	4	1.24	0.488
教育	362	1	4	1.62	0.643
休闲和旅游	362	1	4	1.98	0.733
科学研究	362	1	4	1.91	0.802
社区发展	362	1	4	2.25	0.873
自然的环境效益	362	2	5	3.76	0.816
自然的经济效益	362	2	5	3.70	0.797
人类应该控制自然	362	1	5	3.63	0.988
自然地是很危险的	362	1	5	3.71	0.936
人类能够修复其对环境造成的破坏	362	1	5	3.98	0.888
自然应该有益于经济	362	1	5	3.22	0.996
天然药物比人造药物更有效	362	1	5	3.07	0.813
上帝赋予人类对自然的控制权	362	1	5	3.91	1.071
人类生存依附于自然环境	362	1	5	2.08	0.758
保护自然对子孙后代很重要	362	1	5	1.38	0.635
人是自然的一部分	362	1	5	1.77	0.740
有效样本（列表法）	362	—	—	—	—